測量士補
合格診断テスト

1日1課題
28日でマスター

國澤正和 編著

弘文社

はじめに

　測量士補の国家試験は，測量士補となるのに必要な専門的技術を有するかどうかを判定するための試験です。毎年5月中旬（日曜日）に行われており，年齢，性別，学歴，実務経験などに関係なく受験することができます。

　最近の測量の動向として，平成13年には測量法が改正され，日本測地系から世界測地系へ移行し，平成20年には測量士・測量士補の試験科目の変更（P5　表1参照）及び，測量計画機関が実施する公共測量の規範となる「作業規程の準則」が改正されました。

　作業規程の準則は，国土交通大臣が公共測量の規格の統一及び必要な精度の確保と効率的な作業の実施等について技術基準を定めたものです。作業規程の準則は，測量計画機関が測量作業を行うために作成する作業規程の規範となるものです。

　主な改正のポイントは，次のとおり。

① 新技術等，多様な測量方法の規定化（RTK法，ネットワーク型RTK法，デジタルカメラによる空中写真測量，写真地図，航空レーザ測量等）
② 測量成果の電子化の推進（アナログからデジタル化への徹底）
③ 地理情報標準への対応（国際標準化機構ISO（イソ）に対応した測量成果の作成）
④ 基盤地図情報整備の促進
⑤ GLONASS（グロナス）に対応（GPS測量からGNSS測量へ）
⑥ 用語と名称の変更

　これに伴い，平板測量が標準的な作業方法から除外，及び空中写真測量のアナログのみの図化・修正測量も除外されました。また，用地測量の面積計算は，三斜法が削除され，原則として座標法により行うこととなりました。

　測量士・測量士補の国家試験は，公共測量の規範となる「作業規程の準則」に基づいて出題されます。

　本書は，これらの新しい流れに対応した合格診断テストです。

著者しるす

本書の特徴

1. 本書は，1日1課題，28日でマスター！「測量士補合格診断テスト」です。測量士補試験の合格基準（出題問題28問中18問以上正解）に達しているかの自己診断テストです。なお，測量士補国家試験の合格率は約30％です。

2. 測量士補の試験は，表1の8科目28問（試験時間3時間）出題されます。No.1～No.28の出題番号に応じて，試験内容の項目が割り振られており，本書では各出題番号の項目ごとに，1日1課題（3～4問），28日でマスターできるように構成しています。

3. 出題傾向として，公共測量の「作業規程の準則」に基づき，文章問題が約60％，計算問題が約40％の割合です。出題の多くは，過去問の類似であり，文章題では同じ文章の繰り返し，計算問題では数値を変えての出題であることに注目しておく必要があります。

4. 受験対策としては，文章題で繰り返し使われている内容を覚え，計算問題では代表的な問題について考え方・解き方を理解することです。なお，測量士補の試験では，電卓の使用は不可であり，すべて手計算です。計算に必要な関数表（P.223）は，試験時に配布されますが，関数表の活用方法をマスターするとともに，日頃の学習では手計算で行ってください。

5. 本書では，合格基準が出題問題28問中，18問以上の正解であることを考え，出題確率の高い過去問を予想問題として，各項目ごとに見開き2ページ3～4問で構成しています。文章題は1問5分程度で，計算問題は1問10分程度で解けることを目標としています。各項目の解答に約30分，解答解説の理解に約30分，1項目（課題）の学習を1時間としています。1日1課題，28日でマスターできます。

　　各項目ごとの記載問題数に応じて，4問中3問，3問中2問が正解の場合，その項目が理解できたとし，全体で18項目以上となれば測量士補試験は合格と判定します。

6. 各章に参考資料，巻末に測量用語・数学公式一覧表等を設けて学習の手助けとしています。辞書代わりに活用することにより，一層の理解を深めることができます。

表1　測量士補の試験科目の区分

科目区分	出題数 (出題番号)	備考	本書の構成
1. 測量に関する法規	3題 (No.1〜No.3)	新規 (測量法，作業規程の準則)	第1章 第1日〜第3日
2. 多角測量 3. 汎地球測位システム測量	5題 (No.4〜No.8)	GNSS測量（汎地球測位システム測量）を含む多角測量 旧区分の三角・多角測量	第2章 第4日〜第8日
4. 水準測量	4題 (No.9〜No.12)		第3章 第9日〜第12日
5. 地形測量	4題 (No.13〜No.16)	GIS（地理情報システム）を含む地形測量	第4章 第13日〜第16日
6. 写真測量	4題 (No.17〜No.20)	航空レーザ測量を含む空中写真測量	第5章 第17日〜第20日
7. 地図編集	4題 (No.21〜No.24)	GIS（地理情報システム）を含む地図編集	第6章 第21日〜第24日
8. 応用測量	4題 (No.25〜No.28)	路線測量，用地測量，河川測量	第7章 第25日〜第28日

① 平成23年「作業規程の準則」の改定により，GPS測量の名称がGNSS測量となりました。
　GNSS（Global Navigation Satellite Systems：汎地球測位システム測量）とは，人工衛星からの信号を用いて位置を決定する衛星測位システムの総称で，GPS（米国），GLONASS（ロシア），Galileo（ヨーロッパ）及び準天頂衛星（日本）等の衛星測位システムがある。このうち，「GNSS測量においては，GPS，GLONASS及び準天頂衛星システムを適用する」となっています。

② 応用測量とは，基準点測量，水準測量，地形測量及び写真測量などの基本となる測量方法を活用し，目的に応じて組み合せて行う測量をいいます。

受験案内

試　験　日	測量士試験とともに5月中旬（日曜日）
受　験　地	北海道，宮城県，秋田県，東京都，新潟県，富山県，愛知県，大阪府，島根県，広島県，香川県，福岡県，鹿児島県，沖縄県
試験手数料	書面による場合（収入印紙による）　2,850円
受験資格	学歴・実務経験・年齢に関係なく受験可能

1．受験申込みの手続：

(1) 受験願書受付期間

1月上旬～下旬。なお受験願書用紙等は1月上旬から下記の場所で交付されます。

・国土地理院及び各地方測量部，沖縄支所，日本測量協会及び各地方支部

(2) 提出書類

受験願書1部及び写真票等1部（国土地理院配布のものに限る）

(3) 提出方法

受験願書1部及び写真票等1部を，必要事項を記入した指定の申込用封筒に入れて提出してください。収入印紙，写真，切手は必ず所定の欄に貼ってください。指定の申込用封筒により簡易書留郵便で送付してください。

(4) 受験願書受付場所及び受験に関する問い合せ

国土地理院総務部総務課

〒305-0811　茨城県つくば市北郷1番

　　TEL　029-864-8214，8248

2．受験票の交付：

受験番号及び試験場を明記した受験票は，4月下旬に受験者あてに送付されます。

3．試験時間等：

① 試験時間は，午後1時30分から午後4時30分までの3時間です。

② 試験当日は，直接試験室にお入りください。また，試験室において試験に関する注意の説明がありますので，試験開始時刻の30分前までに試験室にお入りください。

③ 持参するもの

【受験票，鉛筆又はシャープペンシル0.5mm（HB又はB），消しゴム，直定規（三角定規及び三角スケールは使用できません）】

電卓の使用について（不可）

4．合格発表：

測量士・測量士補試験合格者の発表は，7月上旬頃です。

5．合格基準：

1問当たり25点で700点（25点×28問）満点中，450点（18問正解）以上。

目　次

第1章　測量に関する法規
- **第1日**　測量法の概要 …………………………………………………… 10
- **第2日**　公共測量実施上の留意事項 …………………………………… 16
- **第3日**　測量の基準 ……………………………………………………… 22
- 　　　　　参考資料1　測量法（抜粋）………………………………… 28

第2章　多角測量（GNSS測量を含む）
- **第4日**　多角測量（TS等観測）………………………………………… 34
- **第5日**　TS等観測（誤差・観測値の許容範囲）……………………… 40
- **第6日**　結合トラバース，偏心計算 …………………………………… 46
- **第7日**　GNSS測量（特徴・留意事項）……………………………… 52
- **第8日**　基線ベクトル，誤差要因 ……………………………………… 58
- 　　　　　参考資料1　GNSS測量（まとめ）…………………………… 64
- 　　　　　参考資料2　数学公式（平面ベクトル，空間ベクトル）…… 66

第3章　水準測量
- **第9日**　観測作業の留意事項 …………………………………………… 70
- **第10日**　レベルの調整（杭打ち調整法）……………………………… 76
- **第11日**　誤差の消去法，標高の最確値 ………………………………… 82
- **第12日**　点検計算（較差の許容範囲）………………………………… 88
- 　　　　　参考資料1　レベルの種類と特徴 …………………………… 94
- 　　　　　参考資料2　数学公式（観測値の軽重率と誤差（標準偏差））… 95

第4章　地形測量（GISを含む）
- **第13日**　地形測量（現地測量）………………………………………… 98
- **第14日**　等高線の測定，数値地形モデル …………………………… 104
- **第15日**　GNSSを用いた細部測量 …………………………………… 110
- **第16日**　GIS（地理空間情報）………………………………………… 116
- 　　　　　参考資料1　数値地形図データファイル ………………… 120

第5章　空中写真測量

- 第17日　空中写真測量の作業工程 …………………………………… 122
- 第18日　撮影計画（写真縮尺，オーバラップ等） ………………… 128
- 第19日　数値図化（パスポイント・タイポイント） ……………… 134
- 第20日　写真地図，航空レーザ測量 ………………………………… 140
  - 参考資料1　写真地図作成の工程別作業区分 …………………… 146
  - 参考資料2　航空レーザ測量の工程別作業区分 ………………… 147

第6章　地図編集（GISを含む）

- 第21日　地図投影法（UTM図法，平面直角座標系） ……………… 150
- 第22日　地図の編集（取捨選択，転位，総描） …………………… 156
- 第23日　地形図の読図（図式記号，図上計測） …………………… 162
- 第24日　地図情報システム（GIS） ………………………………… 168
  - 参考資料1　地図記号一覧 ………………………………………… 174

第7章　応用測量

- 第25日　路線測量の作業工程 ………………………………………… 178
- 第26日　円曲線の設置等 ……………………………………………… 184
- 第27日　用地測量（面積計算） ……………………………………… 190
- 第28日　河川測量の作業内容 ………………………………………… 196

- 付録1　測量用語 ……………………………………………………… 202
- 付録2　測量のための数学公式 ……………………………………… 212
  - ギリシャ文字・接頭語 …………………………………………… 221
  - 関数表の使用方法，関数表 ……………………………………… 222

第1章

測量に関する法規

法規のポイントは？

1. 法規の分野では，測量作業を実施する上で必要となる測量法及び公共測量の作業規程の準則の規定について出題される。
2. 法規では，出題問題No1～No28の28問中，No1～No3に3問が出題される。主な内容は次のとおり。
   ① 測量法に関する規定　（目的及び用語，公共測量，測量士及び測量士補）
   ② 公共測量の現地作業　（公共測量の作業規程の準則）
   ③ 地球の形状と地球上の位置　（測量の基準）

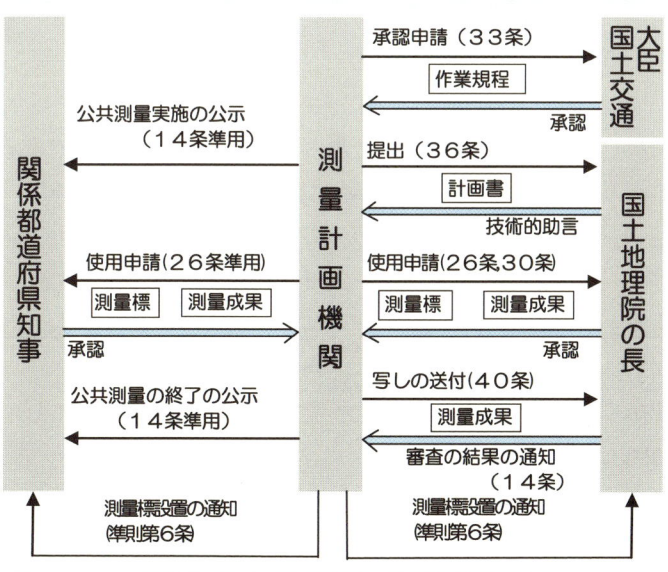

図　公共測量の手続き（測量法）

第1日 測量法の概要　　目標時間20分

問1 　解答と解説はP.12

次のa〜dの文は，測量法に規定された事項について述べたものである。
ア～オに入る語句の組合せとして最も適当なものはどれか。

a．この法律は，国若しくは公共団体が費用の全部若しくは一部を負担し，若しくは補助して実施する土地の測量又はこれらの測量の結果を利用する土地の測量について，その実施の基準及び実施に必要な権能を定め，測量の　ア　を除き，並びに測量の　イ　を確保するとともに，測量業を営む者の登録の実施，業務の規制などにより，測量業の適正な運営とその健全な発達を図り，もって各種測量の調整及び測量制度の改善発達に資することを目的とする。

b．「　ウ　」とは，測量計画機関の指示又は委託を受けて測量作業を実施する者をいう。

c．基本測量の永久標識又は一時標識の汚損その他その効用を害する恐れのある行為を当該永久標識若しくは一時標識の敷地又はその付近でしようとする者は，理由を記載した書面をもって，国土地理院の長に当該永久標識又は一時標識の　エ　を請求することができる。

d．基本測量以外の測量を実施しようとする者は，　オ　の承認を得て，基本測量の測量標を使用することができる。

	ア	イ	ウ	エ	オ
1．	重複	実施機関	測量士	撤去	国土地理院の長
2．	重複	正確さ	測量士	移転	国土交通大臣
3．	障害	正確さ	測量作業機関	撤去	国土交通大臣
4．	障害	実施期間	測量士	撤去	国土地理院の長
5．	重複	正確さ	測量作業機関	移転	国土地理院の長

解答欄

問2 　解答と解説はP.13

次のa〜dの文は，測量法に規定された事項について述べたものである。
ア～エに入る語句の組合せとして最も適当なものはどれか。

a．「測量」とは，土地の測量をいい，　ア　及び測量用写真の撮影を含むものとする。

b．「測量作業機関」とは，　イ　の指示又は委託を受けて測量作業を実施する者をいう。

c．公共測量を実施する者は，当該測量において設置する測量標に，公共測量の測量標であること及び　ウ　の名称を表示する。

d．測量士は，測量に関する　エ　を作製し，又は実施する。測量士補は，測量士の作製した　エ　に従い測量に従事する。

	ア	イ	ウ	エ
1．	地図の複製	元請負人	測量計画機関	作業規程
2．	地図の調製	測量計画機関	測量作業機関	作業規程
3．	地図の調製	測量計画機関	測量計画機関	計画
4．	地図の複製	測量計画機関	測量作業機関	計画
5．	地図の調製	元請負人	測量計画機関	計画

解答欄

問3  解答と解説はP.14

次のa〜eの文は，測量法に規定された事項について述べたものである。
ア〜オに入る語句の組合せとして最も適当なものはどれか。

a．この法律は，国若しくは公共団体が費用の全部若しくは一部を負担し，若しくは補助して実施する土地の測量又はこれらの測量の結果を利用する土地の測量について，その実施の基準及び実施に必要な権能を定め，測量の重複を除き，並びに測量の ア を確保するとともに，測量業を営む者の登録の実施，業務の規制などにより，測量業の適正な運営とその健全な発達を図り，もって各種測量の調整及び測量制度の改善発達に資することを目的とする。

b．この法律において「 イ 」とは，第5条に規定する公共測量及び第6条に規定する基本測量及び公共測量以外の測量を計画する者をいう。

c．何人も， ウ の承諾を得ないで，基本測量の測量標を移転し，汚損し，その他その効用を害する行為をしてはならない。

d．公共測量は，基本測量又は公共測量の エ に基づいて実施しなければならない。

e．技術者として基本測量又は公共測量に従事する者は，第49条の規定に従い登録された オ でなければならない。

	ア	イ	ウ	エ	オ
1.	技術者	測量計画機関	国土地理院の長	測量記録	測量士又は測量士補
2.	正確さ	測量計画機関	国土交通大臣	測量記録	測量業者
3.	正確さ	測量作業機関	国土交通大臣	測量成果	測量業者
4.	正確さ	測量計画機関	国土地理院の長	測量成果	測量士又は測量士補
5.	技術者	測量作業機関	国土交通大臣	測量成果	測量業者

解答欄

問4  解答と解説はP.15

次のa〜eの文は，測量法に規定された事項について述べたものである。明らかに間違っているものだけの組合せはどれか。

a．「測量」とは，土地の測量をいい，地図の調製及び測量用写真の撮影を含むものとする。

b．「基本測量」とは，すべての測量の基礎となる測量で，国又は公共団体の行うものをいう。

c．何人も，国土交通大臣の承認を得ないで，基本測量の測量標を移転し，汚損し，その他その効用を害する行為をしてはならない。

d．公共測量は，基本測量又は公共測量の測量成果に基いて実施しなければならない。

e．測量士は，測量に関する計画を作製し，又は実施する。測量士補は，測量士の作製した計画に従い測量に従事する。

1．a，b　　2．a，e　　3．b，c　　4．c，d　　5．d，e

解答欄

第1日 測量法の概要 解答と解説

問1 測量法の総則（目的等）及び基本測量

1．測量法の各条文については，P.28参考資料1，測量法（抜粋）を参照のこと。

　測量法は，第1章総則（目的及び用語，測量の基準），第2章基本測量（計画及び実施，測量成果），第3章公共測量（計画及び実施，測量成果），第4章基本測量及び公共測量以外の測量，第5章測量士及び測量士補，第6章測量業者（登録，監督等）など，66か条から成り立っている。

a．測量法第1条（**目的**）の規定。国若しくは公共団体が費用の全部若しくは一部を負担・補助して実施する土地の測量について，その実施の基準及び実施に必要な権能（権限と資格）を定め，測量の重複を除き，測量の正確さを確保するとともに，測量業者の登録・業務の規制により測量業の適正な運営と発達を図る。

　　ア には重複が，イ には正確さが入る。

b．同第8条（**測量作業機関**）の規定。「測量作業機関」とは，測量計画機関の指示又は委託を受けて測量作業を実施する者（測量業者）をいう。ウ には測量作業機関が入る。

　なお，同第7条に**測量計画機関**の規定があり，「測量計画機関」とは，公共測量，基本測量及び公共測量以外の測量に規定する測量を計画する者をいう。同第5条「**公共測量**」とは，その実施に要する費用の全部又は一部を国または公共団体が負担し又は補助して実施する測量をいう。

c．同第24条（**測量標の移転の請求**）の規定。基本測量の永久標又は一時標識の汚損その他その効用を害するおそれがある行為を当該永久標識若しくは一時標識の敷地又はその付近でしようとする者は，理由を記載した書面をもつて，国土地理院の長に当該永久標識又は一時標識の移転を請求すること。エ には移転が入る。

d．同第26条（**測量標の使用**）の規定。基本測量以外の測量を実施しようとする者は，国土地理院の長の承認を得て，基本測量の測量標を使用することができる。

　　オ には国土地理院の長が入る。

　なお，測量法第2章の基本測量の規定は，同第39条（基本測量に関する規定の準用）により公共測量にも準用され，第24条，第26条の「国土地理院の長」を「測量計画機関」と読み替える。

問2 測量作業機関及び測量士・測量士補

a．測量法第3条（**測量**）の規定。この法律において「測量」とは，土地の測量をいい，地図の調製及び測量用写真の撮影を含むものとする。

　　ア には地図の調整が入る。

b．同第8条（**測量作業機関**）の規定。この法律において「測量作業機関」とは，測量計画機関の指示又は委託を受けて測量作業を実施する者をいう。

　　イ には測量計画機関が入る。

c．同第37条（**公共測量の表示等**）の規定。公共測量を実施する者は，当該測量において設置する測量標に，公共測量の測量標であること及び測量計画機関の名称を表示しなければならない。

　　ウ には測量計画機関が入る。

d．同第48条（**測量士及び測量士補**）の規定。技術者として基本測量又は公共測量に従事する者は，第49条（測量士及び測量士補の登録）の規定に従い登録された測量士又は測量士補でなければならない。

　① 測量士は，測量に関する計画を作製し，又は実施する。

　② 測量士補は，測量士の作製した計画に従い測量に従事する。

　　エ には計画が入る。

解答 3

⦿公共測量と作業規程

1．**公共測量**は，その公共性・重要性を考慮して，信頼できる精度を有する成果を確保しなければならない。公共測量では，法の目的達成のため，第32条（公共測量の基準），第33条（作業規程），第34条（作業規程の準則），第35条（公共測量の調整）及び第36条（計画書についての助言）が規定されている。

2．第33条（作業規程）において，測量計画機関は当該測量に適した観測機械の種類，観測法，計算法その他国土交通省令で定める事項を定めた**作業規程**を定め，国土交通大臣の承認を得なければならない。作業規程を定めることで，統一的に測量作業を行い，均一的な精度を確保できる。

3．第34条の規定による**作業規程の準則**は，測量計画機関が作業規程を作成するための規範となるもので，準則を準用して作業規程としている。準則は作業規程として使用する。

問3 公共測量等

a．測量法第1条（**目的**）の規定。　ア　には正確さが入る。

b．同第7条（**測量計画機関**）の規定。この法律において「測量計画機関」とは，前2条（第5条公共測量，第6条基本測量及び公共測量以外の測量）に規定する測量を計画する者をいう。　イ　には測量計画機関が入る。

① 同第5条（**公共測量**），この法律において「公共測量」とは，基本測量以外の測量で，その実施に要する費用の全部又は一部を国又は公共団体が負担し，又は補助して実施する測量をいう。建物に関する測量その他の局地的測量又は小縮尺図の調整その他の高度の精度を必要としない測量を除く。

② 同第6条（**基本測量及び公共測量以外の測量**），この法律において「基本測量及び公共測量以外の測量」とは，基本測量又は公共測量の測量成果を使用して実施する基本測量及び公共測量以外の測量（建物に関する測量その他の局地的測量又は小縮尺図の調整その他の高度の精度を必要としない測量で政令で定めるものを除く）をいう。

c．同第22条（**測量標の保全**）の規定。何人も国土地理院の長の承諾を得ないで，基本測量の測量標を移転し，汚損し，その他その効用を害する行為をしてはならない。　ウ　には国土地理院の長が入る。

d．同第32条（**公共測量の基準**）の規定。公共測量は，基本測量又は公共測量の測量成果に基づいて実施しなければならない。　エ　には測量成果が入る。

e．同第48条（**測量士及び測量士補**）の規定。　オ　には測量士又は測量士補が入る。

なお，同第49条（**測量士及び測量士補の登録**）の規定は，測量士又は測量士補となる資格を有する者は，国土地理院の長に対して，その資格を証する書類を添えて，登録の申請をしなければならない。

解答 4

問4 公共測量の基準

a．測量法第3条（**測量**）の規定。「測量」とは，土地の測量をいい，地図の調製及び測量用写真の撮影を含むものとする。記述は正しい。

b．測量法第4条（**基本測量**）の規定。「基本測量」とは，すべての測量の基礎となる測量で，<u>国土地理院</u>の行うものをいう。記述は間違っている。

c．測量法第22条（**測量標の保全**）の規定。何人も，<u>国土地理院の長</u>の承認を得ないで，基本測量の測量標を移転し，汚損し，その他その効用を害する行為をしてはならない。記述は間違っている。

d．測量法第32条（**公共測量の基準**）の規定。公共測量は，基本測量又は公共測量の測量成果に基いて実施しなければならない。記述は正しい。

e．測量法第48条（**測量士及び測量士補**）の規定。測量士は，測量に関する計画を作製し，又は実施する。測量士補は，測量士の作製した計画に従い測量に従事する。記述は正しい。

解答 3

類似問題

次のa～eの文は，測量法の一部を抜粋したものである。 ア ～ オ に入る語句の組合せとして最も適当なものはどれか。

a．「測量」とは，土地の測量をいい，地図の調製及び ア を含むものとする。

b．「基本測量」とは，すべての測量の基礎となる測量で， イ の行うものをいう。

c．何人も， ウ の承認を得ないで，基本測量の測量標を移転し，汚損し，その他その効用を害する行為をしてはならない。

d．公共測量は，基本測量又は公共測量の エ に基いて実施しなければならない。

e．測量士補は，測量士の作製した オ に従い測量に従事する。

	ア	イ	ウ	エ	オ
1．	測量用写真の撮影	国土地理院	国土地理院の長	測量成果	計画
2．	水域の測量	国土交通省	国土地理院の長	測量計画	作業規程
3．	測量用写真の撮影	国土地理院	国土地理院の長	測量計画	作業規程
4．	水域の測量	国土地理院	都道府県知事	測量成果	計画
5．	測量用写真の撮影	国土交通省	都道府県知事	測量成果	作業規程

解答 1

第2日 公共測量実施上の留意事項 目標時間20分

問1  解答と解説はP.18

次のa～eの文は，公共測量における作業について述べたものである。明らかに間違っているものだけの組合せはどれか。

a．A市の基準点測量において，GNSS測量でA市のある学校に親点を設置することになったが，生徒が校庭を安全に使用できるように，新点を校舎の屋上に設置した。

b．B市の基準点測量において，作業の効率化のため，山頂に設置されている既知点の現況調査を観測時に行った。

c．C町が実施する水準測量において，すべて町道上での作業となることから，道路使用許可申請を行わず作業を実施した。

d．D市が実施する空中写真測量において，対空標識設置のため樹木の伐採が必要となったので，あらかじめ，その土地の所有者又は占有者に承諾を得て，当該樹木を伐採した。

e．E町の空中写真測量における数値地形図データ作成の現地調査において，調査した事項の整理及び点検を現地調査期間中に行った。

1．a，b　　2．a，d　　3．b，c　　4．c，e　　5．d，e

解答欄

問2  解答と解説はP.19

次のa～eの文は，公共測量を行う場合に留意しなければならないことについて述べたものである。明らかに間違っているものはいくつあるか。

a．局地的な大雨による増水による事故が増えていることから，気象情報に注意しながら作業を進めた。

b．基準点の設置完了後に，使用しなかった材料を撤去するとともに，作業区域の清掃を行った。

c．A市が発注した空中写真測量の現地調査で公有又は私有の土地に立ち入る必要があったので，あらかじめ占有者に立ち入りの通知をし，測量計画機関の発行する身分を示す証明書を携帯した。

d．測量計画機関から個人が特定できる情報を記載した資料を貸与されたことから，紛失しないよう厳重な管理体制の下で作業を行った。

e．B県が発注した基準点測量において，C市が所有する土地に永久標識を設置するに当たり，建標承諾書をC市より得て新点を設置した。

1．0　　2．1つ　　3．2つ　　4．3つ　　5．4つ

解答欄

16　第1章　測量に関する法規

問3

次の文は，公共測量における作業について述べたものである。明らかに間違っているものはどれか。

1. 平面位置は，平面直角座標系（平成14年国土交通省告示第9号）に規定する世界測地系に従う直角座標により表示した。
2. 永久標識を設置した際，成果表は作成したが，業務効率のため点の記は作成しなかった。
3. GNSS衛星の配置情報を事前に確認し，衛星配置が片寄った時間帯での観測を避けた。
4. 空中写真の撮影を行うため，基準点から偏心距離及び偏心角を測定し，対空標識を設置した。
5. 現地調査の予察を，空中写真，参考資料等を用いて，調査事項，調査範囲，作業量等を把握するために行った。

問4

次の文は，公共測量における現地での作業について述べたものである。明らかに間違っているものはどれか。

1. 空中写真測量における数値地形図データ作成の現地調査において，調査事項の接合は現地調査期間中に行い，整理の際に点検を行った。
2. 山頂に埋設してある測量標の調査を行ったが，標石を発見できなかったため，堀り起こした土を埋め戻し，周囲を清掃した。
3. 基準点測量において，周囲を柵で囲まれた土地に在る三角点を使用するため，作業開始前にその占有者に土地の立入りを通知した。
4. 基準点測量において，既知点の現況調査を効率的に行うため，山頂に放置されている既知点については，その調査を観測時に行った。
5. 局地的な大雨による増水事故が増えていることから，気象情報に注意しながら作業を進めた。

公共測量実施上の留意事項　解答と解説

問1　公共測量の作業規程の準則

(1) 測量計画機関は，測量法第33条（作業規程）の規定により，公共測量を実施しようとするときは，観測機械の種類，観測法，計算法等の**作業規程**を定め，国土交通大臣の承認を得なければならない。なお，作業規程の規範となるものとして，国土交通大臣は作業規程の準則を定めている。

(2) **作業規程の準則**は，測量法第34条（**作業規程の準則**）「国土交通大臣は，作業規程の準則を定めることができる。」の規定に基づき，公共測量における標準的な作業方法等を定め，その規格を統一するとともに，必要な精度を確保すること等を目的とし，公共測量に適用する（準則第1条，**目的及び適用範囲**）。

a．準則第4条（**関係法令等の遵守等**）「計画機関及び作業機関並びに作業者は，作業にあたり，財産権，労働，安全，交通，土地利用規制，環境保全，個人保護等に関する法令を遵守し，かつ，これらに関する社会的慣行を尊重しなければならない。」の規定に基づき適切である。

b．準則第24条（**工程別作業区分及び順序**）に基づき，基準点測量の区分及び順序は，作業計画→選点（既知点の現況調査を含む）→測量標の設置→観測→計算となっており，現況調査は観測時には行わない。記述は間違っている。

c．準則第4条の規定に基づき，道路において工事若しくは作業をする者は，道路管理者の市長に道路の占用許可を，交通の管理者の警察署長に道路の使用許可を受けなければならない。記述は間違っている。

d．測量法第16条（**障害物の除去**）及び準則第4条の規定に基づき，基本測量（公共測量）を実施するためにやむを得ない必要があるときは，あらかじめ所有者又は占有者の承諾を得て，障害となる植物又はさく等を伐除することができる。記述は適切である。

e．準側第169・170条（**整理・接合**）の規定で，空中写真測量において数値地形図データを作成するために必要な各種表現事項，名称等の現地調査の調査結果は，空中写真に記入し整理する。調査事項の接合は，現地調査期間中に行い，整理の際にそれぞれの点検を行う。記述は適切である。

解答　3

問2 公共測量の作業規程の準則

1. 公共測量の**作業規程の準則**は，第1編総則（第1条〜第17条），第2編基準点測量（第18条〜第77条），第3編地形測量及び写真測量（第78条〜第338条），第4編応用測量（第339条〜第426条）から成り，公共測量における標準的な作業方法等を定めている。

a．準則第10条（**安全の確保**）「作業機関は，特に現地での測量作業において，作業者の安全確保について適切な措置を講じなければならない。」の規定に基づき，適切である。

b．準則第3条（測量法の遵守等）「測量計画機関及び測量作業機関並びに作業に従事する者は，作業の実施に当たり，法を遵守しなければならない。」及び準則第4条（関係法令等の遵守等）の規定に基づき，適切である。

c．測量法第15条（**土地の立入及び通知**）「国土地理院の長（測量計画機関）又はその命を受けた者若しくは委任を受けた者は，基本測量（公共測量）を実施するために必要があるときは，国有，公有又は私有の土地に立ち入ることができる。なお，あらかじめその占有者に通知し，その身分を示す証明書を携帯しなければならない。」の規定に基づき，適切である。

d．準則第4条（関係法令等の遵守等）の規定に基づき，適切である。

e．準則第29条（**建標承諾書等**）「計画機関が所有権又は管理権を有する土地以外の土地に永久標識を設置しようとするときは，当該土地の所有者又は管理者から建標承諾書等により承諾を得なければならない。」の規定に基づき，適切である。

解答　1

◉作業規程の準則

1．**作業規程の準則**は，測量法第33条で定められている「**作業規程**」を測量計画機関が作成するための規範となるものである。その構成は，第1編総則，第2編基本測量，第3編地形測量及び写真測量，第4編応用測量から成る。

2．第1編総則では，各編に共通する基本的で重要な事項がまとめて規定されている。第2編以降は，各作業の具体的な実施に必要な技術的な事項について規定され，測量士補試験の問題No.4〜No.28の内容となっている。

問3　測量の基準

1．準則第2条（**測量の基準**）「公共測量において，位置は特別の事情がある場合を除き，平面直角座標系に規定する世界測地系に従う直角座標及び日本水準原点を基準とする高さ（標高）により表示する。」の規定に基づき，記述は適切である。

　なお，測量法第11条（測量の基準）では，基本測量及び公共測量は，次の基準に従って行わなければならないと規定されている。

① 位置は，世界測地系に基づく地理学的経緯度及び平均海面からの高さで表示する。
　但し，場合により，直角座標（世界測地系に基づく平面直角座標）及び平均海面からの高さ，極座標及び平均海面からの高さ又は地心直交座標（地球の重心を原点とする三次元座標）で表示することができる。

② 距離及び面積は，回転楕円体（GRS80楕円体）の表面上の値で表示する。

2．準則第33条（**点の記の作成**）「設置した永久標識については，点の記を作成するものとする。」の規定に基づき，永久標識の所在地，地目，所有者，順路，スケッチ等，今後の測量に利用するための資料，点の記を作成する。記述は間違っている。

3．準則第37条（**観測の実施**）「GNSS観測においては，GNSS衛星の作動状態，飛来情報等を考慮し，片寄った配置の使用は避ける。」の規定に基づき，記述は適切である。

4．準則第116条（**対空標識の偏心**）「対空標識を基準点等に直接設置できない場合は，基準点等から偏心して設置するものとする。」の規定に基づき，記述は適切である。

5．準則第5条（**測量の計画**）「計画機関は，利用できる測量成果，当該作業地域における基本測量及び公共測量の実施状況について調査し，測量成果等の活用を図ることにより，測量の重複を避けるよう努める。」の規定により，記述は適切である。

解答　2

◉測量の基準（測量法第11条と準則第2条）

1．公共測量は，測量法第11条に定められた**測量の基準**に従って行わなければならない。一般に，位置の表示については平面直角座標，高さについては日本水準原点を基準とした標高によって表されることが多い。このため，公共測量における位置の統一的表示を定めたものが，準則第2条である。なお，測量法第32条（公共測量の基準）「公共測量は，基本測量又は公共測量の成果に基いて実施されなければならない。」参照のこと。

問4 作業規程の準則

1. 空中写真測量，準則第170条（**接合**）「調査事項の接合は，現地調査期間中に行い，整理の際にそれぞれ点検を行う。」の規定で，接合は，送り受けが的確に行われたかを確認するとともに，転写時に写真間の不整合等の誤記が生じていないかを点検する。
2. 準則第4条（**関係法令等の遵守等**）の規定に基づき，安全・環境に配慮する。
3. 測量法第15条（**土地の立入及び通知**）の規定に基づき，土地に立ち入るときは，あらかじめその占有者に通知しなければならない。
4. 基準点測量において，**既知点の現況調査**は，異常の有無等を確認し，基準点現況調査報告書を作成するもので（準則第27条，**既知点の現況調査**），新点の選点時に行う。作業順序は，平均計画図の作成→現況調査→選点図・平均図の作成→測量標の設置（点の記の作成）→観測図の作成で行う（P36，工程別作業区分及び順序参照）。
5. 準則第10条（**安全確保**）の規定に基づき，安全確保のため適切な措置をとる。

解答　4

類似問題

次のa～eの文は，公共測量における測量作業機関の対応について述べたものである。明らかに間違っているものはいくつあるか。

a．地形測量の現地調査で公有又は私有の土地に立ち入る必要があったので，測量計画機関が発行する身分を示す証明書を携帯した。
b．A市が発注する基準点測量において，A市の公園内に新点を設置することになったが，利用者が安全に公園を利用できるように，新点を地下埋設として設置した。
c．地形図作成のために設置した対空標識は，空中写真撮影完了後，作業地周辺の住民や周辺環境に影響がない場所であったため，そのまま残しておいた。
d．B市が発注する水準測量において，すべてB市の市道上での作業となることから，道路使用許可申請を行わず作業を実施した。
e．永久標識を設置した後，成果表は作成したが，点の記は作成しなかった。

1. 0　　2. 1つ　　3. 2つ　　4. 3つ　　5. 4つ

解答　4

c．撮影作業完了後，速やかに現状を回復する（準則第115条），d．所轄警察署長の道路使用許可が必要（道路交通法），e．永久標識には点の記を作成する（準則第33条）。

第3日 測量の基準　　目標時間20分

問1 　解答と解説はP.24

次の文は，地球の形状と地球上の位置について述べたものである。明らかに間違っているものはどれか。

1. ジオイド面は，重力の方向と直交しており，地球の形に近似した回転楕円体に対して凹凸がある。
2. 地球上の位置を経緯度で表すための基準として，地球の形に近似した回転楕円体が用いられる。
3. 世界測地系である地心直交座標系の座標値から，経緯度を計算することができる。
4. ジオイド高は，測量の基準とする回転楕円体面から地表までの高さである。
5. 楕円体高と標高から，ジオイド高を計算することができる。

解答欄

問2 　解答と解説はP.26

次の文は，地球の形状と地球上の位置について述べたものである。明らかに間違っているものはどれか。

1. 楕円体高とジオイド高から，標高を計算することができる。
2. ジオイド面は，重力の方向に直交しており，地球楕円体面に対して凹凸がある。
3. 地球上の位置は，地球の形に近似したジオイドの表面上における地理学的経緯度及び平均海面からの高さで表すことができる。
4. 地心直交座標系の座標値から，当該座標の地点における経緯度及び楕円体高が計算できる。
5. 測量法に規定する世界測地系では，回転楕円体としてGRS80を採用している。

解答欄

問3

次の文は，標高，楕円体高及びジオイド高の関係について述べたものである。 ア ～ エ に入る語句の組合せとして最も適当なものはどれか。

　 ア とは， イ を陸地内部まで延長したと仮定したときにできる仮想的な面のことをいう。図に示すとおり，標高は ア を基準として測定される。

　 ア は，周囲の地形や地球内部構造の不均質等によって凹凸があるので，測量の基準面として，地球の形状に近似した回転楕円体を採用する。その回転楕円体は，地理学的経緯度の測定に関する国際的な決定に基づいたもので，これを準拠楕円体という。このとき，準拠楕円体から ア までの高さを ウ といい，準拠楕円体から地表までの高さを エ という。GNSS測量で求められる高さは， エ である。

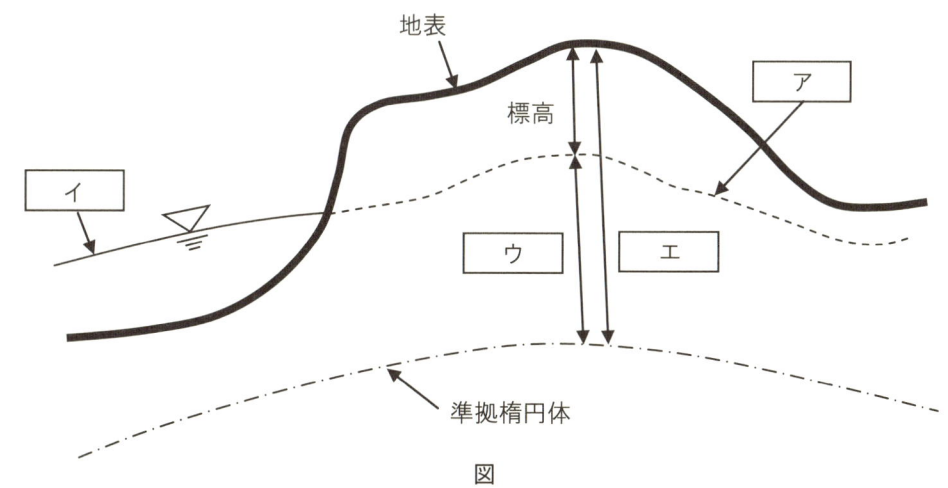

図

	ア	イ	ウ	エ
1.	ジオイド	平均海面	ジオイド高	楕円体高
2.	ジオイド	最低水面	ジオイド高	楕円体高
3.	等ポテンシャル面	平均海面	楕円体高	ジオイド高
4.	ジオイド	平均海面	楕円体高	ジオイド高
5.	等ポテンシャル面	最低水面	楕円体高	ジオイド高

第3日 測量の基準　解答と解説

問1　測量の基準

◎　測量の基準（測量法第11条）の規定。基本測量及び公共測量は，次に掲げる測量の基準に従って行わなければならない。

① 位置は，地理学的経緯度（世界測地系に従って測定する）及び平均海面からの高さで表示する。但し，場合により，直角座標又は極座標及び平均海面からの高さ，地心直交座標で表示することができる。

② 距離及び面積は，回転楕円体（GRS80楕円体）の表面上の値で表示する。

③ 測量の原点は，日本経緯度原点及び日本水準原点とする。

1．**ジオイド**とは，地球全体が静止した海水面でおおわれた仮想の曲面をいう。ジオイドは，重力の方向と直交しており，地球内部の物質の不均衡により回転楕円体に対して凹凸がある。

2．3．地理学的経緯度は，地心直交座標及び地球の形状をGRS80楕円体とする**世界測地系**により表す。なお，**地心直交座標**とは，地球重心を原点とし，地球の短軸をZ軸，グリニッジ天文台を通る子午線と赤道の交点と重心を結ぶ軸をX軸，X軸とZ軸に直交する軸をY軸とする地心直交座標をいう。

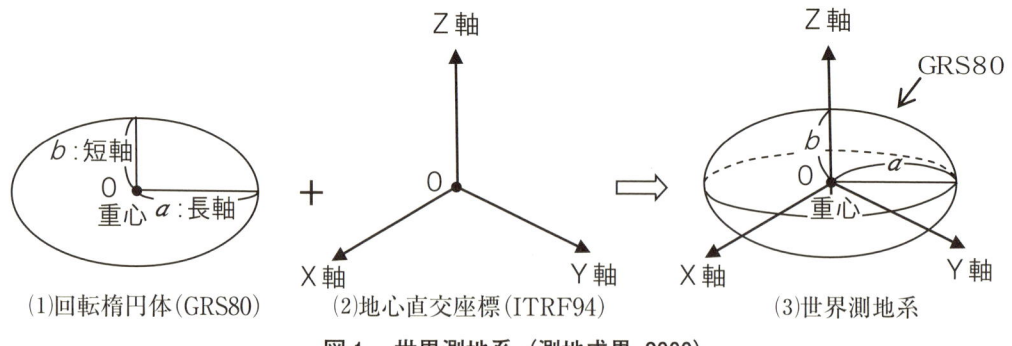

図1　世界測地系（測地成果 2000）

4．5．地球重心から準拠楕円体表面の高さは，地心直交座標ではZ軸で与えられる。**標高は，平均海面（ジオイド）からの高さで表す。準拠楕円体と平均海面は一致しないので，準拠楕円体からの地表の高さを楕円体高h，ジオイドからの高さを標高H，その差をジオイド高N**（回転楕円体からジオイドまでの高さ）とすれば，次の関係が成り立つ。

　　標高H＝楕円体高h－ジオイド高N　　　　　　　　　……式（1・1）

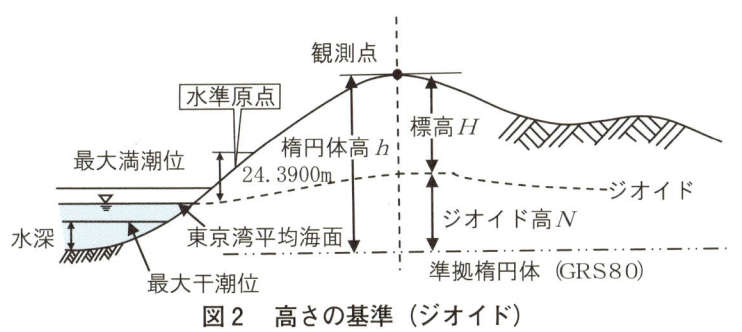

図2　高さの基準（ジオイド）

解答 ▶ 4

類似問題

次の文は，測量を行う上での位置の表示について述べたものである。 ア ～ オ に入る語句の組合せとして最も適当なものはどれか。

測量法では，基本測量及び公共測量については，位置を ア 及び平均海面からの高さで表示するが，場合によっては イ などで表示することができるとされている。GNSS測量機による測量では， イ による基線ベクトル，座標値を求めることができる。 イ は ウ の成分で表され，計算によって緯度，経度， エ に換算できる。 エ から標高を求めるためには，別に測量して求められた，準拠楕円体から オ までの高さが必要である。

	ア	イ	ウ	エ	オ
1.	地理学的経緯度	地心直交座標	X, Y, Zの3つ	楕円体高	地表
2.	地理学的経緯度	平面直角座標	X, Yの2つ	ジオイド高	ジオイド
3.	地心経緯度	平面直角座標	X, Y, Zの3つ	楕円体高	地表
4.	地理学的経緯度	地心直交座標	X, Y, Zの3つ	楕円体高	ジオイド
5.	地心経緯度	平面直角座標	X, Yの2つ	ジオイド高	地表

解答　4

法第11条（測量の基準）に関する規定により，『位置の表示は原則「地理学的経緯度＋平均海面からの高さ（標高）」による。場合により「直角座標＋標高」，「極座標＋標高」，「地心直交座標」』となっている。

この4つの内，初めの3つは，原点が地球の表面付近にある。最後の地心直交座標は，原点が地球の重心にある3次元座標（X，Y，Z）であり，GNSS測量で使われるもので

ある。この3次元座標での表示を初めの3つの系での表示に換算したとき，高さ方向の値は平均海面からの高さ（標高）とは異なる。楕円体高と呼ばれる準拠楕円体からの高さが出てくる。これを標高に直すには，準拠楕円体から平均海面（ジオイド）までの高さ（ジオイド高）を用いて，補正する必要がある。【標高＝楕円体高－ジオイド高】の関係がある。

　　ア　地理学的経緯度，　イ　地心直交座標，　ウ　X，Y，Zの3つ，　エ　楕円体高，　オ　ジオイドが入る。

問2　地球の形状と地球上の位置

1．測量法の改正に伴い，測量の基準が日本測地系から世界測地系（GRS80回転楕円体，三次元直交座標）に変更となった。地理学的経緯度は，世界測地系に従って表示する。ジオイドは，回転楕円体に対して凹凸がある。地球上の位置は，<u>回転楕円体の表面の値</u>で表示する。

2．**世界測地系**とは，地球を次に掲げる要件を満たす扁平な回転楕円体であると想定して行う地理学的経緯度の測定に関する測量の基準をいう。

　① その長半径及び扁平率が，地理学的経緯度の測定に関する国際的な決定に基づき政令で定める値であるものであること。

　② その中心が，地球の重心と一致するものであること。

　③ その短軸が，地球の自転軸と一致するものであること。

表1　準拠楕円体

	ベッセル (旧日本測地系)	GRS80 (世界測地系)	差
長半径	6 377 397.155m	6 378 137.00m	739.84m
短半径	6 356 078.963m	6 356 752.31m	673.35m

（注）　GRS80：Geodetic Reference System 1980
（注）　ITRF座標系：国際地球基準座標系
　　　　International Terrestrial Reference Frame

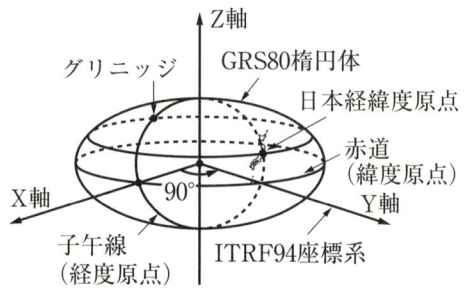

図3　世界測地系（ITRF 94・GRS 80）

問3 標高，楕円体高及びジオイド高

1. **標高**は，東京湾平均海面（ジオイド）からの高さ（H）で表す。地心直交座標で表す準拠楕円体（GRS80）から観測点までの**楕円体高**（h）と準拠楕円体からジオイド面までの高さ**ジオイド高**（N）との関係は，$H=h-N$となる。

2. 水準測量によって求められる地表点の**標高**は，平均海面（ジオイド）からの鉛直距離である。一方，GNSSでは地表点（楕円体）からの**楕円体高**となる。平均海面と楕円体の地表面は一致しない。水準測量とGNSS測量とでは，高さの定義が異なるので注意を要する。

　ア にはジオイド，イ には平均海面，ウ にはジオイド高，エ には楕円体高が入る。

解答 1

類似問題

次の文は，地球の形状及び位置の基準について述べたものである。明らかに間違っているものはどれか。

1. 地球上の位置を緯度，経度で表すための基準として，地球の形状と大きさに近似した回転楕円体が用いられる。
2. 地心直交座標系の座標値から，当該座標の地点における緯度，経度及び楕円体高が計算できる。
3. ジオイドは，重力の方向と直交しており，地球の形状と大きさに近似した回転楕円体に対して凹凸がある。
4. ジオイド高は，楕円体高と標高を用いて計算することができる。
5. ジオイド高は，平均海面を延長したジオイドから地表面までの高さである。

解答 5

ジオイド高は，回転楕円体（GRS80楕円体）表面からジオイド面の高さをいう（図2参照）。楕円体表面とジオイド面は一致しない。両者の差をジオイド高という。なお，ジオイド高さは，標高既知の水準点でGNSS測量を行い，得られた楕円体高から，その差のジオイド高を求める（**ジオイド測量**）。

参考資料1

測量法（抜粋）
第1章　総　則

第1節　目的及び用語

第1条（目的） この法律は，国若しくは公共団体が費用の全部若しくは一部を負担し，若しくは補助して実施する土地の測量又はこれらの測量の結果を利用する土地の測量について，その実施の基準及び実施に必要な権能を定め，測量の重複を除き，並びに測量の正確さを確保するとともに，測量業を営む者の登録の実施，業務の規制等により，測量業の適正な運営とその健全な発達を図り，もつて各種測量の調整及び測量制度の改善発達に資することを目的とする。

第3条（測量） この法律において「測量」とは，土地の測量をいい，地図の調製及び測量用写真の撮影を含むものとする。

第4条（基本測量） この法律において「基本測量」とは，すべての測量の基礎となる測量で，国土地理院の行うものをいう。

第5条（公共測量） この法律において「公共測量」とは，基本測量以外の測量で次に掲げるものをいい，建物に関する測量その他の局地的測量又は小縮尺図の調製その他の高度の精度を必要としない測量で政令で定めるものを除く。
　一　その実施に要する費用の全部又は一部を国又は公共団体が負担し，又は補助して実施する測量
　二　基本測量又は前号の測量の測量成果を使用して次に掲げる事業のために実施する測量で国土交通大臣が指定するもの
　　イ　行政庁の許可，認可その他の処分を受けて行われる事業
　　ロ　その実施に要する費用の全部又は一部について国又は公共団体の負担又は補助，貸付けその他の助成を受けて行われる事業

第6条（基本測量及び公共測量以外の測量） この法律において「基本測量及び公共測量以外の測量」とは，基本測量又は公共測量の測量成果を使用して実施する基本測量及び公共測量以外の測量（建物に関する測量その他の局地的測量又は小縮尺図の調製その他の高度の精度を必要としない測量で政令で定めるものを除く。）をいう。

第7条（測量計画機関） この法律において「測量計画機関」とは，前2条に規定する測量を計画する者をいう。測量計画機関が，自ら計画を実施する場合には，測量作業機関となることができる。

第8条（測量作業機関） この法律において「測量作業機関」とは，測量計画機関の指示又は委託を受けて測量作業を実施する者をいう。

第9条（測量成果及び測量記録） この法律において「測量成果」とは，当該測量において最終の目的として得た結果をいい，「測量記録」とは，測量成果を得る過程において得た作業記録をいう。

第10条（測量標） この法律において「測量標」とは，永久標識，一時標識及び仮設標識をいい，これらは，左の各号に掲げる通りとする。
　一　永久標識　三角点標石，図根点標石，方位標石，水準点標石，磁気点標石，基線尺検定標石，基線標石及びこれらの標石の代りに設置する恒久的な標識をいう。
　二　一時標識　測標及び標杭をいう。
　三　仮設標識　標旗及び仮杭をいう。
2　前項に掲げる測量標の形状は，国土交通省令で定める。
3　基本測量の測量標には，基本測量の測量標であること及び国土地理院の名称を表示しなければならない。

第10条の2（測量業） この法律において「測量業」とは，基本測量，公共測量又は基本測量及び公共測量以外の測量を請け負う営業をいう。

第10条の3（測量業者） この法律において「測量業者」とは，第55条の5第1項の規定（登録の実施及び登録の通知，省略）による登録を受けて測量業を営む者をいう。

第2節　測量の基準

第11条（測量の基準）基本測量及び公共測量は，次に掲げる測量の基準に従つて行わなければならない。

　一　位置は，地理学的経緯度及び平均海面からの高さで表示する。ただし，場合により，直角座標及び平均海面からの高さ，極座標及び平均海面からの高さ又は地心直交座標で表示することができる。

　二　距離及び面積は，第三項に規定する回転楕円体の表面上の値で表示する。

　三　測量の原点は，日本経緯度原点及び日本水準原点とする。ただし，離島の測量その他特別の事情がある場合において，国土地理院の長の承認を得たときは，この限りでない。

　四　前号の日本経緯度原点及び日本水準原点の地点及び原点数値は，政令で定める。

2　前項第一号の地理学的経緯度は，世界測地系に従つて測定しなければならない。

3　前項の「世界測地系」とは，地球を次に掲げる要件を満たす扁平な回転楕円体であると想定して行う地理学的経緯度の測定に関する測量の基準をいう。

　一　その長半径及び扁平率が，地理学的経緯度の測定に関する国際的な決定に基づき政令で定める値であるものであること。

　二　その中心が，地球の重心と一致するものであること。

　三　その短軸が，地球の自転軸と一致するものであること。

第2章　基本測量

第1節　計画及び実施

第14条（実施の公示）国土地理院の長は，基本測量を実施しようとするときは，あらかじめその地域，期間その他必要な事項を関係都道府県知事に通知しなければならない。

2　国土地理院の長は，基本測量の実施を終つたときは，その旨を関係都道府県知事に通知しなければならない。

3　都道府県知事は，前2項の規定による通知を受けたときは，遅滞なく，これを公示しなければならない。

第15条（土地の立入及び通知）国土地理院の長又はその命を受けた者若しくは委任を受けた者は，基本測量を実施するために必要があるときは，国有，公有又は私有の土地に立ち入ることができる。

2　前項の規定により宅地又はかき，さく等で囲まれた土地に立ち入ろうとする者は，あらかじめその占有者に通知しなければならない。但し，占有者に対してあらかじめ通知することが困難であるときは，この限りでない。

3　第1項に規定する者が，同項の規定により土地に立ち入る場合においては，その身分を示す証明書を携帯し，関係人の請求があつたときは，これを呈示しなければならない。

第16条（障害物の除去）国土地理院の長又はその命を受けた者若しくは委任を受けた者は，基本測量を実施するためにやむを得ない必要があるときは，あらかじめ所有者又は占有者の承諾を得て，障害となる植物又はかき，さく等を伐除することができる。

第22条（測量標の保全）　何人も，国土地理院の長の承諾を得ないで，基本測量の測量標を移転し，汚損し，その他その効用を害する行為をしてはならない。

第24条（測量標の移転の請求）　基本測量の永久標識又は一時標識の汚損その他その効用を害するおそれがある行為を当該永久標識若しくは一時標識の敷地又はその付近でしようとする者は，理由を記載した書面をもつて，国土地理院の長に当該永久標識又は一時標識の移転を請求することができる。

2　前項の規程による請求（国又は都道府県が行うものを除く。）は，当該永久標識又は一時標識の所在地の都道府県知事を経由して行わなければならない。この場合において，都道府県知事は，当該請求に係る事項に関する意見を付して，国土地理院の長に送付するものとする。

3　国土地理院の長は，第1項の規定による請求に理由があると認めるときは，当該永久標識又は一時標識を移転し，理由がないと認めるときは，その旨を移転を請求した者に通知しなければならない。

4　前項の規定による永久標識又は一時標識の移転に要した費用は，移転を請求した者が負担しなければならない。

第26条（測量標の使用）　基本測量以外の測量を実施しようとする者は，国土地理院の長の承認を得て，基本測量の測量標を使用することができる。

第2節　測量成果

第28条（測量成果の公開）　基本測量の測量成果及び測量記録の謄本又は抄本の交付を受けようとする者は，国土交通省令で定めるところにより，国土地理院の長に申請をしなければならない。

2　前項の規定により謄本又は抄本の交付の申請をする者は，実費を勘案して政令で定める額の手数料を納めなければならない。

第30条（測量成果の使用）　基本測量の測量成果を使用して基本測量以外の測量を実施しようとする者は，国土交通省令で定めるところにより，あらかじめ，国土地理院の長の承認を得なければならない。

2　国土地理院の長は，前項の承認の申請があつた場合において，次の各号のいずれにも該当しないと認めるときは，その承認をしなければならない。
　一　申請手続が法令に違反していること。
　二　当該測量成果を使用することが当該測量の正確さを確保する上で適切でないこと。

3　第1項の承認を得て測量を実施した者は，その実施により得られた測量成果に基本測量の測量成果を使用した旨を明示しなければならない。

第3章　公共測量

第1節　計画及び実施

第32条（公共測量の基準）　公共測量は，基本測量又は公共測量の測量成果に基いて実施しなければならない。

第33条（作業規程）　測量計画機関は，公共測量を実施しようとするときは，当該公共測量に関し観測機械の種類，観測法，計算法その他国土交通省令で定める事項を定めた作業規程を定め，あらかじめ，国土交通大臣の承認を得なければならない。これを変更しようとするときも，同様とする。

2　公共測量は，前項の承認を得た作業規程に基づいて実施しなければならない。

第34条（作業規程の準則）　国土交通大臣は，作業規程の準則を定めることができる。

第35条（公共測量の調整）　国土交通大臣は，測量の正確さを確保し，又は測量の重複を除くためその他必要があると認めるときは，測量計画機関に対し，公共測量の計画若しくは実施について必要な勧告をし，又は測量計画機関から公共測量についての長期計画若しくは年度計画の報告を求めることができる。

第36条（計画書についての助言）　測量計画機関は，公共測量を実施しようとするときは，あらかじめ，次に掲げる事項を記載した計画書を提出して，国土地理院の長の技術的助言を求めなければならない。その計画書を変更しようとするときも，同様とする。
　一　目的，地域及び期間
　二　精度及び方法

第37条（公共測量の表示等）　公共測量を実施する者は，当該測量において設置する測量標に，公共測量の測量標であること及び測量計画機関の名称を表示しなければならない。

2　公共測量を実施する者は，関係市町村長に対して当該測量を実施するために必要な情報の提供を求めることができる。

3　測量計画機関は，公共測量において永久標識を設置したときは，遅滞なく，その種類及び所在地その他国土交通省令で定める事項を国土地理院の長に通知しなければならない。

4　測量計画機関は，自ら実施した公共測量の永久標識を移転し，撤去し，又は廃棄したときは，遅滞なく，その種類及び旧所在地その他国土交通省令で定める事項を国土地理院の長に通知しなければならない。

第39条（基本測量に関する規定の準用）　第14条から第26条までの規定は，公共測量に準用する。この場合において，第14条から第18条まで，第21条第1項及び第23条中「国土地理院の長」とあり，並びに第19条及び第20条中「政府」とあるのは「測量計画機関」と，第21条第3項並びに第24条第1項及び第2項中「国土地理院の長」とあるのは「当該永久標識又は一時標識を設置した測量計画機関と，第22条及び第26条中「国土土地院の長」とあるのは「公共測量において測量標を設置した測量計画機関」と，第24条第3項中「国土地理院の長」とあるのは「公共測量において永久標識又は一時標識を設置した測量計画機関」と読み替えるものとする。

第2節　測量成果

第40条（測量成果の提出）　測量計画機関は，公共測量の測量成果を得たときは，遅滞なく，その写を国土地理院の長に送付しなければならない。

2　国土地理院の長は，前項の場合において必要があると認めるときは，測量記録の写の送付を求めることができる。

第41条（測量成果の審査）　国土地理院の長は，前条の規定により測量成果の写の送付を受けたときは，すみやかにこれを審査して，測量計画機関にその結果を通知しなければならない。

2　国土地理院の長は，前項の規定による審査の結果当該測量成果が充分な精度を有すると認める場合においては，測量の精度に関し意見を附して，その測量の種類，実施の時期及び地域並びに測量計画機関及び測量作業機関の名称を公表しなければならない。

第44条（測量成果の使用）　公共測量の測量成果を使用して測量を実施しようとする者は，あらかじめ，当該測量成果を得た測量計画機関の承認を得なければならない。

2　測量計画機関は，前項の承認の申請があつた場合において，次の各号のいずれにも該当しないと認めるときは，その承認をしなければならない。
　一　申請手続が法令に違反していること。
　二　当該測量成果を使用することが測量の正確さを確保する上で適切でないこと。

3　第1項の承認を得て測量を実施した者は，その実施により得られた測量成果に公共測量の測量成果を使用した旨を明示しなければならない。

第5章　測量士及び測量士補

第48条（測量士及び測量士補）　技術者として基本測量又は公共測量に従事する者は，第49条の規定に従い登録された測量士又は測量士補でなければならない。

2　測量士は，測量に関する計画を作製し，又は実施する。

3　測量士補は，測量士の作製した計画に従い測量に従事する。

第49条（測量士及び測量士補の登録）　次条（測量士となる資格，省略）又は第51条（測量士補となる資格，省略）の規定により測量士又は測量士補となる資格を有する者は，測量士又は測量士補になろうとする場合においては，国土地理院の長に対してその資格を証する書類を添えて，測量士名簿又は測量士補名簿に登録の申請をしなければならない。

2　測量士名簿及び測量士補名簿は，国土地理院に備える。

第2章

多角測量（GNSS測量を含む）

多角測量のポイントは？

1. 多角測量（基準点測量）とは，既知点に基づき，新点（未知点）の位置・標高を定める測量をいう（準則第18条）。
2. 多角測量では，出題問題No1～No28の28問中，No4～No8に5問が出題される。主な項目は次のとおり。
   [TS等観測（3問）]
   ① 作業計画，平均図・観測図等のTS観測の留意事項
   ② セオドライトの誤差と消去法，観測値の許容範囲
   ③ 偏心計算，結合トラバースの閉合差・方向角の計算
   [GNSS観測（2問）]
   ④ GNSS観測の特徴，観測上の留意事項等
   ⑤ 誤差要因，基線ベクトルの計算
3. 多角測量では，三角関数（還元公式），ラジアン単位などを用いる計算問題が出題される。P223の関数表の使用法にも慣れること。

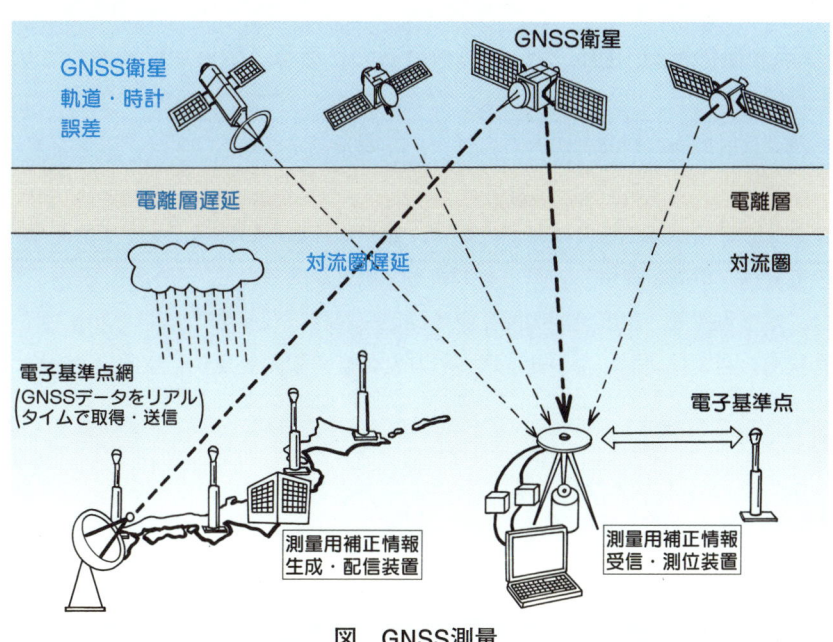

図　GNSS測量

第4日　多角測量（TS等観測）

目標時間20分

問1

解答と解説はP.36

次の文は，公共測量における基準点測量について述べたものである。 ア ～ エ に入る語句の組合せとして最も適当なものはどれか。

　選点とは，平均計画図に基づき，現地において既知点の現況を調査するとともに，新点の位置を選定し， ア を作成する作業をいう。

　新点の位置には，原則として永久標識を設置する。また，永久標識には，必要に応じ イ などを記録したICタグを取り付けることができる。

　トータルステーション（以下「TS」という。）を用いる観測では，水平角観測，鉛直角観測及び距離測定は，1視準で同時に行うことを原則とする。また，距離測定は，1視準 ウ を1セットとする。

　TSを用いた観測における点検計算は，観測終了後に行う。また，選定されたすべての点検路線について，水平位置及び標高の エ を計算し，観測値の良否を判定する。

	ア	イ	ウ	エ
1．	選点図及び平均図	固有番号	1読定	観測差
2．	観測図及び平均図	衛星情報	2読定	閉合差
3．	選点図及び平均図	衛星情報	1読定	閉合差
4．	観測図及び平均図	衛星情報	2読定	観測差
5．	選点図及び平均図	固有番号	2読定	閉合差

解答欄

問2

解答と解説はP.37

次の文は，公共測量におけるトータルステーション及びデータコレクタを用いた1級及び2級基準点測量の作業内容について述べたものである。明らかに間違っているものはどれか。

1． 器械高及び反射鏡高は観測者が入力を行うが，観測値は自動的にデータコレクタに記録される。
2． データコレクタに記録された観測データは，速やかに他の媒体にバックアップした。
3． 距離の計算は，標高を使用し，ジオイド面上で値を算出した。
4． 観測は，水平角観測，鉛直角観測及び距離測定を同時に行った。
5． 水平角観測の必要対回数に合わせ，取得された鉛直角観測値及び距離測定値を全て採用し，その平均値を用いた。

解答欄

問3

次の文は，公共測量におけるトータルステーションを用いた多角測量について述べたものである。明らかに間違っているものはどれか。

1. 新点の位置精度は，多角網の形によって影響を受けるため，選点にあたっては網の形状を考慮する。
2. 観測点において角の観測値の良否を判定するため，倍角差，観測差及び高度定数を点検する必要がある。
3. 水平位置の閉合差の点検路線は，なるべく多くの辺を採用し，最長の路線となるようにする。
4. 観測の点検は，既知点と既知点を結合させた閉合差を計算し，観測の良否を判断する。
5. 観測に用いる測量機器は，事前に検定及び点検調整を実施し，必要精度が確保できていることを確認する。

問4

次の文は，トータルステーションを用いた基準点測量の点検計算について述べたものである。明らかに間違っているものはどれか。

1. 点検路線は，既知点と既知点を結合させるものとする。
2. 点検路線は，なるべく長いものとする。
3. すべての既知点は，1つ以上の点検路線で結合させるものとする。
4. すべての単位多角形は，路線の1つ以上を点検路線と重複させるものとする。
5. 許容範囲を超えた場合は，再測を行うなど適切な措置を講ずるものとする。

第4日 多角測量（TS観測） 解答と解説

問1 基準点（多角）測量

1. 基準点測量の**工程別作業区分及び順序**は，次のとおり（準則第24条）。

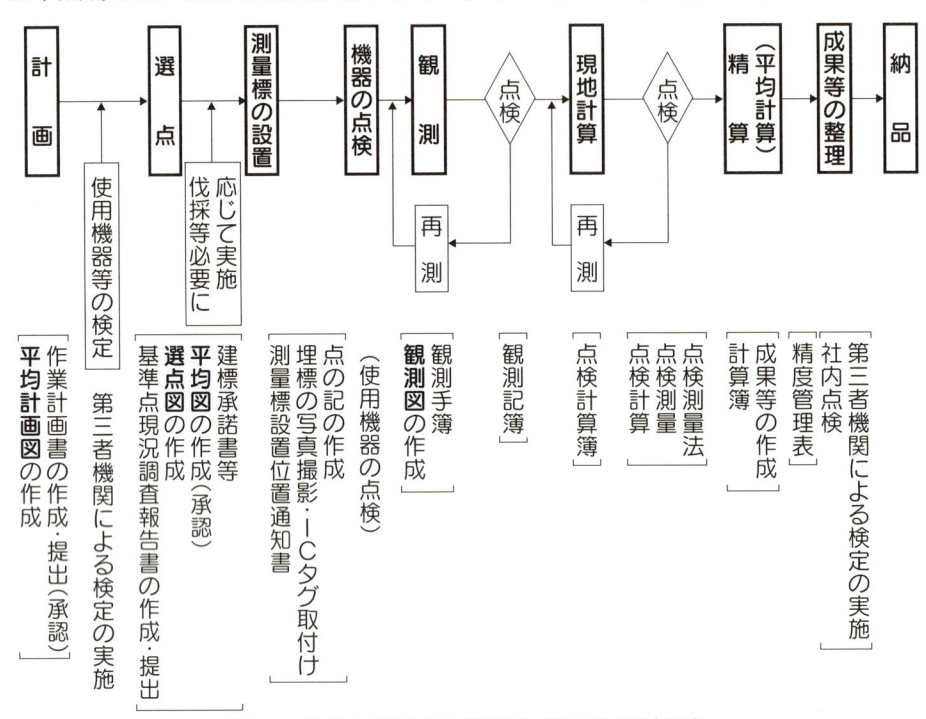

```
計画 → 選点 → 測量標の設置 → 機器の点検 → 観測 →〈点検〉→ 現地計算 →〈点検〉→ 精(平均計算) → 成果等の整理 → 納品
```

（観測・現地計算の不合格時は再測へ戻る）

主な成果物：
- 計画：作業計画書の作成・提出（承認），平均計画図の作成，使用機器等の検定，第三者機関による検定の実施
- 選点：建標承諾書等，平均図の作成（承認），選点図の作成，基準点現況調査報告書の作成・提出，応じて実施伐採等必要に
- 測量標の設置：点の記の作成，埋標の写真撮影，測量標設置位置通知書，iCタグ取付け
- 機器の点検：使用機器の点検
- 観測：観測図の作成，観測手簿，観測記簿
- 現地計算：点検計算簿
- 精（平均計算）：点検測量法，点検測量，点検計算，計算簿
- 成果等の整理：成果等の作成，精度管理表，社内点検
- 納品：第三者機関による検定の実施

図1　基準点測量の工程別作業区分及び順序

2. 観測にあたり，計画機関の承認を得た平均図に基づき，観測図を作成する。**ＴＳ等の観測及び観測方法**は，次に定めるところにより行う（準則第37条）。

① トータルステーション（TS）を使用する場合は，水平角観測，鉛直角観測及び距離測定は，1視準で同時に行うことを原則とする。

② 水平角観測は，1視準1読定，望遠鏡正及び反の観測を1対回とする。

③ 鉛直角観測は，1視準1読定，望遠鏡正及び反の観測を1対回とする。

④ 距離測定は，1視準2読定を1セットとする。

3. **点検計算**は，観測終了後に行う。点検路線について，水平位置及び標高の閉合差を計算し，観測の良否を判定する。

　ア には選定図及び平均図， イ には固有番号， ウ には2読定， エ には閉合差が入る。

解答▶ 5

> **類似問題**
>
> 次の文は，公共測量におけるトータルステーションを用いた基準点測量の工程別作業区分について述べたものである。明らかに間違っているものはどれか。
>
> 1．作業計画の工程において，地形図上で新点の概略位置を決定し，平均計画図を作成する作業を行った。
> 2．選点の工程において，平均計画図に基づき，現地において既知点の現況を調査するとともに，新点の位置を選定し，選点図及び観測図を作成した。
> 3．測量標の設置の工程において，新点の位置に永久標識を設置し，測量標設置位置通知書を作成した。
> 4．観測の工程において，平均図などに基づき関係する点間の水平角，鉛直角，距離などの観測を行った。
> 5．計算の工程において，点検計算で許容範囲を超過した路線の再測を行った。

解答 2

作業工程は，平均計画図→選点図・平均図→測量標の設置→観測（観測図）→観測値の点検及び再測→計算（平均計算）となる。

平均図とは，設置する基準点網の最確値を求めるための設計図であり，必要な精度を確保するため，選点図に基づいて作成し，計画機関の承認を得る。**観測図**は，平均図のとおり平均計算を行うために必要な観測値の取得法を図示したものをいう。

選点の工程では，新点の位置を選定し，選点図及び平均図を作成する。

問2 トータルステーション・データコレクター（TS）

1．**トータルステーション**は，測角と測距が同時に観測でき，観測結果を自動的に記録するハードメモリー機能（**データコレクタ**）が使用できる。これにより，観測データの取得，転送，帳票作成等を確実に行うことができる。
2．**距離及び面積**は，GRS楕円体の表面（基準面）上の値で表示する（P24参照）。距離の計算は楕円体高を用い，楕円体高は標高とジオイド高から求める。なお，**平均計算**とは，最終結果（最確値）を求める計算で観測値の標準偏差で判定する。

解答 3

問3 TS等観測値の許容範囲

1. 路線図形について，1・2級基準点測量では多角網の外周路線に属する新点は，外周路線に属する隣接既知点を結ぶ直線から外側40°以下の地域内に選定し，路線の中の夾角は60°以上とする。選点にあたっては網の形状を考慮する（準則第23条）。

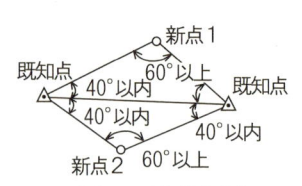

   図2 路線図形

   測量網は，新点の精度が確保されるように既知点の数を多く均等な密度で配置し，かつ交点（路線と路線の結合点）を多くして各路線（路線が短かく，節点（経由点）が少ない）が強く結びついていること。

2. TS等による**観測値の許容範囲**は，表1のとおり。許容範囲を超えた場合は，再測する。

   表1　倍角差・観測差・高度定数の許容範囲（準則第38条）

項目	区分	1級基準点測量	2級基準点測量（1級トータルステーション，1級セオドライト）	2級基準点測量（2級トータルステーション，2級セオドライト）	3級基準点測量	4級基準点測量
水平角観測	倍角差	15″	20″	30″	30″	60″
水平角観測	観測差	8″	10″	20″	20″	40″
鉛直角観測	高度定数の較差	10″	15″	30″	30″	60″

   ① **倍角**：同一視準点の1対回に対する正・反の秒数の和（$r+\ell$）。
   ② **較差**：同一視準点の1対回に対する正・反の秒数の差（$r-\ell$）。
   ③ **倍角差**：各対回の同一視準点に対する倍角のうち，最大と最小の差。
   ④ **観測差**：各対回の同一視準点に対する較差のうち，最大と最小の差。
   ⑤ **高度定数の較差**：高度定数の最大と最小の差。

3. すべての単位多角形及び選定された点検路線について，水平位置及び標高の閉合差を計算し，観測値の良否を判定する。点検路線は，既知点と既知点を結合させるものとし，なるべく短いものとする（準則第42条）。

問4 点検計算及び再測

1. **点検計算**は，観測終了後に行う。表2の許容範囲を超えた場合は，再測を行う等の適切な措置を講ずる。ＴＳ等観測の場合，すべての単位多角形及び次の条件により選定されたすべての点検路線について，水平位置及び標高の閉合差を計算し，観測値の良否を判定する（準則第42条）。

① 点検路線は，既知点と既知点を結合させる。

② 点検路線は，なるべく短いものとする。

③ すべての既知点は，1つ以上の点検路線で結合させる。

④ すべての単位多角形は，路線の1つ以上を点検路線と重複させる。

表2　TS等の点検計算の許容範囲（準則第42条）

項目	区分	1級基準点測量	2級基準点測量	3級基準点測量	4級基準点測量
結合・単路線	水平位置の閉合差	100 mm＋20 mm$\sqrt{N\Sigma S}$	100 mm＋30 mm$\sqrt{N\Sigma S}$	150 mm＋50 mm$\sqrt{N\Sigma S}$	150 mm＋100 mm$\sqrt{N\Sigma S}$
結合・単路線	標高の閉合差	200 mm＋50 mm$\Sigma S/\sqrt{N}$	200 mm＋100 mm$\Sigma S/\sqrt{N}$	200 mm＋150 mm$\Sigma S/\sqrt{N}$	200 mm＋300 mm$\Sigma S/\sqrt{N}$
単位多角形	水平位置の閉合差	10 mm$\sqrt{N\Sigma S}$	15 mm$\sqrt{N\Sigma S}$	25 mm$\sqrt{N\Sigma S}$	50 mm$\sqrt{N\Sigma S}$
単位多角形	標高の閉合差	50 mm$\Sigma S/\sqrt{N}$	100 mm$\Sigma S/\sqrt{N}$	150 mm$\Sigma S/\sqrt{N}$	300 mm$\Sigma S/\sqrt{N}$
標高差の正反較差		300 mm	200 mm	150 mm	100 mm
備考		Nは辺数，ΣSは路線長（km）とする。			

2. 点検計算は次の順序で行う。

① **標高の概算**（近似標高の計算）：成果表の標高との閉合差を求める。

② **投影基準面への距離補正**：斜距離を基準面上の球面距離Sに変換する。

③ **偏心補正計算**：基準面上の距離Sを用いて偏心補正計算をする。

④ **距離の計算**：球面の距離Sを平面直角座標（GRS80）上の平面距離sに変換する。

⑤ **座標の計算**：平面距離sを用いて座標計算（近似座標値の計算）をする。

解答　2

第5日 TS等観測（誤差・観測値の許容範囲） 目標時間40分

問1

次のa～eの文は，セオドライトを用いた水平角観測における誤差について述べたものである。望遠鏡の正（右）・反（左）の観測値を平均しても消去できない誤差の組合せとして最も適当なものはどれか。

a．空気密度の不均一さによる目標像のゆらぎのために生じる誤差。
b．セオドライトの水平軸が，鉛直線と直交していないために生じる水平軸誤差。
c．セオドライトの水平軸と望遠鏡の視準線が，直交していないために生じる視準軸誤差。
d．セオドライトの鉛直軸が，鉛直線から傾いているために生じる鉛直軸誤差。
e．セオドライトの水平目盛盤の中心が，鉛直軸の中心と一致していないために生じる偏心誤差。

1．a，c　　2．a，d　　3．a，e　　4．b，d　　5．b，e

問2

ある多角点において，3方向の水平角観測を行い，表の結果を得た。次の文は，観測結果について述べたものである。正しいものはどれか。

但し，倍角差，観測差の許容範囲は，それぞれ15″，8″である。

1．(1)方向の倍角差は，許容範囲を超えている。
2．(2)方向の倍角差は，許容範囲を超えている。
3．(1)方向の観測差は，許容範囲を超えている。
4．(2)方向の観測差は，許容範囲を超えている。
5．(1)，(2)方向ともすべて許容範囲内である。

目盛	望遠鏡	視準点名称	番号	観測角	結果	倍角	較差	倍角差	観測差
0°	正	峰山	1	0° 1′ 18″					
		(1)	2	47° 59′ 37″					
		(2)	3	129° 53′ 52″					
	反		3	309° 53′ 48″					
			2	227° 59′ 26″					
			1	180° 1′ 12″					
90°	反		1	270° 1′ 25″					
			2	317° 59′ 46″					
			3	39° 53′ 55″					
	正		3	219° 53′ 59″					
			2	137° 59′ 49″					
			1	90° 1′ 33″					

問3

1級基準点測量において，トータルステーションを用いて鉛直角を観測し，表の結果を得た。点A，Bの高低角及び高度定数の較差の組合せとして適当なものはどれか。

表

望遠鏡	視準点 名　称	視準点 測　標	鉛直角観測値
r	A	甲	63° 19′ 27″
ℓ			296° 40′ 35″
ℓ	B	甲	319° 24′ 46″
r			40° 35′ 12″

	高低角（点A）	高低角（点B）	高度定数の較差
1.	−26° 40′ 34″	−49° 24′ 47″	2″
2.	+26° 40′ 25″	−49° 24′ 47″	2″
3.	+26° 40′ 31″	−49° 24′ 49″	4″
4.	+26° 40′ 34″	+49° 24′ 47″	4″
5.	+26° 0′ 31″	+49° 24′ 50″	0″

問4

図に示すように，点Aにおいて，点Bを基準方向として点C方向の水平角θを同じ精度で5回観測し表に示す観測結果を得た。水平角θの最確値に対する標準偏差はいくらか。

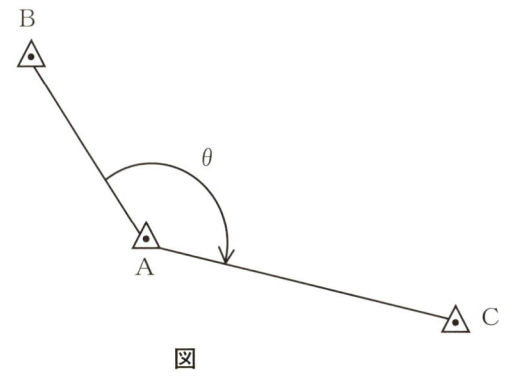

表

水平角θの観測結果	150° 00′ 07″
	149° 59′ 59″
	149° 59′ 56″
	150° 00′ 05″
	150° 00′ 13″

図

1. 2.4″　　2. 3.0″　　3. 3.6″　　4. 6.0″　　5. 6.7″

第5日 TS等観測（誤差・観測値） 解答と解説

問1 セオドライトの器械誤差と消去法

1. セオドライトには，調整不良による誤差（鉛直軸誤差，視準軸誤差，水平軸誤差）及び構造上による誤差（視準線の外心誤差，目盛盤の偏心誤差，目盛誤差）がある。
2. 器械誤差の原因とその消去法は，表1に示すとおり。aの目標像のゆらぎ等の自然的誤差，dの鉛直軸誤差は，望遠鏡正反観測によっても消去できない。

表1 器械誤差の原因とその消去法

誤差の種類	誤差の原因	観測方法による消去法
鉛直軸誤差	上盤水準器が鉛直軸に直交していない。（上盤水準器の調整が不完全）	なし（誤差の影響を少なくするには各視準方向ごとに整準する）。
視準軸誤差	視準軸が水平軸に直交していない。（十字線の調整が不完全）	望遠鏡，正・反観測の平均をとる。
水平軸誤差	水平軸が鉛直軸に直交していない。（水平軸の調整が不完全）	望遠鏡，正・反観測の平均をとる。
視準軸の外心誤差	望遠鏡の視準線が，回転軸の中心と一致していない（鉛直軸と交わっていない）。器械製作不良。	望遠鏡，正・反観測の平均をとる。
目盛盤の偏心誤差	セオドライトの鉛直軸の中心と目盛盤の中心が一致していない。器械製作不良。	望遠鏡，正・反観測の平均をとる。
目盛誤差	目盛盤の刻みが正確でない。器械製作不良。	なし（方向観測法等で全周の目盛盤を使うことにより影響を少なくする）。

解答 2

⦿基礎知識の整理（セオドライト）

1. セオドライトの上部構造は，測角のための主要部分で，望遠鏡，上盤，下盤，水平軸，鉛直軸と，水平目盛盤，鉛直目盛盤，支柱などから成る。下部構造は，整準装置，底盤（平行上盤，平行下盤）から成る。
2. セオドライトには，鉛直軸V，水準器軸L，水平軸H，視準軸Cの4軸があり，次の条件を満たしていなければならない。
   ① 上盤水準器軸は，鉛直軸に直交（L⊥V）。
   ② 視準軸は，水平軸に直交（C⊥H）。
   ③ 水平軸は，鉛直軸に直交（H⊥V）。

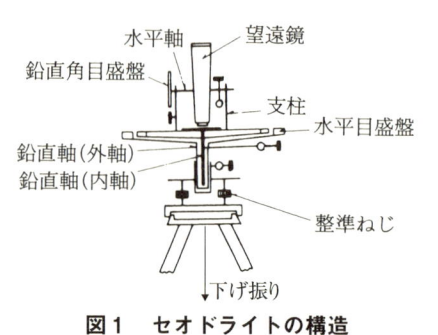

図1 セオドライトの構造

問2　水平角観測値の点検（倍角差・観測差）

1. **方向法**は，1点のまわりに複数の測定する角がある場合に，ある方向を基準に各測線の方向角を望遠鏡の右側（r）及び左回りに必要対回数測定する水平角観測法である。

2. **方向法観測**の野帳を整理すると表2のとおり。目盛0°望遠鏡正，峰山の初読0°1′18″を0°0′0″として視準点(1)(2)の方向角を求める。反位も同様。視準点(1)方向の観測差が10″となり，許容範囲8″を超えており再測する。なお，観測値の許容範囲は，P.38，表1参照。

表2　観測結果（倍角差・観測差）

目盛	望遠鏡	視準点名称	番号	観測角	結果	倍角	較差	倍角差	観測差
0°	正	峰　山	1	0° 1′ 18″	0° 0′ 0″				
		(1)	2	47° 59′ 37″	47° 58′ 19″	33	5	4″	10″
		(2)	3	129° 53′ 52″	129° 52′ 34″	70	−2	14″	2″
	反		3	309° 53′ 48″	129° 52′ 36″				
			2	227° 59′ 26″	47° 58′ 14″				
			1	180° 1′ 12″	0° 0′ 0″				
90°	反		1	270° 1′ 25″	0° 0′ 0″				
			2	317° 59′ 46″	47° 58′ 21″	37	−5		
			3	39° 53′ 55″	129° 52′ 30″	56	−4		
	正		3	219° 53′ 59″	129° 52′ 26″				
			2	137° 59′ 49″	47° 58′ 16″				
			1	90° 1′ 33″	0° 0′ 0″				

① **倍角**：同一視準点の1対回に対する正・反の秒数の和（$r+\ell$）。なお，分の値が異なるときは，分の値をそろえる（小さい値）。

② **較差**：同一視準点の1対回に対する正・反の秒数の差（$r-\ell$）。

③ **倍角差**：各対回の同一視準点に対する倍角のうち，最大と最小の差。各対回の倍角相互の差（開き）から観測の良否をみる。倍角差には，目標の視準誤差，目盛盤の読み取り誤差及び目盛誤差が含まれる。

④ **観測差**：各対回の同一視準点に対する較差のうち，最大と最小の差。各対回の較差相互の差（開き）から観測の良否をみる。観測差には，目標の視準誤差，目盛盤の読み取り誤差が含まれる。

解答　3

問3 鉛直角観測値の点検（高度定数）

1. **鉛直角観測**の野帳を整理すると表3のとおり。鉛直線からの角度Zを**天頂角**，水平線からの角度αを**高低角**，望遠鏡正(r)と反(ℓ)の和を**高度定数**Kとすると次のとおり。なお，高度定数Kとは，正位(r)と反位(ℓ)の和は理論上360°であり，その差（零点誤差）をいう。

$$\left.\begin{array}{l} 2Z = (r-\ell) + 360° \\ 高低角\ \alpha = 90° - Z \\ 高度定数\ K = (r+\ell) - 360° \end{array}\right\} \quad \cdots\cdots 式（2・1）$$

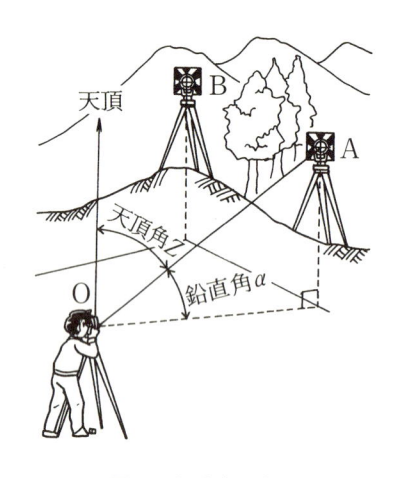

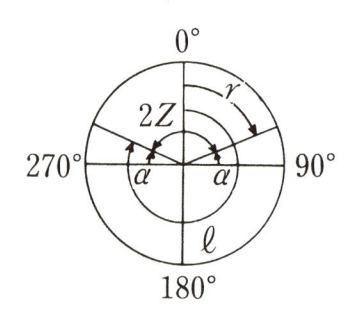

図2　鉛直角の測定　　　　　　　　　**図3　鉛直角αの求め方**

2. 各目標の高度定数を比較することにより，観測の良否を判定する。**高度定数の較差**（2方向以上の鉛直角の高度定数の最大と最小の差）は，2-(-2)=<u>4</u>″となる。

表3　鉛直角観測の結果（高度定数）

望遠鏡	視準点 名称	視準点 測標	鉛直角観測値	高度定数	結果	
r	A	甲	63° 19′ 27″		$2Z=r-\ell$	126° 38′ 52″
ℓ			296° 40′ 35″		$Z=$	63° 19′ 26″
$r+\ell$			360° 00′ 02″	+2″	$\alpha=90°-z$	26° 40′ 34″
ℓ	B	甲	319° 24′ 46″		$2Z=r-\ell$	81° 10′ 26″
r			40° 35′ 12″		$Z=$	40° 35′ 13″
$r+\ell$			359° 59′ 58″	-2	$\alpha=90°-z$	49° 24′ 47″

(注) 甲：目標板（ターゲット），一時標識

問4 水平角の最確値及び標準偏差

1．観測値では，真値Xは不明である。真値の代わりに最も確からしい値として，**最確値**（一群の測定値の算術平均値）を用いる。この場合，各観測値ℓと最確値Mとの差を**残差**vという。

$$\left.\begin{array}{l}誤差\ x=観測値\ \ell-真値\ X\\ 残差\ v=観測値\ \ell-最確値\ M\end{array}\right\} \quad \cdots\cdots式（2・2）$$

最確値　$M=\dfrac{\ell_1+\ell_2+\cdots\cdots+\ell_n}{n}=\dfrac{\Sigma\ell}{n}=\dfrac{[\ell]}{n}$ 　……式（2・3）

$$M=150°00'+\dfrac{07''-01''-04''+05''+13''}{5}=150°00'04''$$

最確値の標準偏差　$m_0=\sqrt{\dfrac{[vv]}{n(n-1)}}$ 　……式（2・4）

但し，$\Sigma\ell=[\ell]=\ell_1+\ell_2+\cdots\cdots+\ell_n$

$\Sigma v=[v]=(\ell_1-M)+(\ell_2-M)+\cdots+(\ell_n-M)=\sum\limits_{i=1}^{n}(\ell_i-M)$

$[vv]=v_1v_1+v_2v_2+\cdots+v_nv_n=\sum\limits_{i=1}^{n}(\ell_i-M)^2$

n：測定回数

$n-1$：自由度 （互いに独立に動けるデータの数，測定値$\ell_1, \ell_2, \cdots \ell_n$のとき$[v]=\sum\limits_{i=1}^{n}(\ell_i-M)=0$より，$\ell_1, \ell_2\cdots\ell_{n-1}$が決まれば，$\ell_n$は自動的に求まり，独立して動けるデータではなくなるため，$n-1$となる。）

$m_0=\sqrt{\dfrac{180}{5\times 4}}=\sqrt{9}=3''$

表4　残差の求め方

測定値	最確値	残差v	vv
150°00′07″	150°00′04″	3″	9
149°59′59″		−5″	25
149°59′56″		−8″	64
150°00′05″		1″	1
150°00′13″		9″	81

$[vv]=180$

解答 ▶ 2

第6日 結合トラバース，偏心計算　目標時間30分

問1　解答と解説はP.48

図に示す多角測量を実施し，表のきょう角の観測値を得た。新点(3)における既知点Bの方向角はいくらか。

但し，既知点Aにおける既知点Cの方向角T_Aは330°14′20″とする。

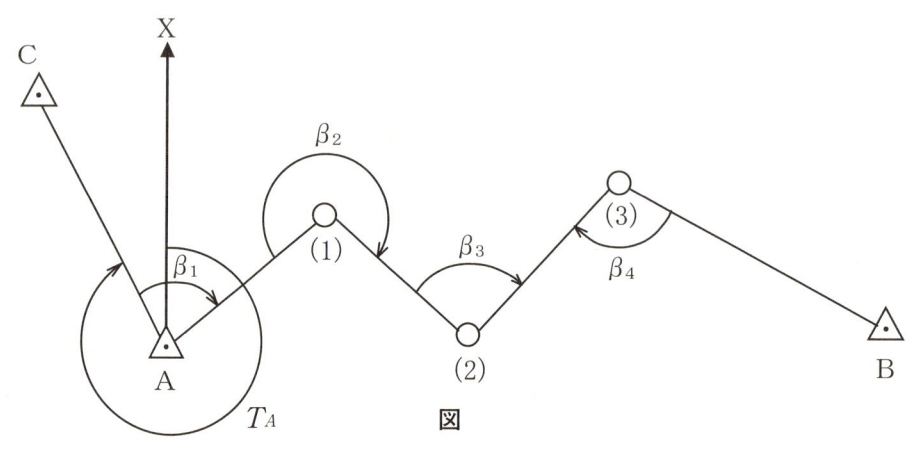

図

表

きょう角	観測値
β_1	80°20′32″
β_2	260°55′18″
β_3	91°34′20″
β_4	99°14′16″

1．123°50′14″
2．133°04′45″
3．142°18′46″
4．172°04′26″
5．183°21′34″

問2　解答と解説はP.49

平面直角座標系において，点Pは既知点Aから方向角が240°00′00″，平面距離が200.00mの位置にある。既知点Aの座標値を，$X=+500.00$m，$Y=+100.00$mとする場合，点PのX座標及びY座標の値はいくらか。

なお，関数の数値が必要な場合は，巻末の関数表を使用すること。

　　　X座標　　　　　　Y座標
1．$X=+326.79$m　　$Y=-173.21$m
2．$X=+326.79$m　　$Y=\ \ \ \ 0.00$m
3．$X=+400.00$m　　$Y=-173.21$m
4．$X=+400.00$m　　$Y=-\ 73.21$m
5．$X=+400.00$m　　$Y=+273.21$m

問3

図のように，既知点Bにおいて，既知点Aを基準方向として新点C方向の水平角を測定しようとしたところ，既知点Bから既知点Aへの視通が確保できなかったため，既知点Aに偏心点Pを設けて，水平角T´，偏心距離e及び偏心角Φの観測を行い，表の結果を得た。既知点A方向と新点C方向の間の水平角Tはいくらか。

但し，既知点A，B間の距離Sは2,000mであり，S及び偏心距離eは基準面上の距離に補正されているものとする。また，角度1ラジアンは，$2''×10^5$とする。

なお，関数の数値が必要な場合は，巻末の関数表を使用すること。

1. 45°24′00″
2. 45°27′00″
3. 45°30′00″
4. 45°33′00″
5. 45°6′00″

表

既知点A	Φ=330°00′00″
	e=4.80 m
既知点B	T´=45°37′00″

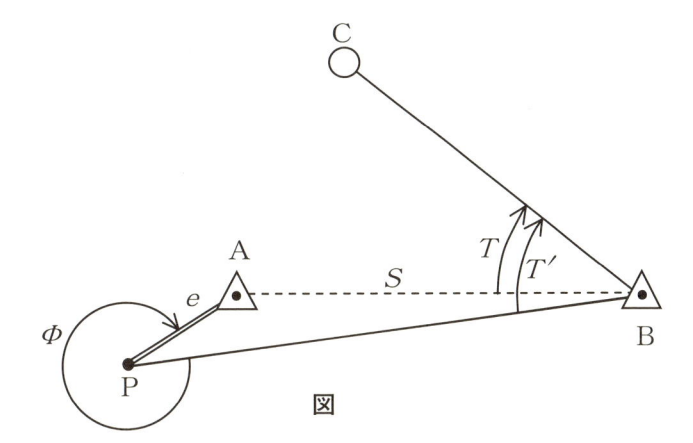

第6日 結合トラバース，偏心計算 解答と解説

問1 結合トラバースの閉合差・方向角

1. **結合トラバース**では，両端の既知点A，Bの座標値 (X_A, Y_A), (X_B, Y_B) と既知辺 AC，BDの方向角 T_A, T_B が基準点成果表により与えられている。なお，**方向角**とは，平面直角座標のX軸から右回りに測った角をいう。

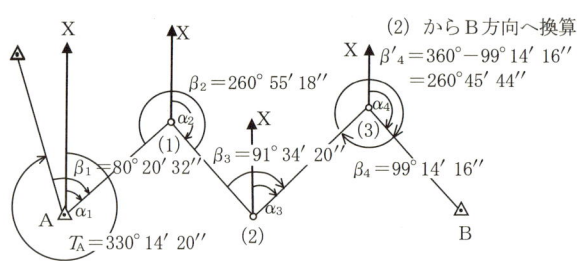

図1 方向角の計算

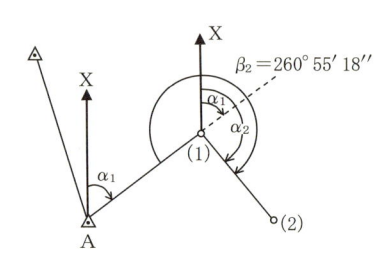

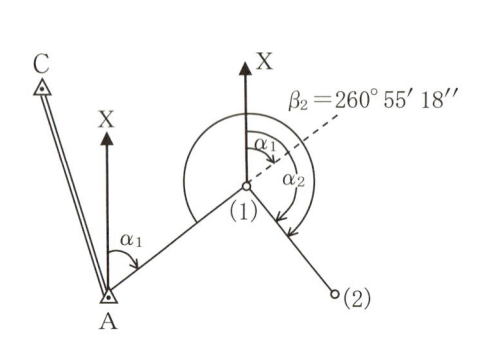

図2 側線(1)-(2)の方向角 図3 方向角

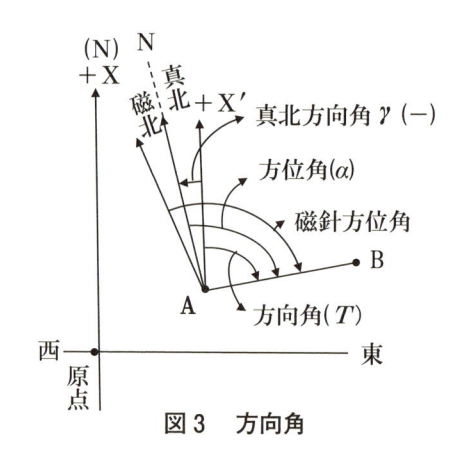

2. 交角 β_1, β_2, β_3, β_4, 方向角 α_{A-1}, α_{1-2}, α_{2-3}, α_{3-B} とすれば，閉合差 $\triangle\beta$, 方向角 α は，次式で求まる。

$$\left. \begin{array}{l} 閉合差\triangle\beta = (T_A - T_B + \Sigma\beta) - 180°(n+1) \\ 但し，\Sigma\beta = \beta_1 + \beta_2 + \beta_3 + \beta_4 \end{array} \right\} \quad \cdots\cdots 式(2\cdot5)$$

測線A-(1)方向角　　$\alpha_1 = T_A + \beta_1 - 360° = 330°14'20'' + 80°20'32'' - 360° = 50°34'52''$

測線(1)-(2)の方向角 $\alpha_2 = \alpha_1 + \beta_2 - 180° = 50°34'52'' + 260°55'18'' - 180° = 131°30'10''$

測線(2)-(3)の方向角 $\alpha_3 = \alpha_2 + \beta_3 - 180° = 131°30'10'' + 91°34'20'' - 180° = 43°04'30''$

測線(3)-Bの方向角 $\alpha_B = \alpha_3 + \beta'_4 - 180° = 43°04'30'' + 260°45'44'' - 180° = \underline{123°50'14''}$

解答 ▶ 1

問2 座標計算

1. **平面直角座標**とは，地軸と円筒軸を直交させた横円筒面内に等角投影した横メルカトル図法（**ガウス・クリューゲル図法**）で，地球を平面に投影した面上の原点から距離で位置を示す（P154，表1参照）。

2. 点 P の X_P, Y_P は次のとおり。

$$X_P = X_A + D\cos\alpha = 500.00 + 200.00\cos240° = \underline{400.00}\text{m}$$
$$Y_P = Y_A + D\sin\alpha = 100.00 + 200.00\sin240° = \underline{-73.21}\text{m}$$

……式（2・6）

三角関数の還元公式より

$\cos240° = \cos(180° + 60°) = -\cos60°$

$\sin240° = \sin(180° + 60°) = -\sin60°$ として関数表（P223）を使用する。

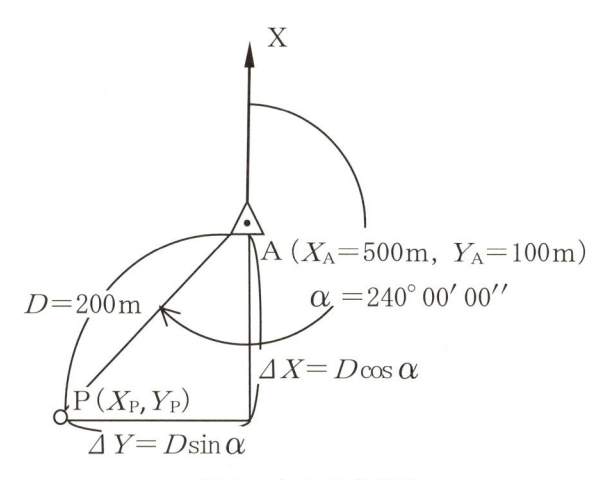

図4 点Pの座標値

解答 4

数学公式 三角関数の還元公式

① $-\theta$ と θ の関係

$\sin(-\theta) = -\sin\theta$
$\cos(-\theta) = \cos\theta$ ……式(1)
$\tan(-\theta) = -\tan\theta$

② $90° \pm \theta$ の公式

$\sin(90° \pm \theta) = \cos\theta$
$\cos(90° \pm \theta) = \mp\sin\theta$ ……式(2)
$\tan(90° \pm \theta) = \mp\cos\theta$

③ $\pi \pm \theta$ の公式（$\pi = 180°$）

$\sin(180° \pm \theta) = \mp\sin\theta$
$\cos(180° \pm \theta) = -\cos\theta$ ……式(3)
$\tan(180° \pm \theta) = \pm\tan\theta$

④ $2n\pi + \theta$ の公式（$\pi = 180°$）

$\sin(2n\pi + \theta) = \sin\theta$
$\cos(2n\pi + \theta) = \cos\theta$ ……式(4)
$\tan(2n\pi + \theta) = \tan\theta$

問3 視準点（反射点）の偏心観測

1. △APBにおいて，∠APB＝360°−330°＝30°，∠ABP＝x，AB＝S＝2,000mとすれば，
正弦定理より

$$\frac{S}{\sin\angle APB}=\frac{e}{\sin x}$$

$$\sin x=\frac{e}{S}\sin\angle APB \quad \cdots\cdots 式（2・7）$$

x（ラジアン）が微小であるので，近似式$\sin x≒x$（P220）を用いると

$$x=\frac{e}{S}\sin\angle APB\times\rho'' \quad \cdots\cdots 式（2・8）$$

$$=\frac{4.80}{2,000}\sin30°\times 2''\times 10^6=240''=4'$$

2. ∠ABCの水平角 $T=T'-x=45°37'00''-4'=\underline{45°33'00''}$

解答 4

類似問題

既知点Bにおいて，既知点Aを基準に水平角を測定し新点Cの方向角を求めようとしたが，BからAへの視通ができないため，A点に偏心点Pを設け，表の結果を得た。

点Aと新点Cの間の水平角はいくらか。

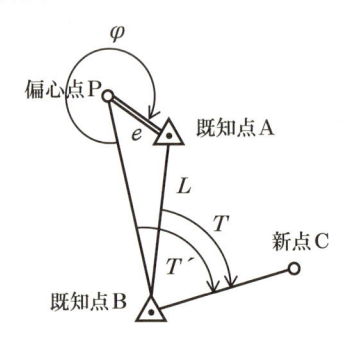

既知点 A	既知点 B
φ＝330°00'00''	T'＝83°20'30''
e＝9.00 m	
L＝1 000.00m	

1．82°50'15''　　2．82°50'30''　　3．83°05'15''

4．83°05'30''　　5．83°20'15''

解答 4

∠PBA＝x，∠APB＝360°−φ＝30°より，∠ABC＝Tは次のとおり。

$$T=T'-x$$

$$x=\frac{e}{L}\sin(360°-\varphi)\times\rho''=\frac{9}{1\,000}\times\sin30°\times 2''\times 10^5=900''=15'$$

∴　$T=83°20'30''-15'=\underline{83°5'30''}$

数学公式 正弦定理，余弦定理

1．正弦定理
△ＡＢＣの対辺をa, b, cとするとき

$$\frac{a}{\sin \angle A} = \frac{b}{\sin \angle B} = \frac{c}{\sin \angle C} = 2R$$

（Rは△ABCの外接円の半径）

……式（1）

2．余弦定理

$$\left. \begin{array}{l} a^2 = b^2 + c^2 - 2bc \cos \angle A \\ \cos \angle A = \dfrac{b^2 + c^2 - a^2}{2bc} \end{array} \right\} \cdots\cdots 式（2）$$

$$b^2 = c^2 + a^2 - 2ca \cos \angle B$$
$$c^2 = a^2 + b^2 - 2ab \cos \angle C$$

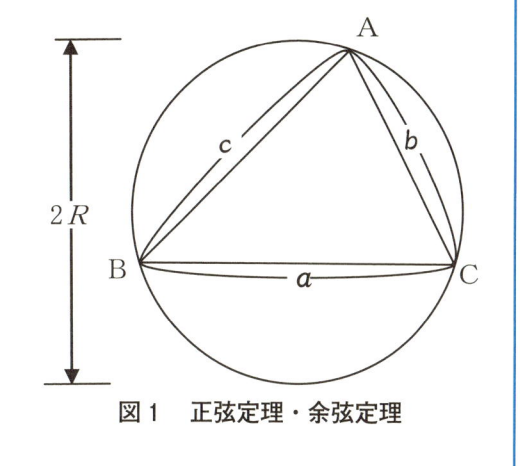

図1　正弦定理・余弦定理

数学公式 ラジアン単位

1．度数法（60進法）
全円周に立つ中心角を360°とし，1°を60′，1′を60″とする。

2．弧度法（ラジアン）
弧の長ℓ／半径Rによって定義する角を弧度ρといい，radianを単位とする。弧長ℓは中心角ρに比例する。1 radianとは，半径Rと弧長ℓが等しいときの角度をいう。

弧長ℓ，中心角ρとするとき，半径Rの円周は$2\pi R$であるから，度数で表すと次のとおり。

$$\frac{360°}{2\pi R} = \frac{\rho}{R} より$$

$$1\rho(\mathrm{rad}) = \frac{180°}{\pi} = 57.2958° \cdots\cdots 式（1）$$

ρを秒で表すとき，ρ''と表記する。

$$1\rho'' = 2'' \times 10^5 \qquad \cdots\cdots 式（2）$$

3．ラジアンから度数への換算

$$\left. \begin{array}{l} 弧度 = \dfrac{度数}{\rho} \\ 度数 = \rho \times 弧度 \end{array} \right\} \cdots\cdots 式（5）$$

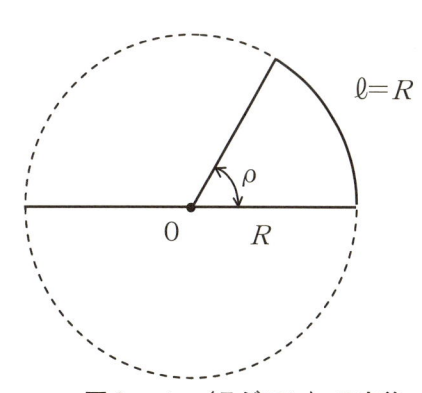

図2　1ρ（ラジアン）の定義

第7日 GNSS測量（特徴・留意事項） 目標時間20分

問1
解答と解説はP.54

次の文は，GNSS測量について述べたものである。 ア ～ オ に入る語句として適当なものはどれか。

a．GNSSとは，人工衛星からの信号を用いて位置を決定する ア システムの総称である。

b．1級基準点測量において，GNSS観測は， イ で行う。スタティック法による観測距離が10km未満の観測において，GPS衛星のみを使用する場合は，同時に ウ の受信データを使用して基線解析を行う。

c．1級基準点測量において，近傍に既知点がない場合は，既知点を エ のみとすることができる。

d．1級基準点測量においては，原則として， オ により行う。

	ア	イ	ウ	エ	オ
1．	衛星測位	干渉測位方式	4衛星以上	電子基準点	結合多角方式
2．	衛星測位	干渉測位方式	4衛星以上	公共基準点	結合多角方式
3．	GNSS連続観測	単独測位方式	4衛星以上	電子基準点	単路線方式
4．	GNSS連続観測	干渉測位方式	3衛星以上	公共基準点	単路線方式
5．	衛星測位	単独測位方式	3衛星以上	電子基準点	単路線方式

解答欄

問2
解答と解説はP.55

次の文は，GNSSについて述べたものである。間違っているものはどれか。

1．GNSSとは，人工衛星を用いた衛星測位システムの総称であり，GPS，GLONASS，準天頂衛星システムなどがある。

2．公共測量のGNSS測量において基線ベクトルを得るためには，最低3機の測位衛星からの電波を受信する。

3．GNSS測量では，観測点間の視通がなくても観測点間の距離と方向を求めることができる。

4．GNSS測量では，観測中にGNSSアンテナの近くで電波に影響を及ぼす機器の使用を避ける。

5．GNSS測量の基線解析を行うには，測位衛星の軌道情報が必要である。

解答欄

問3

次の文は，公共測量におけるGNSS測量について述べたものである。明らかに間違っているものはどれか。

1. スタティック法及び短縮スタティック法による基線解析では，原則としてPCV補正を行う。
2. 基線解析の結果はFIX解を用いる。
3. GNSS衛星の飛来情報を観測前に確認し，衛星配置が片寄った時間帯での観測は避ける。
4. GNSS測量では，全観測点でアンテナ高を統一することによって，マルチパスの影響を防ぐことができる。
5. 電波発信源の近傍での観測は避ける。

問4

次の文は，GNSS測量機を用いた1級及び2級基準点測量の作業内容について述べたものである。間違っているものはどれか。

1. 作業計画の工程において，後続作業における利便性などを考慮して地形図上で新点の概略位置を決定し，平均計画図を作成した。
2. 選点の工程において，現地に赴き新点を設置する予定位置の上空視界の状況確認などを行い，測量標の設置許可を得た上で新点の設置位置を確定し，選点図を作成した。さらに選点図に基づき，新点の精度などを考慮して平均図を作成した。
3. 平均図に基づき，効率的な観測を行うための観測計画を立案し，観測図を作成した。観測図の作成においては，異なるセッションにおける観測値を用いて環閉合差や重複辺の較差による点検が行えるように考慮した。
4. 観測準備中に，GNSS測量機のバッテリー不良が判明したため，自動車を観測点の近傍に駐車させ，自動車から電源を確保して観測を行った。
5. 観測後に点検計算を行ったところ，環閉合差について許容範囲を超過したため，再測を行った。

第7日 GNSS測量（特徴・留意事項） 解答と解説

問1 GNSS測量（測位方式）

a．GNSS（汎地球測位システム）とは，人工衛星からの信号を用いて位置を決定する<u>衛星測位</u>システムの総称で，2地点以上の観測点の相対関係を求める**干渉測位方式**（相対測位）で行う。干渉測位方式には，静的測位（**スタティック法**）と動的測位（**キネマティック法**など）がある。測位方式は，軌道情報により衛星の位置を基準として，地球上の観測点の位置・相対関係を求める方法をいう。

表1　GNSS測量の測位法

```
GNSS測量 ─┬─ 単独測位
          └─ 相対測位 ─┬─ ディファレンシャル方式（DGNSS・差動GNSS）
                       └─ 干渉測位方式 ─┬─ スタティック法
                                        ├─ 短縮スタティック法
                                        ├─ キネマティック法
                                        ├─ RTK法（リアルタイム・キネマティッ
                                        └─ ネットワーク型RTK法
```

　ア　には<u>衛星測位</u>が入る。

b．GNSS観測は，<u>干渉測位方式</u>で行う。1級基準点測量の観測方法はスタティック法による。観測方法による使用衛星数は，表2のとおり。

表2　観測方法による使用衛星数（準則第37条）

GNSS衛星の組合せ＼観測方法	スタティック法	短縮スタティック法 キネマティック法 RTK法 ネットワーク型RTK法
GPS衛星のみ	4衛星以上	5衛星以上
GPS衛星及びGLONASS衛星	5衛星以上	6衛星以上
摘要	①GLONASS衛星を用いて観測する場合は，GPS衛星及びGLONASS衛星を，それぞれ2衛星以上用いること。②スタティック法による10km以上の観測では，GPS衛星のみを用いて観測する場合は5衛星以上とし，GPS衛星及びGLONASS衛星を用いて観測する場合は6衛星以上とする。	

　イ　には<u>干渉測位方式</u>が，　ウ　には<u>4衛星以上</u>が入る。

c．既知点の種類は，基準点の各区分に応じて電子基準点，1～4等三角点等が定められ，1級基準点測量においては，既知点を<u>電子基準点</u>のみとすることができる。この場合，既知点間の距離の制限は適用しない（準則第22条）。

エ には電子基準点が入る。

d．1級基準点測量及び2級基準点測量は，原則として結合多角方式により行う。3級及び4級基準点測量は，結合多角方式又は単路線方式により行う（準則第23条）。

オ には結合多角方式が入る。

解答 1

問2 GNSS測量（基線解析）

1．**GNSS**とは，人工衛星からの信号を用いて位置を決定する衛星測位システムの総称で，GNSS測量においては，GPS，GLONASS及び準天頂衛星システムを適用する。準天頂衛星システムは，GPSと同等のものとして扱う（準則第21条）。

2．GNSS測量では，3個の衛星から送信される距離信号 (x, y, z) と受信点の時計の誤差 t の未知数を解くため，最低4個以上の衛星が必要となる（表2，図1参照）。

3．**基線解析**とは，受信記録されたデータを基に基線の長さと方向を決定する作業をいい，搬送波の衛星の位置を計算するための軌道情報が必要となる。視通は要しない。

4．受信点の近傍に雑音電波があると，本来の電波が受信できず，正確な測量ができない。

5．**基線解析**とは，干渉測位法において受診記録されたデータを基に，基線の長さと方向を決定する作業をいう。**軌道情報**とは，衛星の位置を計算するためGNSS衛星からの搬送波をいい，未知点の位置を決定するのに必要となる。

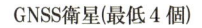

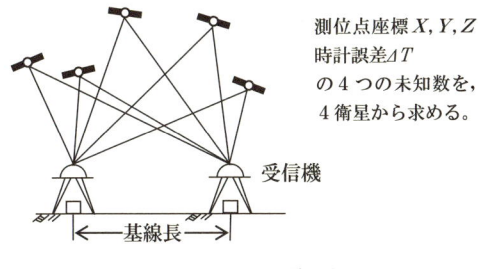

図1　GNSS衛星

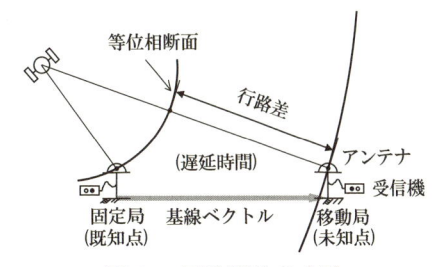

図2　干渉測位の方法

解答 2

問3 GNSS観測の実施

1．**PCV補正**とは，エポック（記録した時刻）ごとに受信機に入ってくるGNSS衛星からの電波の入射角に応じて受信位置が変化するため，これを補正することをいう。変化量は，高さの誤差となり，同一型式のアンテナの使用，アンテナを全て特定の方向に向け，PCV補正表によって補正する。スタティック法及び短縮スタティック法による基線解析では，原則としてPCV補正を行う。

2．基線解析は，搬送波の位相（波の数）を計算するフロート解で**整数値バイアスの確定**を行い，基線ベクトルを**フィックス解**で決定する。

　干渉測位方式では，搬送波の波長を基準にして測位する。搬送波の位相（波長の数）を**整数値バイアス**（1サイクルの波の数）Nと1波以内の端数の位相φの（$N+\varphi$）で表す。測定するのは波長の端数φであり，整数値バイアスは不確定である。この整数値バイアスを確定する初期化を**整数値バイアスの確定**という。

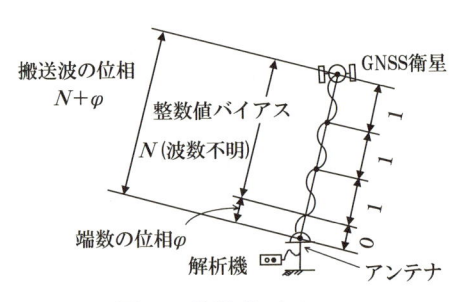

図3　整数値バイアス

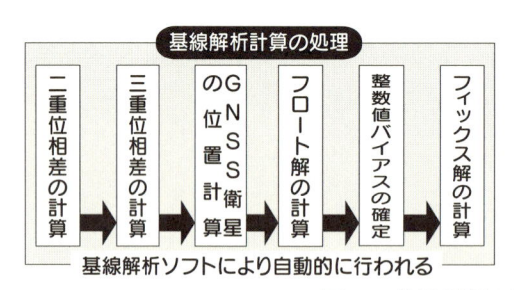

図4　基線解析の流れ

二重位相差：受信機と衛星の時間差の処理。
三重位相差：二重位相差の差。衛星の距離の変化量。
フロート解：不確定な整数の波数（整数値バイアス）の解の集団。
フィックス解：整数値バイアスの確定解。基線ベクトルの決定。

3．GNSS衛星の作動状態，飛来情報を考慮し，片寄った配置の使用は避ける。

4．アンテナ高（標石上面からアンテナ底面までの長さ）は，mm位まで測定する（準則第37条）。アンテナ高さの統一は不要である。**マルチパス**（多重経路）とは，電波が地物からの反射波により直接波に生じる誤差の原因となるもので，アンテナ高の統一とは関係がない（P62，図3参照）。

5．観測点に雑音電波が入ってくると観測不能や誤観測の原因となる。

解答 **4**

問4 基準点測量の作業内容

1. 基準点測量の作業内容についてはP36, 図1を参照のこと。
   作業計画において, 新点の概略位置を決定し, **平均計画図**を作成する。平均計画図は, 既知点間を結ぶ結合多角方式とし, 後続作業の利便性を考慮し, 測点間距離をできるだけ等しく, 節点を少なく, 路線長を短く計画する。

2. **選点**は, 平均計画図に基づき, 現地において既知点の現況を調査するとともに, 新点の位置を選定し, **選点図**及び新点の精度を考慮して**平均図**を作成する作業をいう。TS等観測の場合の選点は, 平均計画図に基づいて視通の確認, GNSS観測の場合は360°上空視界が開けている場所とする。

3. **観測図**は, 平均図のとおりの平均計算を行うために必要な観測値の取得法を図示したものをいう。GNSS観測の場合, 異なるセッション（一連の観測）の観測値を用いて環閉合差, 重複辺の較差による点検が行えるように観測計画を立てる。

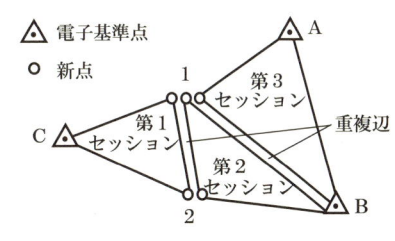

図5 セッション計画

4. 観測点近傍の自動車の雑音電波は, マルチパス（多重反射）の原因となる。

5. **点検計算**は, 観測終了後行い, 許容範囲を超えた場合は再測等を行う。

表3 GNSS観測の作業工程

番号	作業工程	概要
①	作業計画	平均計画図の作成・作業計画書の作成
②	選点	現況調査及び新点の位置選定。選点図, 平均図の作成
③	測量標設置	永久標識の設置・点の記作成
④	観測	平均図に基づき観測図（セッション計画）の作成
	観測作業の流れ	・GNSSアンテナの設置 ・アンテナ高の測定 ・GNSS受信機へ観測要件の入力 ・観測（受信） ・GNSS観測手簿（受信情報等の出力）
⑤	計算	成果標の作成
	計算の流れ	・基線解析（GNSS観測記簿の出力） ・基線解析結果の評価 ・点検計算及び再測 ・平均計算（三次元網平均計算）
⑥	品質評価	基準点測量成果について製品仕様書が規定するデータ品質を満足しているか評価する
⑦	成果等の整理	

解答 4

第8日 基線ベクトル，誤差要因

目標時間20分

問1

解答と解説はP.60

　GNSS測量機を用いた基準点測量を行い，基線解析により基準点Aから基準点B，基準点Aから基準点Cまでの基線ベクトルを得た。表は，地心直交座標系におけるX軸，Y軸，Z軸方向について，それぞれの基線ベクトル成分（ΔX，ΔY，ΔZ）を示したものである。基準点Bから基準点Cまでの斜距離はいくらか。

　なお，関数の数値が必要な場合は，巻末の関数表を使用すること。

表

区間	基線ベクトル成分		
	ΔX	ΔY	ΔZ
A→B	+900.000m	+100.000m	+200.000m
A→C	+400.000m	+300.000m	-400.000m

1. 574.456m
2. 748.331m
3. 806.226m
4. 877.496m
5. 1,374.773m

解答欄

問2

次の文は，GNSS測量機を用いた測量の誤差について述べたものである。 ア ～ エ に入る語句の組合せとして適当なものはどれか。

a．GNSS測量機を用いた測量における主要な誤差要因には，GNSS衛星位置や時計などの誤差に加え，GNSS衛星から観測点までに電波が伝搬する過程で生ずる誤差がある。

そのうち， ア は周波数に依存するため，2周波の観測により軽減することができるが， イ は周波数に依存せず，2周波の観測により軽減することができないため，基線解析ソフトウェアで採用している標準値を用いて近似的に補正が行われる。 ウ 法では，このような誤差に対し，基準局の観測データから作られる補正量などを取得し，解析処理を行うことで，その軽減が図られている。

b．ただし，GNSS衛星から直接到達する電波以外に電波が構造物などに当たって反射したものが受信される現象である エ による誤差は， ウ 法によっても補正できないので，選点に当たっては，周辺に構造物が無い場所を選ぶなどの注意が必要である。

	ア	イ	ウ	エ
1.	電離層遅延誤差	対流圏遅延誤差	ネットワーク型RTK法	マルチパス
2.	電離層遅延誤差	対流圏遅延誤差	ネットワーク型RTK法	サイクルスリップ
3.	電離層遅延誤差	対流圏遅延誤差	短縮スタティック	マルチパス
4.	対流圏遅延誤差	電離層遅延誤差	キネマティック	サイクルスリップ
5.	対流圏遅延誤差	電離層遅延誤差	キネマティック	マルチパス

問3

次の文は，GNSS測量について述べたものである。明らかに間違っているものはどれか。

1．観測点の近くに強い電波を発する物体があると，電波障害を起こし，観測精度が低下することがある。
2．電子基準点を既知点として使用する場合は，事前に電子基準点の稼働状況を確認する。
3．観測時において，すべての観測点のアンテナ高を統一する必要はない。
4．観測点では，気温や気圧の気象測定は実施しなくてもよい。
5．上空視界が十分に確保できている場合は，基線解析を実施する際にGNSS衛星の軌道情報は必要ではない。

第8日 基線ベクトル，誤差要因 解答と解説

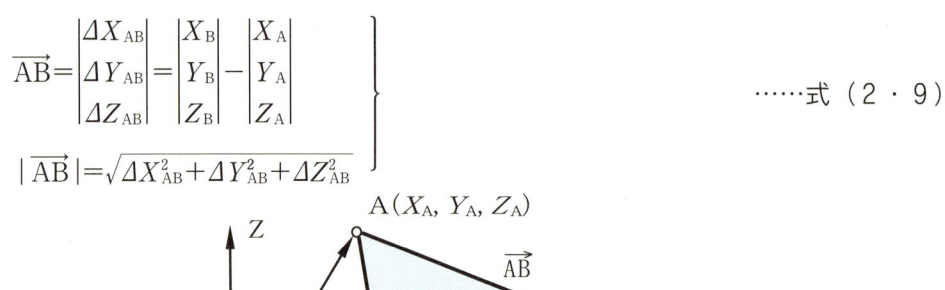

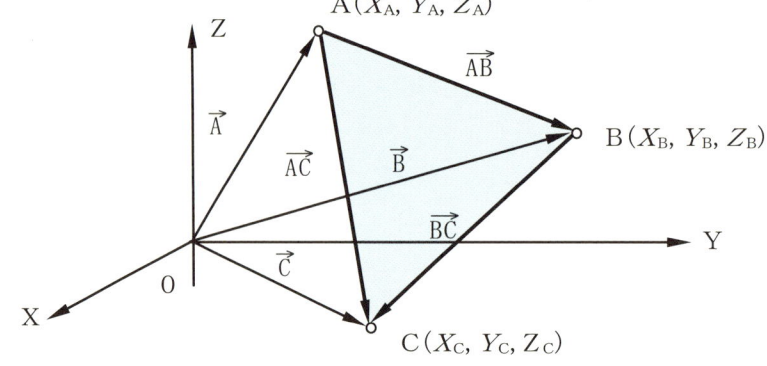

問1 基線ベクトル

1. **基線ベクトル**とは，空間における2点間の直線（方向と大きさ）をいう。地心直交座標上の3点ベクトル成分は$\vec{A}(X_A, Y_A, Z_A)$, $\vec{B}(X_B, Y_B, Z_B)$, $\vec{C}(X_C, Y_C, Z_C)$，固定局Aからの座標差を$\varDelta$で表すと，B (900, 100, 200)，C (400, 300, －400) である。2点$\vec{AB}$の基線ベクトルの成分（$\varDelta X$, $\varDelta Y$, $\varDelta Z$）及び基線ベクトルの大きさ$|\vec{AB}|$は，次のとおり。

$$\vec{AB} = \begin{vmatrix} \varDelta X_{AB} \\ \varDelta Y_{AB} \\ \varDelta Z_{AB} \end{vmatrix} = \begin{vmatrix} X_B \\ Y_B \\ Z_B \end{vmatrix} - \begin{vmatrix} X_A \\ Y_A \\ Z_A \end{vmatrix} \Bigg\}$$

$$|\vec{AB}| = \sqrt{\varDelta X_{AB}^2 + \varDelta Y_{AB}^2 + \varDelta Z_{AB}^2}$$

……式（2・9）

図1 基線ベクトル

$\vec{AB} + \vec{BC} = \vec{AC}$より

$\vec{BC} = \vec{AC} - \vec{AB}$

$$\vec{AB} = \begin{vmatrix} 900.00 \\ 100.00 \\ 200.00 \end{vmatrix}, \quad \vec{AC} = \begin{vmatrix} 400.00 \\ 300.00 \\ -400.00 \end{vmatrix}$$

$$\vec{BC} = \begin{vmatrix} 400.00 \\ 300.00 \\ -400.00 \end{vmatrix} - \begin{vmatrix} 900.00 \\ 100.00 \\ 200.00 \end{vmatrix} = \begin{vmatrix} -500.00 \\ 200.00 \\ -600.00 \end{vmatrix}$$

$\overline{BC}$の斜距離$= |\vec{BC}| = \sqrt{(-500.00)^2 + 200.00^2 + (-600.00)^2} = \sqrt{65 \times 10^4} = \sqrt{65} \times 10^2$

$= \underline{806.226}$m

（$\sqrt{65}$はP223の関数表より求める。$\sqrt{65} = 8.06226$）

解答 3

60　第2章　多角測量（GNSS測量を含む）

問2 GNSS測量の誤差要因

1. GNSS測量は，電波の到達時間の相対差から基線ベクトルを求める（P55，図２参照）。電離層の中では，電波の速度が変わり行路差測定に影響する。気温・気圧・湿度等も影響するので**標準大気モデル**を使用する。

2. **電離層の影響による電波の遅延**：地上200km以上の電離層において電波の遅延が生じる。10km以上の長距離基線のGNSS測量では，電離層遅延（伝播遅延）の影響を補正するため，２周波の伝播距離の差を解析し補正する。

1級GNSS測量機	L１周波数帯（L１帯）とL２周波数帯（L２帯）の電波を同時に受信可能。２周波受信機
2級GNSS測量機	L１帯のみを受信する。１周波受信機

3. **対流圏における電波の遅延**：２周波のデータを用いることでも補正できない。また気温・気圧・湿度などの気象を測定するのは困難のため，標準的な値（**標準大気モデル**）によって補正する。

4. **GNSS衛星の位置情報精度**：衛星の軌道情報自体の誤差による基線ベクトルの精度誤差がある。衛星の位置を示す軌道情報は，衛星から送信される放送暦により求める。

5. ネットワーク型RTK法とは，基準局の観測データの補正データ・面補正パラメータと，GNSS測量機で観測したデータを用い，基線解析を行う作業をいう（P64参照）。

　　ア 電離層遅延誤差，　イ 対流圏遅延誤差，　ウ ネットワーク型RTK法，
　　エ マルチパスが入る。

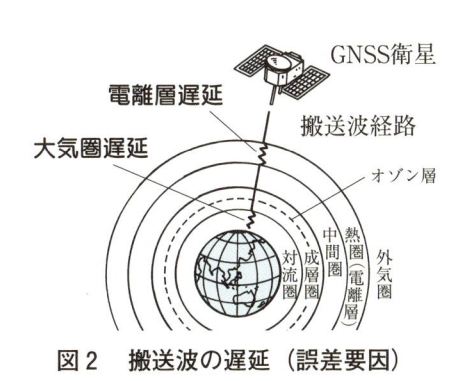

図２　搬送波の遅延（誤差要因）

解答 1

問3 アンテナの設置,基線解析

1. アンテナは,受信する電波の方向によって位相がずれる位相特性がある。同一機種では,同じ位相特性をもっている。アンテナの位相特性の誤差は,アンテナを同一方向(北の方向)に設置することによって消去する。アンテナ設置の留意点は次のとおり。

① アンテナ高は,mmの単位まで測定する。

② アンテナの最低高度角は,15°を標準とする。上空視界の確保が困難なときは,最低高低角を30°まで緩和できる。

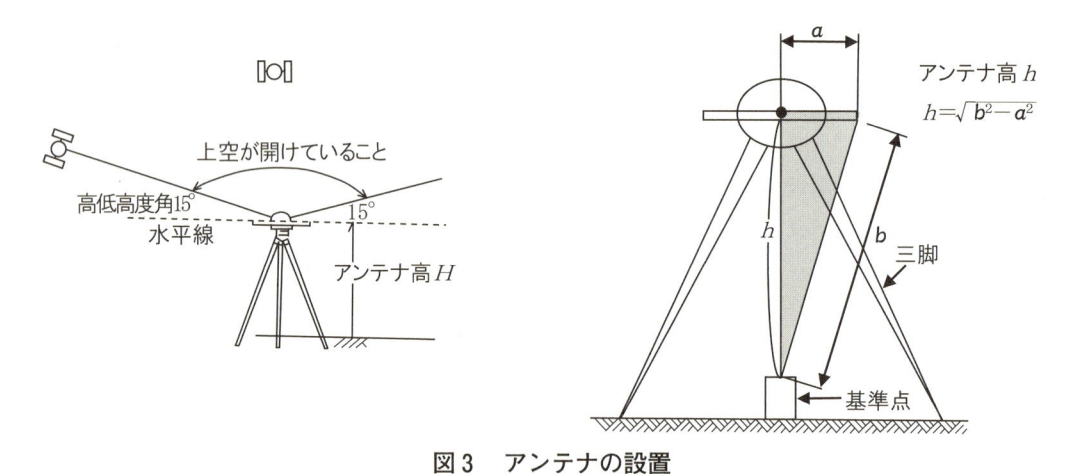

図3 アンテナの設置

2. GNSS観測における基線解析は次のとおり(準則第41条)。

① GNSS衛星の軌道情報(衛星の飛行経路を示す時間と位置情報)は,放送暦(衛星からの送信暦)を標準とする。

② スタティック法及び短縮スタティック法による基線解析では,原則としてPCV補正を行う。

③ 気象要素の補正は,基線解析ソフトウェアで採用している標準大気による。

④ スタティック法による基線解析では,基線長が10km未満は1周波で行うことを標準とし,10km以上は2周波で行う。

以上より,気象要素の補正は,基線解析ソフトウェアで採用している標準大気によるものとし,観測地点での気象観測は行わない。基線解析には,軌道情報が必要である。

解答 5

> **類似問題**
>
> 次の文は，GNSS測量における誤差について述べたものである。明らかに間違っているものはどれか。
>
> 1．GNSS衛星の配置が片寄った時間帯に観測すると，観測精度が低下することがある。
> 2．観測点の近くに強い電波を発する構造物などがあると，観測精度が低下することがある。
> 3．仰角の低いGNSS衛星を使用すると，多重反射（マルチパス）などの影響を受けやすいため，観測精度が低下することがある。
> 4．2周波の観測により，電離層や対流圏の影響による誤差を軽減できる。
> 5．同一機種のGNSSアンテナでは，向きをそろえて整置することにより，アンテナの特性による誤差を軽減できる。

解答 4

1．搬送波の伝播速度に影響を与える要因は，次のとおり。

① **電離層の影響**：GNSS測量の誤差要因として，地上200km以上の電離層において電波の速度変化がある。この電離層の影響による誤差は，距離が長い場合（10km以上），2周波数（L1帯とL2帯）観測で補正する。また短い場合は，両観測点の観測値の差を取ることにより消去する。

② **対流圏における電波の伝播遅延**：大気による電波の遅延のため，伝播距離が長く観測される。気温，気圧，湿度などの気象を測定することは困難であるため，標準的な値（大気モデル）によって補正を行う。基線プログラムに組み込まれている**標準大気モデル**を使用する。

参考資料1

GNSS測量（まとめ）

観測方法等	準則による定義
スタティック法	複数の観測点にGNSS測量機を整置して，同時にGNSS衛星の信号を受信し，それに基づく基線解析により，観測点間の基線ベクトルを求める観測方法。
短縮スタティック法	複数の観測点にGNSS測量機を整置して，同時にGNSS衛星の信号を受信し，観測時間を短縮するため，基線解析において衛星の組合せを多数作るなどの処理を行い，観測点間の基線ベクトルを求める観測方法。
キネマティック法	基準となるGNSS測量機を整置する観測点（固定局）及び移動する観測点（移動局）で，同時にGNSS衛星の信号を受信して初期化（整数値バイアスの決定）などに必要な観測を行う。その後，移動局を複数の観測点に次々と移動して観測を行い，それに基づき固定局と移動局の間の基線ベクトルを求める観測方法。 なお，初期化及び基線解析は，観測終了後に行う。
RTK法	固定局及び移動局で同時にGNSS衛星の信号を受信し，固定局で取得した信号を，無線装置等を用いて移動局に転送し，移動局側において即時に基線解析を行うことで，固定局と移動局の間の基線ベクトルを求める。その後，移動局を複数の観測点に次々と移動して，固定局と移動局の間の基線ベクトルを即時に求める観測方法。 なお，基線ベクトルを求める方法は，直接観測法又は間接観測法による。
① 直接観測法	① 直接観測法は，固定局及び移動局で同時にGNSS衛星の信号を受信し，基線解析により固定局と移動局の間の基線ベクトルを求める観測方法。直接観測法による観測距離は，500m以内を標準とする。
② 間接観測法	② 間接観測法は，固定局及び2か所以上の移動局で同時にGNSS衛星の信号を受信し，基線解析により得られた2つの基線ベクトルの差を用いて移動局間の基線ベクトルを求める観測方法。間接観測法による固定局と移動局の間の距離は10km以内とし，間接的に求める移動局間の距離は500m以内を標準とする。
ネットワーク型RTK法	配信事業者（国土地理院の電子基準点網の観測データ配信を受けている者又は3点以上の電子基準点を基に，測量に利用できる形式でデータを配信している者。）で算出された補正データ等又は面補正パラメータを，携帯電話等の通信回線を介して移動局で受信すると同時に，移動局でGNSS衛星の信号を受信し，移動局側において即時に解析処理を行って位置を求める。その後，複数の観測点に次々と移動して移動局の位置を即時に求める観測方法。 なお，基線ベクトルを求める方法は，直接観測法又は間接観測法による。
① 直接観測法	① 直接観測法は，配信事業者で算出された移動局近傍の補正データ等と移動局の観測データを用いて，基線解析により基線ベクトルを求める観測方法。
② 間接観測法	② 間接観測法は，次の方式により基線ベクトルを求める観測方法。 （ⅰ）2台同時観測方式による間接観測法は，2か所の移動局で同時観測を行い，得られた三次元直交座標の差から移動局間の基線ベクトルを求める。 （ⅱ）1台準同時観測方式による間接観測法は，移動局で得られた三次元直交座標とその後，速やかに移動局を他の観測点に移動して観測を行い，得られた三次元直交座標の差から移動局間の基線ベクトルを求める。なお，観測は，速やかに行うとともに，必ず往復観測を行い，重複による基線ベクトルの点検を実施する。
③ 3級～4級基準点測量	③ 直接観測法又は間接観測法により行う。
単点観測法	ネットワーク型RTK法を用いて単独で測点の座標を求める。

⦿GNSS測量の観測方法

1. 干渉測位方式では，搬送波の波長（約20cm）を基準にして測位する。基線ベクトルは，1サイクルの波の数（**整数値バイアス**）Nと1波以内の端数φの$(N+\varphi)$で求める。干渉測位で測定するのはφであり，整数値バイアスは不確定である。この整数値バイアスを確定するため初期化を行う。
2. 整数値バイアスの確定方法により，スタティック測位法（短縮スタティック法），キネマティック法，RTK法，ネットワーク型RTK法の観測方法に分類される。

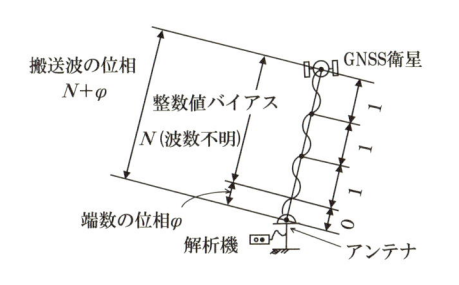

図1　整数値バイアス

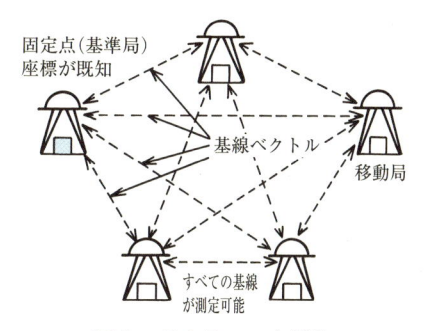

図2　スタティック測位
（受信機をすべての観測点に固定）

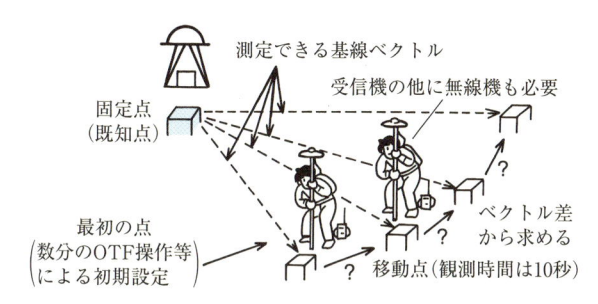

図3　RTK法測位
（1台の受信機を各観測点に移動・測定）

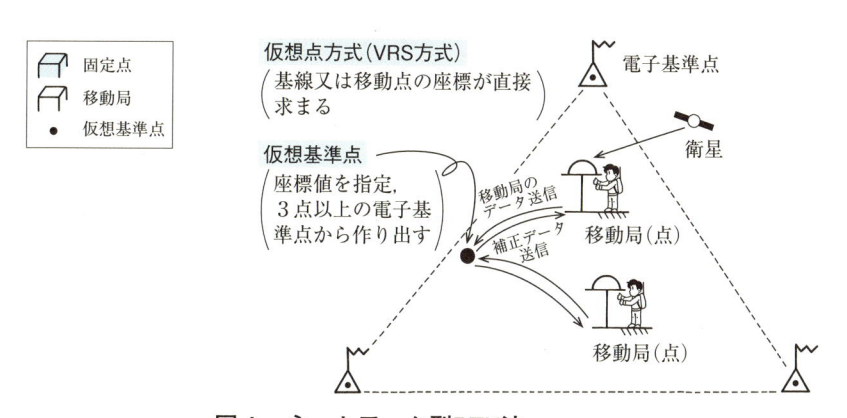

図4　ネットワーク型RTK法
（仮想上の基準点のデータを利用し，1台の受信機で測定）

参考資料2

数学公式　平面ベクトル，空間ベクトル

1. 力・速度・変位など，大きさと向きをもった量を**ベクトル**といい，矢印をつけた有向線分で表し，大きさは線分の長さで向きは矢の向きで表す（$\overrightarrow{AB} = -\overrightarrow{BA}$ となる）。ベクトルは，$\overrightarrow{AB}$，$\vec{a}$ で表し，大きさ（絶対値）を $|\overrightarrow{AB}|$，$|\vec{a}|$ で表す。

2. 点Aの位置を表すのに，定点OからAに向かうベクトル$\overrightarrow{OA}$を用いるとき，$\overrightarrow{OA}(=\vec{a})$ を**位置ベクトル**という。ベクトル $\vec{a}$ を一つの平面上で考えるとき，**平面ベクトル**（2次元ベクトル）といい，空間において考えるとき**空間ベクトル**（3次元ベクトル）という。

3. ベクトルの加法・減法

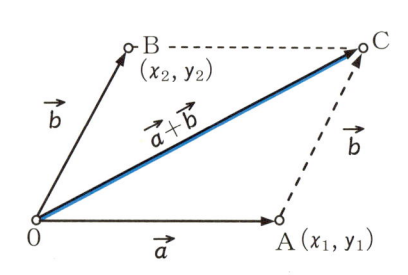

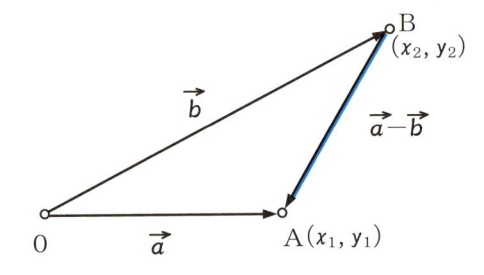

   ① ベクトルの加法

   $\vec{a}$ の終点を $\vec{b}$ の始点として，$\vec{a}$，$\vec{b}$ をつぎたすとき，$\vec{a}$ の始点から $\vec{b}$ の終点へ向かうベクトルが $\vec{a}+\vec{b}$，$\overrightarrow{OC}$ となる。

   $\overrightarrow{OA}+\overrightarrow{OB}=\overrightarrow{OC}$
   交換法則　$\vec{a}+\vec{b}=\vec{b}+\vec{a}$
   結合法則　$\vec{a}+(\vec{b}+\vec{c})=(\vec{a}+\vec{b})+\vec{c}$　……式（1）

   ② ベクトルの減法

   $\vec{a}$，$\vec{b}$ の始点を一致させると，$\vec{b}$ の終点から $\vec{a}$ の終点に向かうベクトルが $\vec{a}-\vec{b}$，$\overrightarrow{BA}$ となる。

   $\vec{a}-\vec{b}=\vec{a}+(-\vec{b})$
   $\overrightarrow{BA}=\overrightarrow{OA}-\overrightarrow{OB}$　……式（2）

図1　ベクトルの加法・減法

3. **平面ベクトルの成分**：ベクトル $\vec{a}$ の x 成分，y 成分を $\vec{a}(x, y)$ で表すと

   ① ベクトルの大きさ　$|\vec{a}|=\sqrt{x^2+y^2}$　……式（3）

   ② $\vec{a}=(x_1, y_1)$，$\vec{b}=(x_2, y_2)$ のとき

   $\vec{a}+\vec{b}=(x_1+x_2, y_1+y_2)$
   $\vec{a}-\vec{b}=(x_2-x_1, y_2-y_2)$　……式（4）

4. 空間ベクトルの成分

   A点の空間ベクトルの成分を x_1，y_1，z_1 とするとき，$\overrightarrow{OA}(x_1, y_1, z_1)$ と表す。

   ① ベクトルの加法・減法

   $\overrightarrow{OA}+\overrightarrow{OB}=(x_1, y_1, z_1)+(x_2, y_2, z_2)=(x_1+x_2, y_1+y_2, z_2, z_1+z_2)$
   $\overrightarrow{OA}-\overrightarrow{OB}=(x_1, y_1, z_1)-(x_2, y_2, z_2)=(x_1-x_2, y_1-y_2, z_2, z_1-z_2)$　……式（5）

   ② ベクトルの大きさ　$|\overrightarrow{OA}|=\sqrt{x_1^2+y_1^2+z_1^2}$　……式（6）

③ ベクトルA(x_1, y_1, z_1), B(x_2, y_2, z_2)とするとき，$\overrightarrow{AB}$の距離は

$$\left. \begin{array}{l} \overrightarrow{OB}+\overrightarrow{BA}=\overrightarrow{OA} \text{より} \\ \overrightarrow{BA}+\overrightarrow{OA}-\overrightarrow{OB} \\ \overrightarrow{AB}=\overrightarrow{OB}-\overrightarrow{OA} \\ \overrightarrow{AB}=(x_2, y_2, z_2)-(x_1, y_1, z_1) \\ \quad =(x_2-x_1, y_2-y_1, z_2-z_1) \end{array} \right\} \quad \cdots\cdots \text{式（7）}$$

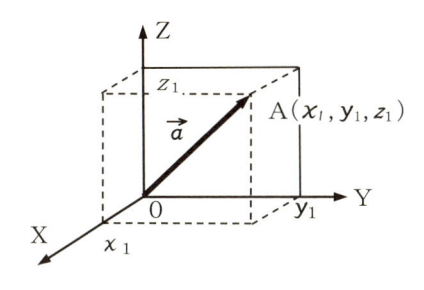

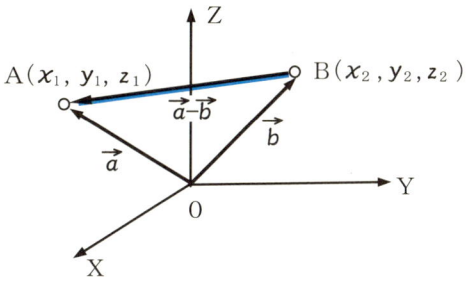

図2 空間ベクトルの成分

（例）A点からB点，C点のベクトル成分差（ΔX, ΔY, ΔZ）が表の場合，BCの距離はいくらか

区　間	基線ベクトル成分		
	ΔX	ΔY	ΔZ
A→B	+500.000m	−200.000m	+300.000m
A→C	+100.000m	+300.000m	−300.000m

（解）

1. A(x_A, y_A, z_A), B(x_B, y_B, z_B), C(x_C, y_C, z_C)とし，Aを基準とするとき，BCの基線ベクトルは次のとおり。

$$\overrightarrow{BC}=\begin{vmatrix} \Delta X_{BC} \\ \Delta Y_{BC} \\ \Delta Z_{BC} \end{vmatrix} = \begin{vmatrix} x_C-x_A \\ y_C-y_A \\ z_C-z_A \end{vmatrix} - \begin{vmatrix} x_B-x_A \\ y_B-y_A \\ z_B-z_A \end{vmatrix}$$

$$= \begin{vmatrix} 100 \\ 300 \\ -300 \end{vmatrix} - \begin{vmatrix} 500 \\ -200 \\ 300 \end{vmatrix} = \begin{vmatrix} -400 \\ 500 \\ -600 \end{vmatrix}$$

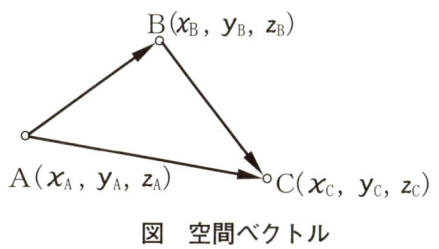

図　空間ベクトル

2. $\therefore |\overrightarrow{BC}|=\sqrt{\Delta X_{BC}^2+\Delta Y_{BC}^2+\Delta Z_{BC}^2}=\sqrt{(-400)^2+500^2+(-600)^2}=\sqrt{77}\times 10^2$
   $=100\sqrt{77}=\underline{877.496\text{m}}$

参考資料

第3章

水準測量

水準測量のポイントは？

1. 水準測量は，既知点に基づき，新点である水準点の標高を定める作業をいう。水準測量は，既知点間の路線長，観測の精度等に応じて，1～4級水準測量及び簡易水準測量に区分する。（準則第47条）。

   なお，水準測量の基準面は，距離・面積をGRS80回転楕円体の表面上の値で表示する多角測量の場合とは異なり，ジオイド面からの高さとなる。

2. 水準測量では，出題問題No1～No28の28問中，No9～No12に4問が出題される。主な出題内容は，次のとおり。
   ① 観測上の留意事項（視準距離，レベルの測点数）
   ② レベルの調整（杭打ち調整法）
   ③ 誤差の消去法，標高の最確値
   ④ 往復観測の点検計算（再測区間の判定）

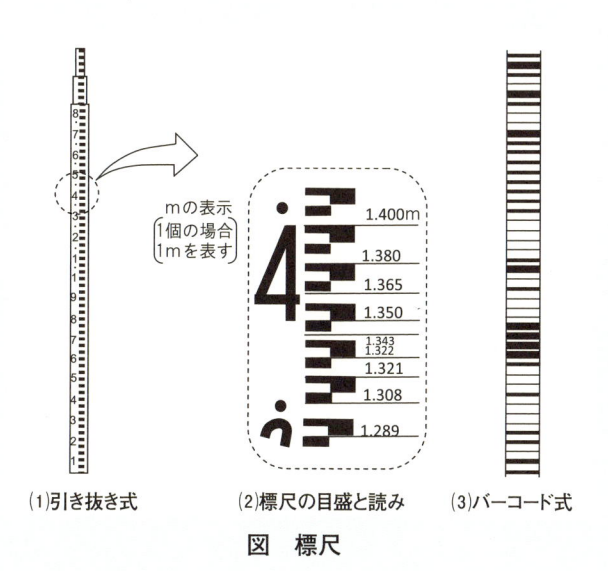

(1) 引き抜き式　(2) 標尺の目盛と読み　(3) バーコード式

図　標尺

第9日 観測作業の留意事項

目標時間20分

問1

次のa～eの文は，公共測量における1級水準測量について述べたものである。 ア ～ オ に入る語句及び数値の組合せとして最も適当なものはどれか。

a．自動レベル，電子レベルを用いる場合は，円形水準器及び視準線の点検調整並びに ア の点検を観測着手前に行う。
b．大気の屈折による誤差を少なくするために標尺の下方 イ 以下を設定しない。
c．水準点間の距離が1.2kmの路線において，最大視準距離を40mとする場合，往観測のレベルの整置回数は最低 ウ 回である。
d．観測の開始時，終了時及び固定点到着時ごとに， エ を測定する。
e．検測は原則として オ で行う。

	ア	イ	ウ	エ	オ
1．	コンペンセータ	2 cm	15	気温	往復観測
2．	マイクロメータ	2 cm	16	気圧	往復観測
3．	コンペンセータ	20cm	16	気温	片道観測
4．	コンペンセータ	20cm	15	気圧	片道観測
5．	マイクロメータ	20cm	16	気温	往復観測

問2

次の文は，公共測量における水準測量について述べたものである。明らかに間違っているものはどれか。

1．手簿に記載した読定値及び水準測量作業用電卓に入力した観測データは訂正してはならない。
2．往復観測を行う水準測量においては，標尺は2本1組で観測を行い，往路の出発点に立てる標尺と復路の出発点に立てる標尺を交換する。
3．観測に際しては，レベルに直射日光が当たらないようにする。
4．往復観測を行う水準測量において，水準点間の測点数が多い場合は，固定点を設けることができる。
5．往復観測を行う水準測量において，往復の観測値の較差が許容範囲を超える場合は，往路と復路の平均値を採用する。

問3

次の文は，水準測量を実施するときの留意すべき事項について述べたものである。間違っているものはどれか。

1．新点の観測は，永久標識の設置後24時間以上経過してから行う。
2．標尺は，2本1組とし，往路の出発点に立てる標尺と，復路の出発点に立てる標尺は，同じにする。
3．1級水準測量においては，観測の開始時，終了時及び固定点到達時ごとに，気温を1℃単位で測定する。
4．水準点間のレベルの設置回数（測点数）は偶数にする。
5．視準距離は等しく，かつ，レベルはできる限り両標尺を結ぶ直線上に設置する。

問4

公共測量において1級水準測量を実施していた。このとき，レベルで視準距離を確認したところ前視標尺までは53m，後視標尺までは51mであった。観測者として最も適切な処置はどれか。

但し，後視標尺は水準点標石に立っており動かさないものとする。

1．そのまま観測する。
2．前視標尺をレベルの方向に2m近づけ整置させる。
3．レベルを前視方向に1m移動し整置し，前視標尺をレベルの方向に3m近づけ整置させる。
4．レベルを前視方向に1m移動し整置し，前視標尺をレベルの方向に2m近づけ整置させる。
5．レベルを後視方向に2m移動し整置し，前視標尺をレベルの方向に6m近づけ整置させる。

第9日 観測作業の留意事項 解答と解説

問1 観測（機器の点検及び調整）

1）チルチングレベル，自動レベル及び電子レベルの特徴については，P94参照のこと。

a．**円形水準器の調整**は，水準器軸と鉛直軸を直交させ，望遠鏡をどの方向に向けても気泡が移動しないよう接平面を水平にする調整である。**視準線の点検調整**（杭打ち調整）は，水準器の気泡を合致させることにより視準線を水平にする調整である。**コンペンセータ（自動補正装置）の点検**は，自動的に鉛直軸方向を基準に視準線が水平に確保されているかの点検である。

　自動レベル及び電子レベルでは，円形水準器の調整と視準線の調整並びにコンペンセータの点検を観測着手前に行う（準則第63条）。

　アにはコンペンセータが入る。

b．1級水準測量においては，標尺の下方20cm以下を読定しない（準則第64条）。

　イには20cmが入る。

c．標尺は，2本1組とし，往路と復路との観測において標尺を交換するものとし，測点数（測定回数）は偶数とする（準則第64条）。

　1測点で40m×2＝80m，1200m/80m＝15回，回数を偶数にするため16回観測とする。

　ウには16が入る。

d．1級水準測量においては，観測の開始時，終了時及び固定点到着時ごとに，気温を1度単位で測定する（準則第64条）。なお，1級水準測量において，往復観測の許容範囲を $2.5mm\sqrt{S}$ とするためには，気温による標尺補正が必要となる（P86参照）。

　エには気温が入る。

e．1級及び2級水準測量の場合，使用した既知点の標高値が正常か否かを確認するため，既知点間の検測を行う。なお，検査における結果と前回の観測高低差（1級$2.5mm\sqrt{S}$，2級$5mm\sqrt{S}$）又は測量成果の高低差との較差（$15mm\sqrt{S}$）を許容範囲とする。検測は，片道観測を原則とする（準則第66条）。

　オには片道観測が入る。

解答 3

問2 観測の実施及び再測

1. 誤読・誤記等により，観測値を訂正する場合，その測点ですべての観測をやり直し，次の欄に記入する。

2. 標尺は2本1組として番号（Ⅰ号及びⅡ号）を付し，往と復の観測ではⅠとⅡを交換する。これにより2本の標尺の目盛誤差の差によって生じる系統的誤差を消去する。また，測点数（測定回数）を偶数（往路と復路で標尺を交換）とするのは，標尺の零点誤差を消去するためである。

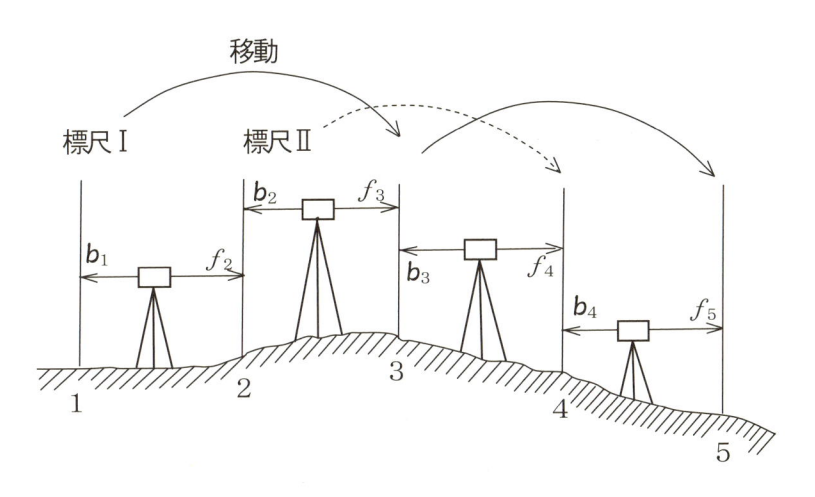

図1 零点誤差の消去法

3. 作業中の直射日光による部分的な膨張により水準儀の調整が狂うことがないように，水準儀に覆いをかけ，傘を使用して直射日光を避ける。

4. 往復観測を行う水準測量において，水準点間の測点数が多い場合は，適宜固定点を設け，往路及び復路の観測に共通して使用する（準則第64条）。

5. 1級～4級水準測量の観測において，水準点及び固定点によって区分された区間の往復観測値の較差が，許容範囲を超えた場合は，再測する。

表1　往復観測の較差の許容範囲（準則第65条）

項目＼区分	1級水準測量	2級水準測量	3級水準測量	4級水準測量
往復観測値の較差	2.5 mm$\sqrt{S}$	5 mm$\sqrt{S}$	10 mm$\sqrt{S}$	20 mm$\sqrt{S}$
備考	Sは観測距離（片道，km単位）とする。			

解答 5

問3 観測（永久標識，零点誤差，視準距離等）

1. 新点の観測は，杭の安定状態を待って永久標識の設置後24時間以上経過してから行う（準則第64条）。

2. 観測は，簡易水準測量を除き，往復観測とする。往復観測を行う水準測量では，2本の標尺の目盛誤差及び標尺の零点誤差の悪影響を軽減させるため，往路と復路では標尺を入れ替える（準則第64条）。

3. 1級水準測量では温度変化による標尺の伸縮に起因する誤差を補正するため，観測の開始時，終了時及び固定点到着時ごとに，気温を1度単位で測定する（準則第64条）。

4. 標尺の底面が擦り減り，標尺の底面と零目盛が一致していないために生じる**零点誤差**を除去するため，出発点に立てた標尺を到着点に立つようにする。水準点間の観測（器械の整置数）を偶数回とする（準則第64条）。

5. **視準距離**（レベルと後視又は前視標尺との距離，表1参照）は等しく，かつレベルはできる限り両標尺を結ぶ直線上に設置する（準則第64条）。

解答　2

類似問題

次の文は，水準測量について述べたものである。間違っているものはどれか。

1. 観測に際しては，レベルに日光が直接当たらないようにする。
2. 標尺に付属する円形水準器は，標尺を鉛直に立てた状態で気泡が中心になるように調整する。
3. 1級水準測量では，標尺を後視，前視，前視，後視の順に読み取ることにより，三脚の沈下による誤差を小さくしている。
4. 標尺の最下部付近の視準を避けて観測すると，大気による屈折誤差を小さくできる。
5. 2級水準測量では，1級標尺又は2級標尺を使用することができる。

解答　5

　1級水準測量では，1級レベル及び1級標尺を使用する。2級水準測量では，1～2級レベル及び1級標尺を使用する。3～4級水準測量では，1～3級レベル及び1～2級標尺を使用する（準則第62条）。3についてはP91，表4参照のこと。

問4 視準距離

(1) 観測は，標尺目盛及びレベルと後視又は前視標尺との距離（視準距離）を読定する。視準距離及び標尺目盛の読定単位は，表1のとおり。1級水準測量の標尺目盛の読定単位は0.1mm，最大視準距離は50mである。

表2 視準距離・読定単位（準則第64条）

区分 項目	1級水準測量	2級水準測量	3級水準測量	4級水準測量	簡易水準測量
視準距離	最大50m	最大60m	最大70m	最大70m	最大80m
読定単位	0.1mm	1mm	1mm	1mm	1mm

(2) **視準距離**は，スタジア線又は測定ボタンでm単位で測定する。視準距離は，視準点に立てた標尺をレベルで読み，上下スタジア線の読みの差（**きょう長** ℓ）から次式で与えられる。

視準距離 $S = K\ell + C$ ……式（3・1）

但し，ℓ：上下スタジア線の読みの差（きょう長）

K：100

C：加定数（＝0）

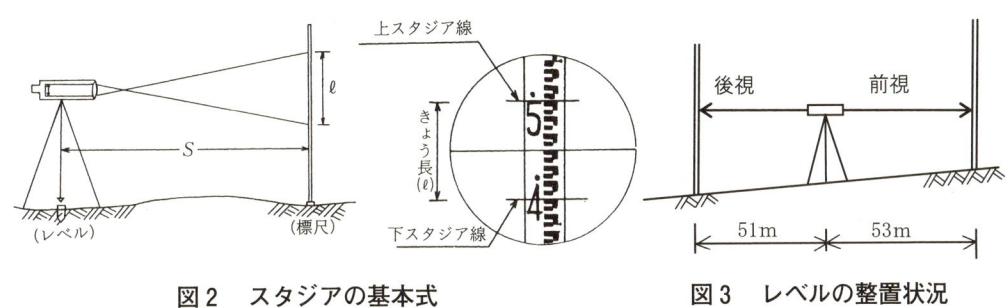

図2 スタジアの基本式　　図3 レベルの整置状況

① 設問1の場合，前視の視準距離51m，後視の視準距離51mで不適当である。

② 設問2の場合，前視・後視の視準距離は51mとなるが，最大視準距離50mを超える。

③ 設問3の場合，後視の視準距離52m，前視の視準距離49mで不適切である。

④ 設問4の場合，後視の視準距離52m，前視の視準距離50mで不適切である。

⑤ 設問5の場合，後視の視準距離49m，前視の視準距離49mで適切である。

解答 ▶ 5

第10日 レベルの調整（杭打ち調整法）　目標時間30分

問1

解答と解説はP.78

レベルの視準線を点検するために，図のようにA及びBの位置で観測を行い，表に示す結果を得た。この結果からレベルの視準線を調整するとき，Bの位置において標尺Ⅰの読定値をいくらに調整すればよいか。

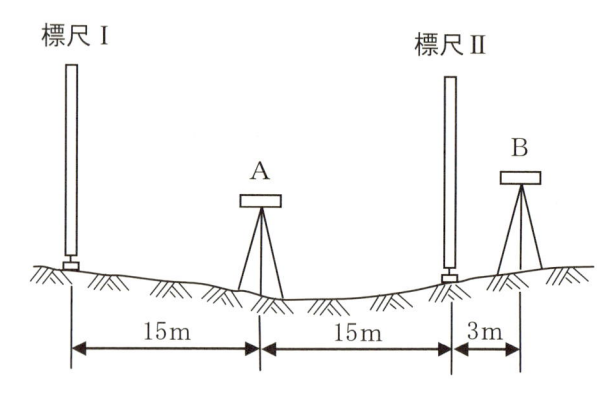

1. 1.257 0m
2. 1.259 6m
3. 1.260 4m
4. 1.292 6m
5. 1.296 0m

レベルの位置	読定値 標尺Ⅰ	読定値 標尺Ⅱ
A	1.198 7m	1.150 6m
B	1.276 5m	1.210 7m

解答欄

問2

解答と解説はP.79

レベルの視準線を点検するために，図のようにA及びBの位置で観測を行い，表に示す結果を得た。このレベルの視準線を調整するためには，Bの位置におけるレベルからの標尺Ⅱの読定値がいくらになるようにすればよいか。

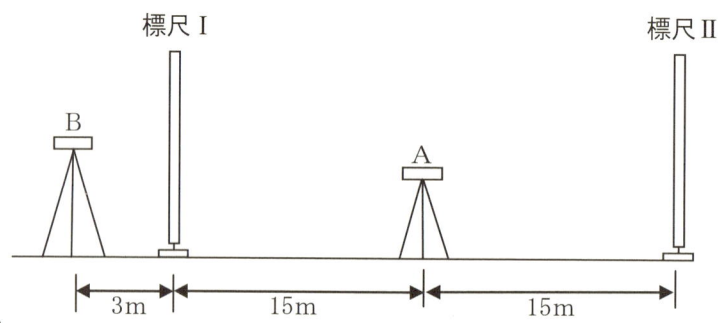

1. 1.040 92m
2. 1.079 02m
3. 1.100 02m
4. 1.101 02m
5. 1.155 12m

レベルの位置	標尺Ⅰ	標尺Ⅱ
A	1.289 89m	1.245 79m
B	1.144 12m	1.090 02m

解答欄

76　第3章　水準測量

問3

自動レベルについて述べたものである。間違っているものはどれか。

1. 自動レベルは，よく調整されていれば望遠鏡の微量な傾きに対しては常に水平視準線上の目標の像がコンペンセータによって十字線上に結ばれるようになっている。
2. 自動レベル付属の円形水準器を調整するには，整準ねじにより気泡を正しく中央に導き，レベルを180°鉛直軸周に回転し，気泡の偏位をみる。もし偏位すれば偏位の逆方向に，その1/2量を水準器付属の調整ねじで調整する。
3. 自動レベルは，あまり大きく傾くと自動の効用を失うので常に円形水準器を十分に調整し，気泡を正しく中央に導いた状態で観測しなければならない。
4. 自動レベルは，自動的に水平視準線の目標が観測されるので視準軸（線）の調整は必要ない。
5. 自動レベルといえども，機械の整置場所や標尺の整置場所は堅固なところを選ばなければならない。

問4

次の文は，電子レベル及びバーコード標尺について述べたものである。間違っているものはどれか。

1. バーコード標尺の目盛を自動で読み取って高低差を求める電子レベルが使用されるようになり，観測者による個人誤差が小さくなるとともに，作業能率が向上するようになった。
2. 1級水準測量及び2級水準測量では，円形水準器及び視準線の点検調整並びにコンペンセータの点検を観測着手前及び観測期間中おおむね10日ごとに行う。
3. バーコード標尺付属の円形水準器は，鉛直に立てたときに，円形気泡が中心に来るように点検調整をする。
4. 1級水準測量において，標尺の下方20cm以下を読定してはならない理由は，地球表面の曲率のために生ずる2点間の鉛直線の微小な差（球差）の影響を少なくするためである。
5. 電子レベル内部の温度上昇を防ぐため，観測に際しては，日傘などで直射日光が当たらないようにする。

第10日 レベルの点検調整(杭打ち調整法) 解答と解説

問1 杭打ち調整法（不等距離法）

1. **杭打ち調整法**は，望遠鏡水準器軸（主水準器軸）Lと視準線Cを平行にするための調整である。視準線の平行性の点検調整は，30～50m離れた2点に杭を打ち，中央A点にレベルを据え，標尺Ⅰ，Ⅱのb_1, a_1を読む。この場合，視準距離が等しいので，(b_1-a_1)は2点間の正しい比高Δhを示す。

2. 次に延長線上3～5mのB点にレベルを据え，標尺Ⅰ，Ⅱのb_2, a_2を読む。この場合，視準距離が等しくないので視準誤差があれば，$\Delta h'=(b_2-a_2)$は正しい比高とはならない。

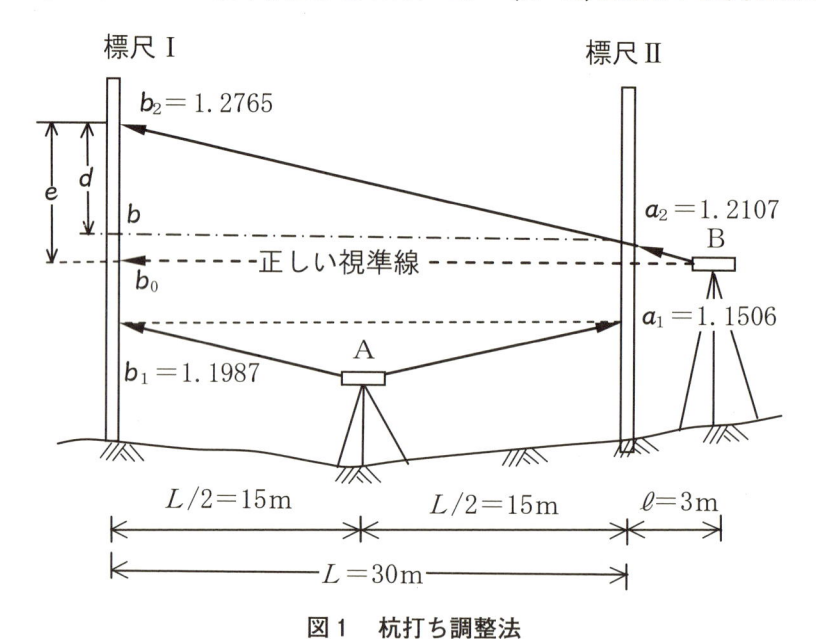

図中のラベル：
標尺Ⅰ　標尺Ⅱ
$b_2 = 1.2765$
d, e, b
$a_2 = 1.2107$
B
正しい視準線
b_0
$a_1 = 1.1506$
A
$b_1 = 1.1987$
$L/2=15\mathrm{m}$　$L/2=15\mathrm{m}$　$\ell=3\mathrm{m}$
$L=30\mathrm{m}$

図1　杭打ち調整法

3. $\Delta h = \Delta h' = (b_1-a_1) = (b_2-a_2)$，つまり$(a_2-a_1) = (b_2-b_1)$であれば，気泡管軸Lと視準線Cは平行（L∥C）である。$(a_2-a_1) \neq (b_2-b_1)$のとき，L∥Cではなく調整が必要である。誤差は$\Delta h' - \Delta h_1$，その補正量は$\Delta h - \Delta h'$となる。

誤差 $d' = \Delta h' - \Delta h = (b_2-a_2) - (b_1-a_1) = (b_2-b_1) - (a_2-a_1)$
$= (1.2765-1.1987) - (1.2107-1.1506) = 0.0177\mathrm{m}$

補正量 $d = (b_1-a_1) - (b_2-a_2) = (a_2-a_1) - (b_2-b_1) = -0.0177\mathrm{m}$ ……式（3・2）

4. B点において，標尺Ⅰの正しい視準位置をb_0とすれば，調整量$e = \overline{b_2 b_0} = b_2 - b_0$となる。
$\triangle b_2 a_2 b \infty \triangle b_2 \mathrm{B} b_0$より，$d = \overline{b_2 b}$, $e = \overline{b_2 b_0}$, $\overline{ba_2} = L$, $\overline{d_0 \mathrm{B}} = L + \ell$

$$\overline{b_2b} : \overline{ba_2} = \overline{b_2b_0} : \overline{b_0B}$$

$$d : L = e : (L+\ell)$$

∴調整量　$e = \dfrac{L+\ell}{L}d = \dfrac{L+\ell}{L}\{(a_2-a_1)-(b_2-b_1)\}$　……式（3・3）

$\qquad\qquad = \dfrac{33}{30}\{(1.2107-1.1506)-(1.2765-1.1987)\} = -0.0195\text{m}$

正しい視準位置 $b_0 = b_2 + e = 1.2765 - 0.0195 = \underline{1.257\text{m}}$　……式（3・4）

> （注）標尺Ⅰ，Ⅱの読みを b, a 又は問2の場合のように a, b に取るかにかかわらず，A点での測定値では正しい比高 $\varDelta h$ を示し，B点の比高は視準誤差を含む比高 $\varDelta h'$ である。誤差は $\varDelta h' - \varDelta h$ であり，その補正は $\varDelta h - \varDelta h'$ となる。

問2　杭打ち調整法

式（3・2）より補正量 d は，B点側の標尺Ⅰの読み a_1, a_2，標尺Ⅱの読み b_1, b_2 として，

$\qquad$補正量 $d = (b_1-a_1)-(b_2-a_2) = (a_2-a_1)-(b_2-b_1)$

$\qquad\qquad = (1.14412-1.2898)-(1.09002-1.24579) = 0.01000\text{m}$

式（3・3）より調整量 e は

$\qquad$調整量 $e = \dfrac{L+\ell}{L} \times d = \dfrac{33}{30} \times 0.01000\text{m} = -0.0111\text{m}$

$\qquad$正しい視準位置 $b_0 = b_2 + e = 1.09002 + 0.0110 = \underline{1.10102\text{m}}$

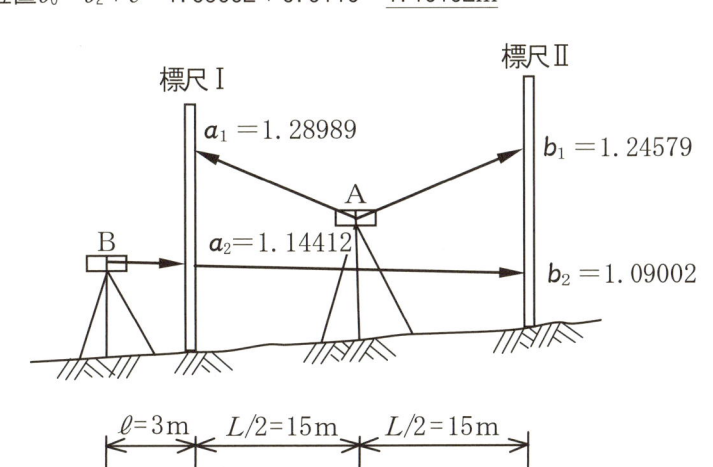

図2　杭打ち調整法

標尺Ⅰ　$a_1 = 1.28989$　$a_2 = 1.14412$
標尺Ⅱ　$b_1 = 1.24579$　$b_2 = 1.09002$
$\ell = 3\text{m}$　$L/2 = 15\text{m}$　$L/2 = 15\text{m}$

解答 ▶ 4

問3 自動レベルの調整法

(1) **自動レベル**は，円形水準器の気泡を整準ねじで中央へもってくれば，**コンペンセータ**（自動補正装置）で自動的に視準線が水平となる構造になっている。

(2) 自動レベル及び電子レベルとも，チルチングレベルと同様に**円形水準器の調整及び視準線の調整（杭打ち調整法）**を行うとともに，**コンペンセータの機能点検**をする。

円形水準器の調整は，望遠鏡をどの方向に向けても，気泡が移動しないように，水準器軸Lと鉛直軸Vを直交させるもので，円形水準器の気泡を中央に導びいた後，180°回転し気泡がずれた時は，そのずれの半分を調整ねじで，残り半分を整準ねじで中央に導びく。

解答 4

類似問題

次のa〜eの文は，公共測量における水準測量について述べたものである。明らかに間違っているものはいくつあるか。

a．標尺の最下部付近の視準を避けて観測すると，大気による屈折誤差を小さくできる。

b．1級水準測量及び2級水準測量における視準線誤差の点検調整は，観測期間中概ね10日ごとに行う。

c．自動レベル及び電子レベルについては，円形水準器及び視準線の点検調整のほかに，コンペンセータの点検を行う。

d．標尺は，2本1組とし，往観測の出発点に立てる標尺と，復観測の出発点に立てる標尺は同じものにする。

e．標尺付属の円形水準器は，標尺を鉛直に立てたときに，円形気泡が中心に来るように調整を行う。

1．0　　2．1つ　　3．2つ　　4．3つ　　5．4つ

解答 2

d.の標尺底面の摩耗等により，零目盛の位置が正しくないために生じる**零目盛誤差**を消去するため，「標尺は，2本1組とし，往路と復路との観測において標尺を交換するものとし，測点数は偶数とする（準則第64条）」。間違っているものは，1つである。

問4 電子レベル・バーコード標尺の点検調整

(1) **電子レベル**は，自動レベルとデジタルカメラを組み合わせたもので，コンペンセータと高解像能力の電子画像処理機能を有している。バーコード標尺に刻まれたパターンを観測者の眼の代わりにCCD（受光素子）で認識し，高さ及び距離を自動的に算出する。

(2) **点検調整**は，観測着手前に次の項目について行い，水準測量用電卓又は観測手簿に記録する。但し，1級水準測量及び2級水準測量では，観測期間中おおむね10日ごとに行うものとする（準則第63条）。

① 気泡管レベル（チルチングレベル）は，円形水準器及び主水準器軸と視準線との平行性の点検調整を行うものとする。

② 自動レベル，電子レベルは，円形水準器及び視準線の点検調整並びにコンペンセータの点検を行うものとする。

③ 標尺付属水準器の点検を行うものとする。

(3) 観測にあたっては，1級水準測量では，大気の上下方向の温度変化による光線の屈折（レフラクション）の影響を避けるため，標尺の下方20cm以下を読定しないものとする（準則第64条）。地表面に近い程大気密度が大きくなり，屈折量が大きくなるためである。

なお，**球差**（曲率誤差）とは，地球の曲率によって生じる定誤差をいい，視準距離を等しくすることで消去できる。球差と大気の屈折誤差とは関係がない。

(4) 気泡管レベル（チルチングレベル）を用いて1～2級水準測量を行う場合，主気泡管の不等膨張等による視準誤差を防ぐため，レベル覆と洋傘によりレベルに直射日光が当たらないようにする（自動レベルの場合，省略可）。なお，電子レベルについては，電子部品を使用しているため，内部の温度上昇を防ぐ意味から，レベル覆が必要である。

解答 ▶ 4

第11日 誤差の消去法，標高の最確値　目標時間30分

問1

次の文は，水準測量について述べたものである。 ア ～ オ に入る語句の組合せとして適当なものはどれか。

a． ア を消去するには，レベルと標尺間を，その間隔が等距離となるように整置して観測する。

b．観測によって得られた往復差の許容範囲は，観測距離の イ に比例する。

c．視準距離が長いと，大気による屈折誤差は ウ なる。

d．球差による誤差は，レベルと標尺間を，その間隔が等距離となるように整置して観測した場合，消去 エ 。

e．傾斜地において，標尺の オ 付近の視準を避けて観測すると，大気による屈折誤差を小さくできる。

	ア	イ	ウ	エ	オ
1．	鉛直軸誤差	二乗	小さく	できる	最上部
2．	鉛直軸誤差	平方根	小さく	できる	最下部
3．	視準軸誤差	平方根	大きく	できる	最下部
4．	鉛直軸誤差	二乗	大きく	できない	最下部
5．	視準軸誤差	二乗	小さく	できない	最上部

問2

次の文は，水準測量の誤差について述べたものである。正しいものはどれか。

1．鉛直軸誤差を消去するには，レベルと標尺間を，その間隔が等距離となるように整置して観測する。

2．球差による誤差は，地球表面が湾曲しているためレベルが前視と後視の両標尺の中央にある状態で観測した場合に生じる誤差である。

3．標尺の零点誤差は，標尺の目盛が底面から正しく目盛られていない場合に生じる誤差である。

4．光の屈折による誤差を小さくするには，レベルと標尺との距離を長く取るとともに，標尺の20cm目盛以下を視準しないなど，視準線を地表からできるだけ離して観測する。

5．レベルの沈下誤差を小さくするには，時間をかけて慎重に観測する。

問3

公共測量により，水準点AからBまでの間で1級水準測量を実施し，表に示す結果を得た。標尺補正を行った後の水準点A，B間の高低差はいくらか。

但し，観測に使用した標尺の標尺改正数は20℃において－6.60μm/m，
膨張係数は0.6×10⁻⁶/℃とする。

1．－14.6822m
2．－14.6823m
3．－14.6824m
4．－14.6826m
5．－14.6966m

表

観測路線	観測距離	高低差	気温
A→B	2.151km	－14.6824m	6.0℃

問4

図のように，既知点A，B，C，Dから新点Eの標高を求めるために水準測量を実施し，表1に示す観測結果を得た。新点Eの標高の最確値はいくらか。

但し，既知点の標高は表2のとおり。

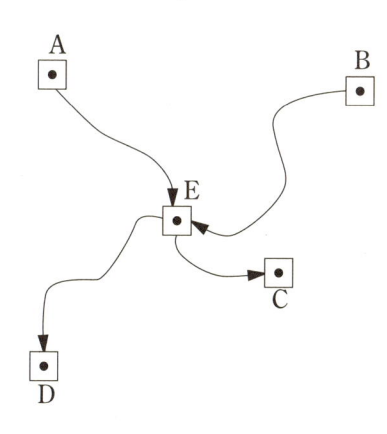

表1

観測結果		
路線	観測距離	観測高低差
A→E	2 km	－2.139m
B→E	3 km	－0.688m
E→C	1 km	＋3.069m
E→D	2 km	－1.711m

表2

既知点成果	
既知点	標高
A	5.153m
B	3.672m
C	6.074m
D	1.290m

1．2.995m
2．2.998m
3．3.001m
4．3.003m
5．3.005m

第11日 誤差の消去法，標高の最確値　解答と解説

問1　水準測量の誤差（視準軸誤差等）

a．**視準軸誤差**は，視準線を含む水平面と水準器軸を含む水平面が平行でないために生じる誤差をいう。視準軸誤差は，視準距離を等しくすることで，後視と前視に同量の誤差が生じ，(BS)－(FS)で消去できる。　ア　には視準軸誤差が入る。

b．水準測量の誤差は，観測距離をSとすれば$\sqrt{S}$に比例する。往復観測の較差の許容範囲は，1級水準測量では2.5mm$\sqrt{S}$（Sは片道，km）である。　イ　には平方根が入る。

c．**屈折誤差**（気差）は，視準線が空気密度の不均一で縦方向に曲がる不定誤差で，視準距離が長いほど大きくなる。　ウ　には大きくが入る。

d．**球差**は，地球が湾曲しているために生じる定誤差で，前視と後視の視準距離を等しくすることで消去できる。　エ　にはできるが入る。

e．**屈折誤差**は，地面に近い所ほどその影響は大きい。1級水準測量においては，標尺の下方20cm以下（最下部）を読定しない。　オ　には最下部が入る。

表1　誤差の原因とその消去法

区　分	誤差の原因	誤差の種類	消　去　法
レベルに関するもの	1）視差による誤差	不定誤差	○接眼レンズで十字線をはっきり映し出し，次に対物レンズで像を十字線上に結ぶ。
	2）視準軸と水準器軸が平行でない（視準線誤差）	定　誤　差	○前視・後視の視準距離を等しくする。
	3）鉛直軸が傾いている（鉛直軸誤差）	定　誤　差	○測点を移動する毎に，三脚を180°水平に回転して設置する。
	4）レベルの三脚の沈下による誤差	定　誤　差	○堅固な地盤に据える。
標尺に関するもの	1）目標の不正による誤差（指標誤差）	定　誤　差	○基準尺と比較し，尺定数を求めて補正する。
	2）標尺の零点誤差	定　誤　差	○出発点に立てた標尺を到達点に立てレベルの据え付けを偶数回とする。
	3）標尺の傾きによる誤差	定　誤　差	○標尺を常に鉛直に立てる。
	4）標尺の沈下による誤差	定　誤　差	○堅固な地盤に据える。又は標尺台を用いる。
自然現象に関するもの	1）球差による誤差	定　誤　差	○前視・後視の視準距離を等しくする。
	2）かげろうによる誤差	不定誤差	○地上・水面から視準線をはなす。
	3）気象（日照・風・湿度等）の変化による誤差	不定誤差	○日傘でレベルをおおう。往復の観測を午前と午後に分けて平均をとる。
	4）大気の屈折誤差	不定誤差	○標尺の下部20cm以下は観測しな

解答　3

> **類似問題**
>
> 次のa～dの文は，水準測量における誤差について述べたものである。ア ～ エ に入る語句の組合せとして最も適当なものはどれか。
>
> a．レベルと標尺の間隔が等距離となるように整置して観測することで， ア を消去することができる。
> b． イ は，地球表面が湾曲しているために生じる誤差である。
> c．標尺を2本1組とし，測点数を偶数にすることで，標尺の ウ を消去することができる。
> d．観測によって得られた高低差に含まれる誤差は，観測距離の平方根に エ する。
>
> | | ア | イ | ウ | エ |
> |---|---|---|---|---|
> | 1. | 視準線誤差 | 球差 | 零点誤差 | 比例 |
> | 2. | 視準線誤差 | 気差 | 目盛誤差 | 反比例 |
> | 3. | 視準線誤差 | 球差 | 目盛誤差 | 比例 |
> | 4. | 三脚の沈下による誤差 | 球差 | 零点誤差 | 反比例 |
> | 5. | 三脚の沈下による誤差 | 気差 | 目盛誤差 | 比例 |

解答 1

問2 水準測量の誤差（鉛直軸誤差等）

1．**鉛直軸誤差**は，円形水準器の気泡を中心に入れてレベルを整準しても，レベルの鉛直軸が垂直線と一致しないことにより生じる定誤差である。レベルを設置するとき，2本の標尺を結ぶ線上にレベルを置き，進行方向に対し三脚の向きを特定の標尺に対向（移動するごとに三脚を180°回転）させ消去する。等距離に整置しても消去できない。

2．**球差**とは，地球の曲率によって生じる誤差である。球差による誤差は，レベルを両標尺の中央に据え，視準距離を等しくすれば消去できる。なお，**気差**は，光が密度の大きい方向へ屈折するために生じる誤差をいい，球差と気差を合せたものを**両差**という。

3．標尺の**零点誤差**は，標尺の底面と零目盛が一致していないために生じる定誤差で，出発点に立てた標尺を到着点に立てることにより消去する。器械の整置数を偶数回とする。

4．視準距離が長いと，光の屈折による誤差が大きくなる。

5．レベルの沈下誤差を小さくするには，観測をすみやかに行い，時間をかけない。

解答 3

問 3 標尺補正計算

1. 1級水準測量では，往復観測の許容範囲が $2.5\text{mm}\sqrt{S}$ （S：km）であり，この精度を得るためには，温度による標尺の伸縮補正（**標尺補正**）が必要である。

　　標尺補正量 $\Delta C = \{C_0 + (T-T_0)\alpha\}\Delta H$ 　　　　　　　　……式（3・5）

　　但し，C_0：基準温度における標尺改正数（$-6.60\mu\text{m/m} = -6.6\times10^{-6}\text{m/m}$）

　　　　　T：観測時の測定温度（6.0℃）

　　　　　T_0：基準温度（20.0℃）

　　　　　α：膨張係数（0.6×10^{-6}/℃）

　　　　　ΔH：観測高低差（−14.6824m）

　　$\Delta C = \{-6.60\times10^{-6}\text{m/m} + (6.0℃-20.0℃)\times0.6\times10^{-6}/℃\}\times(-14.6824\text{m})$

　　　　$= 0.0002\text{m}$

　　補正後の高低差 $= -14.6824\text{m} + 0.0002\text{m} = \underline{-14.6822\text{m}}$

解答 ▶ 1

類似問題

公共測量により，水準点Aから新点Bまでの間で1級水準測量を実施し，表の結果を得た。標尺補正を行った後の水準点A，新点B間の観測高低差はいくらか。

　但し，観測に使用した標尺の標尺改正数は20℃において $+4\mu\text{m/m}$，膨張係数は $+1.2\times10^{-6}$/℃とする。

1．−70.3264m
2．−70.3260m
3．−70.3257m
4．−70.3252m
5．−70.3246m

表

区間	距離	観測高低差	温度
A→B	2.0km	−70.3253m	25℃

解答　2

　標尺補正量 $\Delta C = \{4\times10^{-6}\text{m/m} + (25℃-20℃)\times1.2\times10^{-6}/℃\}\times(-70.3253\text{m})$

　　　　　　　$= -0.0007\text{m}$

　補正後の高低差 $= -70.3253\text{m} - 0.0007\text{m} = \underline{-70.3260\text{m}}$

問4 標高の最確値

1. 直接水準測量の誤差は，路線長Sが長いほど大きくなる（誤差$m=k\sqrt{S}$）。軽重率pは，路線長Sに反比例する。

2. A，B，C，Dの各点とE点への各観測差からE点の標高H_Eを求める。観測方向が反対のときは，高低差の符号を反対にする。

　・A点から計算した新点Eの標高$=5.153+(-2.139)=3.014$m
　・B点から計算した新点Eの標高$=3.672+(-0.688)=2.984$m
　・C点から計算した新点Eの標高$=6.074-(+3.069)=3.005$m
　・D点から計算した新点Eの標高$=1.290-(-1.711)=3.001$m

　軽重率は，観測距離に反比例するから
$$p_A:p_B:p_C:p_D=\frac{1}{2}:\frac{1}{3}:\frac{1}{1}:\frac{1}{2}=3:2:6:3 \quad \cdots\cdots式（3\cdot6）$$

　H_Eの最確値H_Eは，
$$H_E=2.984+\frac{3\times30+2\times0+6\times21+3\times17}{3+2+6+3}\times\frac{1}{1,000}=\underline{3.003}\text{m}$$

解答　4

◉最確値の求め方

1. 直接水準測量の誤差は，路線の長さSが大きいほど測点数が多くなり，誤差が累積され精度が悪くなる（誤差$m=k\sqrt{S}$）。

　標高の最確値は，次の順序で計算する。

① 各路線から路線ごとの新点の標高を計算する。

② 各路線の軽重率を路線長から求める。

③ 軽重率を考慮して，新点の最確値（標高）を計算する。

$$最確値H=\frac{p_1H_1+p_2H_2+\cdots+p_nH_n}{p_1+p_2+\cdots+p_n}=\frac{[pH]}{[p]} \quad \cdots\cdots式（1）$$

2. 各水準点から，求点の標高を計算する場合，観測方向が反対のとき，高低差を求める符号は負（−）となる。

3. 各水準点から計算した求点の標高値の軽重率（重量）を計算する。この場合，軽重率は，各路線の距離に反比例する。

第12日 点検計算（較差の許容範囲） 目標時間30分

問1

解答と解説はP.90

図は，水準点Aから固定点(1)，(2)及び(3)を経由する水準点Bまでの路線を示したものである。この路線で公共測量における水準測量を行い，表に示す観測結果を得た。再測する観測区間はどれか。

但し，往復観測値の較差の許容範囲は，Sを観測距離（片道，km単位）としたとき，$2.5mm\sqrt{S}$とする。なお，関数の数値が必要な場合は，巻末の関数表を使用すること。

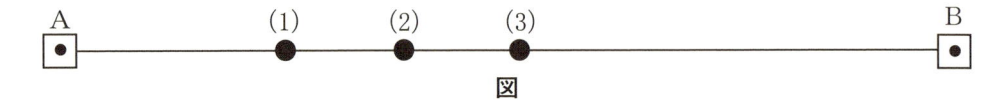

図

表

観測区間	観測距離	往路の観測高低差	復路の観測高低差
A～(1)	500m	－8.6387m	＋8.6401m
(1)～(2)	250m	－20.9434m	＋20.9448m
(2)～(3)	250m	－18.7857m	＋18.7848m
(3)～B	1,000m	＋0.2542m	－0.2526m

1．A～(1)
2．(1)～(2)
3．(2)～(3)
4．(3)～B
5．再測の必要はない

解答欄

問2

解答と解説はP.91

水準点AからBまでの間に固定点(1)，(2)，(3)を設置して往復の水準測量を実施し，表の結果を得た。往復観測値の較差の許容範囲を$2.5mm\sqrt{S}$（Sは観測距離，km単位）とするとき，最も適切な処置はどれか。

但し，往方向の観測は，水準点AからBとし，復方向の観測は，水準点BからAとする。なお，関数の数値が必要な場合は，巻末の関数表を使用すること。

1．①の路線を再測する。
2．②の路線を再測する。
3．③の路線を再測する。
4．④の路線を再測する。
5．再測は行わない。

表

路線番号	観測路線	観測距離	往方向の高低差	復方向の高低差
①	A～(1)	360m	＋1.3233m	－1.3246m
②	(1)～(2)	490m	－0.5851m	＋0.5834m
③	(2)～(3)	490m	＋0.3874m	－0.3879m
④	(3)～B	360m	＋0.0113m	－0.0097m

解答欄

5．①と②　（復）方向

第12日　点検計算（較差の許容範囲）　解答と解説

問1　往復観測値の較差の許容範囲

1．**水準測量**は，往復観測を原則とし，水準点及び固定点によって区分された区間の往復観測の較差が許容範囲内であれば，その平均値を最確値とする。

2．同一条件（同一精度の器械，等視準距離）で観測した場合，水準測量の誤差mは，路線距離をS〔km〕とすれば$\sqrt{S}$に比例する。1km当たりに生じる誤差をkとすれば，誤差$m=k\sqrt{S}$で表す。

表1　往復観測の較差の許容範囲（準則第65条）

区分 項目	1級水準測量	2級水準測量	3級水準測量	4級水準測量
往復観測値の較差	$2.5\text{mm}\sqrt{S}$	$5\text{mm}\sqrt{S}$	$10\text{mm}\sqrt{S}$	$20\text{mm}\sqrt{S}$
備　　考	\multicolumn{4}{c	}{Sは観測距離（片道，km単位）とする。}

3．各区間と全区間の往復差（往路値＋復路値）と較差の許容範囲（$2.5\text{mm}\sqrt{S}$）を計算する。往復差の絶対値が許容範囲内であればその区間は合格である。

4．$\sqrt{S}$の計算にあたっては，試験時配布の関数表（P223）は1～100までの平方根が与えられている。計算は次のように行う。なお，位を揃えるときは切り捨てる。

① $\sqrt{0.5}=\sqrt{50\times10^{-2}}=\sqrt{50}\times10^{-1}$，関数表より$\sqrt{50}=7.07107$，$\sqrt{50}/10=0.70711$，故に$2.5\sqrt{0.5}=1.7\text{mm}$となる。

② $\sqrt{0.25}=\sqrt{25\times10^{-2}}=5\times10^{-1}=0.5$，故に$2.5\sqrt{0.25}=1.2\text{mm}$となる。

5．往復差（往＋復）と許容範囲を求めると，表2のとおり。観測区間(1)～(2)が許容範囲を超えており再測する。

表2　較差の比較検討

観測区間	往復差(=往+復)	距離(=S)	許容範囲(=$2.5\sqrt{S}$)	判定
A～(1)	1.4mm	0.500km	1.7mm	○
(1)～(2)	1.4mm	0.250km	1.2mm	×
(2)～(3)	−0.9mm	0.250km	1.2mm	○
(3)～B	1.6mm	1.000km	2.5mm	○
A～B	3.5mm	2.000km	3.5mm	○

解答　2

問2 往復観測の点検

1. 各路線①～④ごとの往復観測値の較差（往＋復）と許容範囲を求めると，表3のとおり。なお，各路線の許容範囲（$2.5\text{mm}\sqrt{S}$, S：km単位）は，次のとおり。

   路線①，④　$2.5\text{mm}\sqrt{0.36} = 2.5\text{mm}\sqrt{36 \times 10^{-2}} = 2.5\text{mm} \times 6 \times 10^{-1} = 1.5\text{mm}$

   路線②，③　$2.5\text{mm}\sqrt{0.49} = 2.5\text{mm}\sqrt{49 \times 10^{-2}} = 2.5\text{mm} \times 7 \times 10^{-1} = 1.7\text{mm}$（切り捨て）

表3　較差の比較検討

路線番号	観測距離	往復観測値の較差（往＋復）	往復観測値の較差の許容範囲 $2.5\text{mm}\sqrt{S}$	判定
①	360m	−1.3mm	$2.5\text{mm} \times \sqrt{0.360} = 1.5\text{mm}$	○
②	490m	−1.7mm	$2.5\text{mm} \times \sqrt{0.490} = 1.7\text{mm}$	○
③	490m	−0.5mm	$2.5\text{mm} \times \sqrt{0.490} = 1.7\text{mm}$	○
④	360m	+1.6mm	$2.5\text{mm} \times \sqrt{0.360} = 1.5\text{mm}$	×

2. 路線④が許容範囲1.5mmを超えているので，再測する。

解答　4

⦿水準測量のまとめ

表4　準則による各種制限（総括表）

区分		1級水準測量	2級水準測量	3級水準測量	4級水準測量	簡易水準測量
レベル		1級レベル	2級レベル	3級レベル	3級レベル	3級レベル
標尺		1級標尺	1級標尺	2級標尺	2級標尺	箱尺
視準距離		最大50 m	最大60 m	最大70 m	最大70 m	最大80 m
読定単位		0.1 mm	1 mm	1 mm	1 mm	1 mm
往復観測値の較差		$2.5\text{ mm}\sqrt{S}$	$5\text{ mm}\sqrt{S}$	$10\text{ mm}\sqrt{S}$	$20\text{ mm}\sqrt{S}$	—
環閉合差		$2\text{ mm}\sqrt{S}$	$5\text{ mm}\sqrt{S}$	$10\text{ mm}\sqrt{S}$	$20\text{ mm}\sqrt{S}$	$40\text{ mm}\sqrt{S}$
既知点から既知点までの閉合差		$15\text{ mm}\sqrt{S}$	$15\text{ mm}\sqrt{S}$	$15\text{ mm}\sqrt{S}$	$25\text{ mm}\sqrt{S}$	$50\text{ mm}\sqrt{S}$
標尺の読定方法	気泡管レベル 自動レベル	後視小目盛→前視小目盛→前視大目盛→後視大目盛	後視小目盛→後視大目盛→前視小目盛→前視大目盛	後視→前視	後視→前視	後視→前視
	電子レベル	後視→前視→前視→後視	後視→後視→前視→前視			

問3 往復観測の点検

1. 各区間と全区間の往復差と許容範囲を求めると図1及び表4のとおり。各区間は1kmであるから、許容範囲は$2.5\text{mm}\sqrt{S}=2.5\text{mm}\times\sqrt{1}=2.5\text{mm}$である。全区間ＡＢと区間①，②で許容範囲を超えている。一方，ＡＢ間の高低差は2.000mであるから，往路にて−2.0003m，復路にて＋1.9945mであることから，復路の方が観測精度が低い。故に，区間①，②の復路方向を再測する。

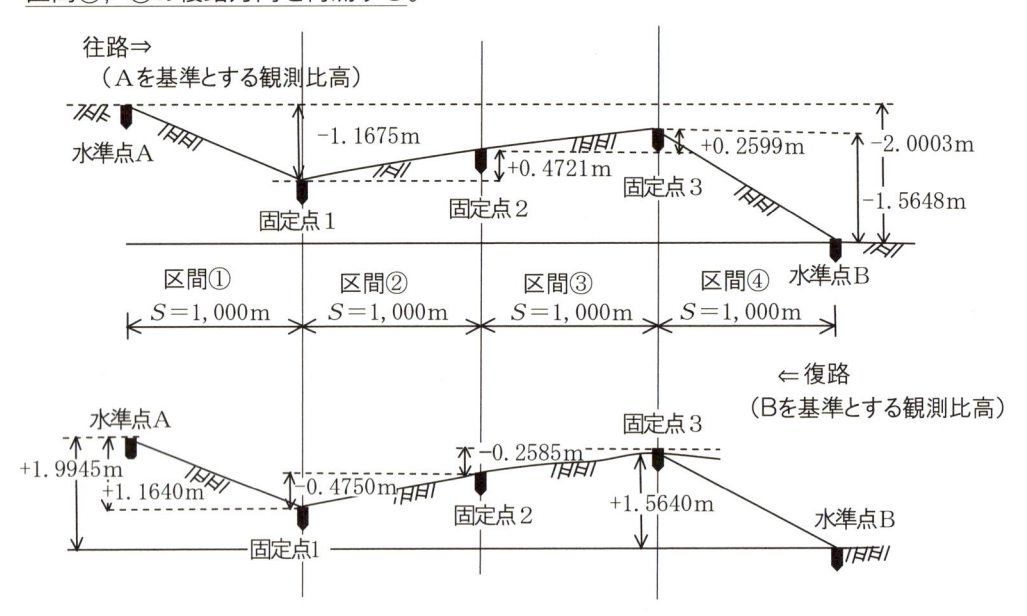

図1　往復観測の水準測量

表4　較差の比較検討

観測区間		①	②	③	④	全区間
高低差	（往）	−1.1675m	＋0.4721m	＋0.2599m	−1.5648m	−2.0003m
	（復）	＋1.1640m	−0.4750m	−0.2585m	＋1.5640m	＋1.9945m
往復差（往＋復）		−3.5mm	−2.9mm	1.4mm	−0.8mm	−5.8mm
許容範囲$2.5\text{mm}\sqrt{S}$		2.5mm	2.5mm	2.5mm	2.5mm	5.0mm
判定		×	×	○	○	×

解答 5

類似問題

図に示す路線の水準測量を行い，表の結果を得た。この水準測量の環閉合差の許容範囲（制限）を$2.5\sqrt{S}$ mm（Sは観測距離でkm単位）とするとき，再測すべき路線として適当なものはどれか。

但し，観測高低差は図中の矢印の方向に観測した値である。

路線番号	観測距離	観測高低差
(1)	5.0km	＋0.124 7m
(2)	5.0km	－1.385 6m
(3)	13.0km	－0.984 2m
(4)	9.0km	－2.781 3m
(5)	2.0km	＋4.124 1m
(6)	2.0km	－0.275 9m
(7)	10.0km	－3.181 5m

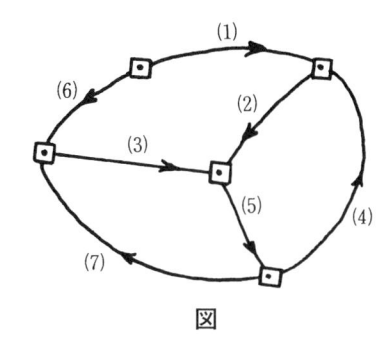

図

1．(1)と(2)　2．(3)　3．(4)　4．(5)　6．(6)と(7)

解答　4

1．水準路線のうち，出発点から終点へ併合し，環状になっている路線を**水準環**といい，2個以上の水準環が組み合わさってできた水準路線の全体を**水準網**という。

2．**環閉合差**の点検は，ある水準点を出発点とし，その水準点に帰着する水準路線の閉合差を求め，許容範囲が$2.5\sqrt{S}$ mm以内にあるかどうかを確認する。計算する方向と観測方向（矢印）が反対の場合，高低差の符号は負（－）となる。

表の結果から，路線(5)が含まれる水準路線が許容範囲を超えている。

表5　環閉合差

番号	水準路線	水準測量の環閉合差	距離	$2.5\sqrt{S}$	判定
1	(1)→(4)→(7)→(6)	0.124 7－(－2.781 3)＋(－3.181 5)－(－0.275 9)＝0.000 4m＝0.4mm	26.0km	12.7mm	○
2	(2)→(5)→(4)	－1.385 6＋4.124 1＋(－2.781 3)＝－0.042 8m＝－42.8mm	16.0km	10.0mm	×
3	(3)→(5)→(7)	－0.984 2＋4.124 1＋(－3.181 5)＝－0.041 6m＝－41.6mm	25.0km	12.5mm	×
4	(1)→(2)→(3)→(6)	0.124 7＋(－1.385 6)－(－0.984 2)－(－0.275 9)＝－0.000 8m＝－0.8mm	25.0km	12.5mm	○

参考資料1

●レベルの種類と特徴

1．チルチングレベル
① **チルチングレベル**（気泡管レベル）は，鉛直軸Vとは無関係に視準線Cを微動調整でき，円形水準器の気泡を整準ねじで水平に据え付けたのち，望遠鏡の主水準器の気泡を高低微動ねじによって中央に導けば，視準線が水平にできる。
② チルチングレベルは，気泡合致式になっており，プリズムによって水準器の両端を1つの面に映し出し，その両端部の気泡を一致させれば視準線が水平になる。気泡のずれ量は，実際の2倍となって表れている。

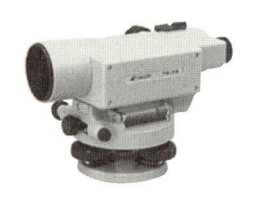

図1　チルチングレベル 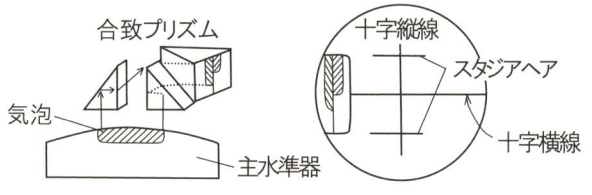　　　図2　合致式水準器

2．自動（オート）レベル
① **自動（オート）レベル**は，円形水準器の気泡を整準ねじで中央にもってくれば，**自動補正装置**（コンペンセータ）と揺れ止めの制動装置（ダンパ）によって，自動的に視準線が水平になる構造になっている。
② 自動補正装置は，プリズムが金属製の釣糸でつり下げられており，望遠鏡が傾いても対物レンズの光心を通る水平な視準線を十字線にとらえる。

図3　自動レベル 　　　図4　電子レベル

3．電子レベル
① **電子レベル**は，自動レベルとデジタルカメラを組み合せたもので，コンペンセータと高解像能力の電子画像処理機能を有している。電子レベル専用標尺（バーコード標尺）に刻まれたパターンを観測者の眼に代わり検出器（CCD，受光素子）で認識し，電子画像処理して電子レベル内の記憶されているパターンとの比較により高さ及び距離を自動的に算出する。

参考資料2

| 数学公式 | 観測値の軽重率と誤差（標準偏差） |

1. **軽重率**は，標準偏差の二乗に反比例する。測定値ℓ_1, ℓ_2, …ℓ_n，各測定値の標準偏差m_1, m_2, …m_nとすれば，軽重率p_1, p_2, …p_nは次のとおり。

$$p_1 : p_2 : \cdots : p_n = \frac{1}{m_1^2} : \frac{1}{m_2^2} : \cdots : \frac{1}{m_n^2} \qquad \cdots\cdots 式（1）$$

2. 水準測量において，各路線の測点数n_1, n_2, …n_n，各測点での標準偏差mとすれば，誤差の伝播の法則より，標準偏差は測定回数の平方根に比例するから，各路線の標準偏差は，測点数の平方根に比例し，次のように表される。

$$m\sqrt{n_1},\ m\sqrt{n_2},\ \cdots\cdots m\sqrt{n_n} \qquad \cdots\cdots ①$$

各路線の軽重率をp_1, p_2, …p_nとすれば，軽重率は標準偏差の二乗に反比例するから，

$$p_1 : p_2 : \cdots\cdots : p_n = \frac{1}{(m\sqrt{n_1})^2} : \frac{1}{(m\sqrt{n_2})^2} : \cdots\cdots : \frac{1}{(m\sqrt{n_n})^2}$$

$$= \frac{1}{m^2 n_1} : \frac{1}{m^2 n_2} : \cdots\cdots : \frac{1}{m^2 n_n}$$

$$= \frac{1}{n_1} : \frac{1}{n_2} : \cdots\cdots : \frac{1}{n_n} \qquad \cdots\cdots ②$$

各測点間の視準距離が等しいとすれば，測点数nは路線長に比例する。各路線長をS_1, S_2, …S_nとすれば，②式は次のとおり。

$$p_1 : p_2 : \cdots\cdots : p_n = \frac{1}{S_1} : \frac{1}{S_2} : \cdots\cdots : \frac{1}{S_n} \qquad \cdots\cdots 式（2）$$

以上より，水準測量の軽重率は，その路線長に反比例する。各路線長から軽重率を求めることができる。

3. 式（1）と式（2）より，次の関係が成り立つ。

$$p_1 : p_2 : \cdots\cdots : p_n = \frac{1}{m_1^2} : \frac{1}{m_2^2} : \cdots\cdots : \frac{1}{m_n^2} = \frac{1}{S_1} : \frac{1}{S_2} : \cdots\cdots : \frac{1}{S_n}$$

$$\therefore\ S_1 : S_2 : \cdots : S_n = m_1^2 : m_2^2 : \cdots\cdots : m_n^2 \qquad \cdots\cdots 式（3）$$

以上より，水準測量の誤差mは，$\sqrt{S}$に比例する。

4. 同一条件（同一精度の器械，等視準距離）で観測した場合，水準測量の誤差mは，路線距離をS〔km〕とすれば$\sqrt{S}$に比例する。1km当たりに生じる誤差をkとすれば，誤差$m = k\sqrt{S}$で表す。

表1　往復観測の較差の許容範囲（準則第65条）

項目＼区分	1級水準測量	2級水準測量	3級水準測量	4級水準測量
往復観測値の較差	2.5mm$\sqrt{S}$	5mm$\sqrt{S}$	10mm$\sqrt{S}$	20mm$\sqrt{S}$
備　考	Sは観測距離（片道，km単位）とする。			

第4章

地形測量（GISを含む）

地形測量のポイントは？

1. 地形測量及び写真測量とは，数値地形図データ（地形・地物等の位置・形状を表す座標データ，内容を表す属性データ）等を作成及び修正する作業をいい，地図編集を含むものとする。（準則第78条）。

    GIS（地理情報システム）とは，空間に関連づけられた自然・社会・経済などの地理情報を総合的に処理・管理・分析するシステムをいう。

2. 地形測量では，出題問題No1～No28の28問中，No13～No16に4問が出題される。写真測量の分野と一部重複するが，主な出題内容は次のとおり。

    ① 現地測量等地形測量の一般的事項
    ② TS，GNSS測量機を用いた細部測量
    ③ 等高線の図上計測，数値地形図
    ④ GIS（位相構造）

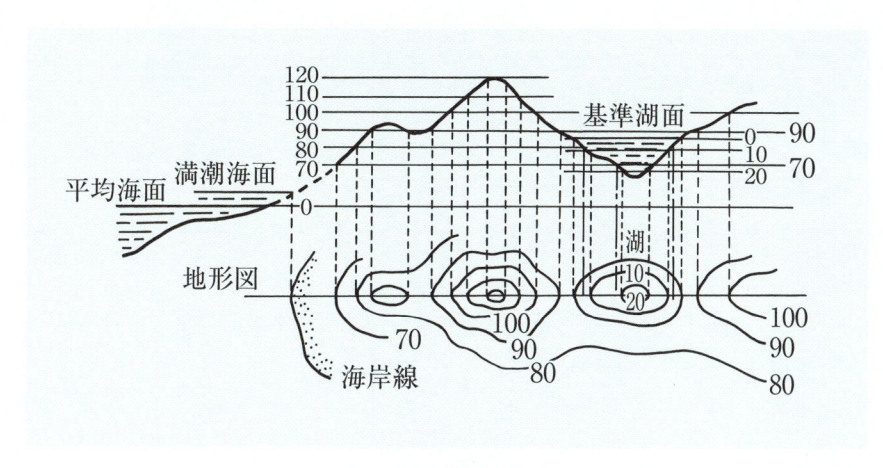

図　等高線

第13日 地形測量（現地測量） 目標時間20分

問1

次のa〜dの文は，公共測量における地形測量のうち，現地測量について述べたものである。 ア 〜 エ に入る語句の組合せとして最も適当なものはどれか。

a．現地測量とは，現地においてトータルステーションなどを用いて，地形，地物等を測定し， ア を作成する作業をいう。

b．現地測量により作成する ア の地図情報レベルは，原則として イ 以下とする。

c．現地測量は，4級基準点， ウ 又はこれと同等以上の精度を有する基準点に基づいて実施する。

d．細部測量の結果に基づいて数値編集を実施後，編集で生じた疑問事項，地物の表現の誤り及び脱落， エ 以降に生じた変化に関する事項などを現地において確認する補備測量を行う。

	ア	イ	ウ	エ
1．	数値地形図データ	1000	簡易水準点	現地調査
2．	数値地形図データ	1000	4級水準点	成果検定
3．	数値画像データ	1000	4級水準点	成果検定
4．	数値地形図データ	2500	4級水準点	現地調査
5．	数値画像データ	2500	簡易水準点	現地調査

問2

次の文は，公共測量における地形測量のうち，現地測量について述べたものである。明らかに間違っているものはどれか。

1．現地測量は，4級基準点，簡易水準点又はこれと同等以上の精度を有する基準点に基づいて実施するものとする。

2．現地測量により作成する数値地形図データの地図情報レベルは，原則として1000以下とし250，500及び1000を標準とする。

3．細部測量において，現地でデータ取得だけを行い，その後取り込んだデータコレクタ内のデータを図形編集装置に入力し，図形処理を行う方式をオフライン方式という。

4．数値編集における編集済データの論理的矛盾の点検は，目視点検により行い，点検プログラムは使用してはならない。

5．補備測量では，編集作業で生じた疑問事項及び重要な表現事項，編集困難な事項，現地調査以降に生じた変化に関する事項，境界及び注記，地物の表現の誤り及び脱落を現地において確認及び補備する。

問3

次の文は，地形測量について述べたものである。 ア ～ エ に入る語句の組合せとして最も適当なものはどれか。

　　ア の方法のうち，携帯型パーソナルコンピュータなどの図形処理機能を用いて，現地で図形表示しながら計測及び編集を行う方式を，オンライン方式といい，特に イ と電子平板を用いた方式が一般的である。これらの方法により得られたデータは，通常 ウ 形式であり，編集済データの端点の接続は， エ により点検することができる。

	ア	イ	ウ	エ
1.	同時調整	電子レベル	画像	電子基準点
2.	同時調整	トータルステーション	ベクタ	プログラム
3.	細部測量	電子レベル	ベクタ	電子基準点
4.	細部測量	トータルステーション	画像	電子基準点
5.	細部測量	トータルステーション	ベクタ	プログラム

問4

次の文は，トータルステーション（TS）による細部測量について述べたものである。間違っているものはどれか。

1. TSによる細部測量では，地形，地物などの状況により，基準点からの見通しが悪く測定が困難な場合，基準点から支距法によりTS点を設置し，TS点から測定を行うことができる。
2. TSによる細部測量において，地形は地性線及び標高値を測定し，図形編集装置によって等高線描画を行う。
3. TSによる細部測量で測定した地形，地物などの位置を表す数値データには，原則として，その属性を表すための分類コードを付与する。
4. TSによる細部測量では，地形，地物などの測定を行い，地名，建物などの名称のほか，取得したデータの結線のための情報などを取得する。
5. TSによる細部測量とRTK法を用いる細部測量とは，併用して実施できる。

第13日　地形測量（現地測量）　解答と解説

問1　現地測量

a．**現地測量**とは，現地においてTS等（トータルステーション，セオドライト，測距儀等）又はGNSS測量機を用いて，又は併用して地形・地物を測定し，数値地形図データを作成する作業をいう（準則第83条）。

　なお，**数値地形図データ**とは，地形・地物等に係る地図情報を位置，形状を表す座標データ，内容を表す属性データとして，計算処理が可能な形態で表現したものをいう（準則第78条）。

　現地測量の工程別作業区分及び順序は，次のとおり（準則第86条）。

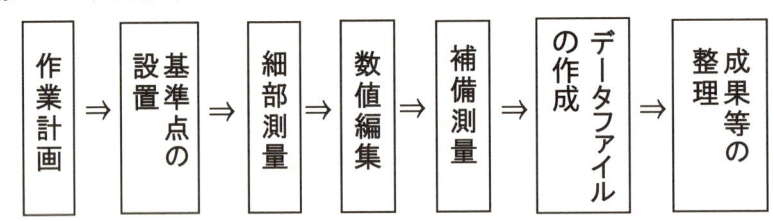

作業計画 ⇒ 基準点の設置 ⇒ 細部測量 ⇒ 数値編集 ⇒ 補備測量 ⇒ データファイルの作成 ⇒ 成果等の整理

　　ア　には数値地形図データが入る。

b．現地測量により作成する数値地形図データの地理情報レベルは，原則として1 000以下とし，250，500及び1 000を標準とする（準則第85条）。

　なお，**地図情報レベル**とは，数値地形図データの地図表現精度をいい，縮尺の分母数で表す。

　　イ　には1 000が入る。

表1　地図情報レベル・縮尺
（準則第80条）

地図情報レベル	地形図相当縮尺
250	1/250
500	1/500
1 000	1/1 000
2 500	1/2 500
5 000	1/5 000
10 000	1/10 000

c．現地測量は，4級基準点，簡易水準点又はこれと同等以上の精度を有する基準点に基づいて実施する（準則第84条）。

　　ウ　には簡易水準点が入る。

d．**補備測量**とは，編集作業で生じた疑問事項及び重要な表現事項，編集困難な事項，現地調査以降に生じた変化に関する事項，境界及び注記，各種表現対象物の表現の誤り及び脱落等を確認するために行う（準則第101条）。

　　エ　には現地調査が入る。

解答　1

問2 細部測量及び数値編集の点検

(1) **細部測量**とは，基準点又はTS点（補助基準点）に，TS等又はGNSS測量機を整置し，地形・地物等を測定し，数値地形図データを取得する作業をいう。細部測量における地上座標値はmm単位とし，次のいずれかの方法を用いる（準則第90条）。

① **オンライン方式**：携帯型パーソナルコンピュータ等の図形処理機能を用いて，図形表示しながら計測及び編集を現地で直接行う方式（電子平板方式を含む）。現地で概略の編集まで行う。

② **オフライン方式**：現地でデータ取得だけを行い，その後取り込んだデータコレクタ内のデータを図形編集装置に入力し，図形処理を行う方式。

(2) 数値編集の点検は，編集済データ及び出力図を用いてスクリーンモニター又は自動製図機等によるその出力図を用いて行う。編集済みデータの論理的矛盾等の点検は，点検プログラム等により行う（準則第100条）。

解答 4

⦿数値地形測量の概要

1. 準則第3編「**地形測量及び写真測量**」とは，数値地形図データ等を作成及び修正する作業をいう。準則の改訂により，デジタルマッピング（DM）データは数値地形図データ，デジタルオルソデータは写真地図に名称が変更され，従来の平板測量は標準的な作業方法から除外された。

2. **数値地形図データ**とは，地形・地物等に係る地図情報を位置・形状を表す座標データ，内容を表す属性データなど，計算処理が可能なデジタル形式で表現したものをいう（以上，準則第78条）。

3. 数値地形図データの地図情報は，測地座標で記録されているので縮尺の概念がない。縮尺に代って**地図情報レベル**が用いられる。縮尺との整合性を考慮して，同じ縮尺の分母数をもって地図情報レベルとする。

4. **地図情報レベル**とは，数値地形図データの地図表現精度を表し，数値地形図のデータの平均的な総合精度を示す指数をいう（準則第80条）。

問3 TS等による細部測量

(1) **図形編集装置（電子平板等）**は，パーソナルコンピュータにCADのソフトが組み込まれた装置で，座標変換，図形編集，地物の属性コード入力等の機能を備えた対話処理型の装置をいう。

TS（トータルステーション）等による細部測量は，放射法により行う。**電子平板方式**による測量データ処理とは，ノート型のペンコンピュータに，データ取得機能やCADの機能を組み込み，TS又はGNSSと組み合せて，オンライン方式で使用するシステムをいう。取得データはベクタ形式であり，データの結果を図形で確認でき，地物の属性情報も入力できる。

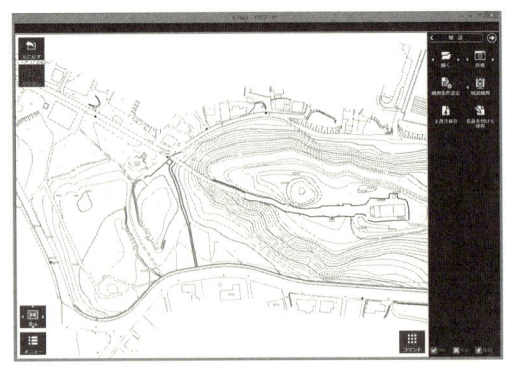

図1　電子平板

(2) 数値地形図データの形式には，ベクタデータとラスタデータがある。

① **ベクタデータ**は，図形の形状（地図情報）を点・線・面に分け，それぞれを座標と長さ・方向（ベクトル）の組合せで表現する方法で，座標位置で表される点の情報や線の情報及び属性情報を付与したデータである。TSやGNSSを用いた細部測量で得られるデータ及びデジタイザで得られるデータは，ベクタデータである。

② **ラスタデータ**は，図形を細かいメッシュ（網の目状）に分け，各区画（画素，ピクセル）に属性を1つ付与し，その情報が「ある，ない」を記録した数値データで表現する画像データをいう。メッシュ型のデータとしては，数値標高モデル（DEM）がある。スキャナで読み取るデータは，ラスタデータである。

以上より，ア に細部測量，イ にトータルステーション，ウ にベクタ，エ にプログラムが入る。

問4 TS点（補助基準点）と細部測量

(1) 地形・地物等の状況により，基準点にTS等又はGNSS測量機を整置して細部測量を行うことが困難な場合は，**TS点**（補助基準点）を設置する。TS点の設置は，次の方法により行う（準則第95～98条）。

① TS等を用いるTS点の設置（放射法）

② キネマティック法又はRTK法によるTS点の設置（放射法）

③ ネットワーク型RTK法によるTS点の設置（間接観測法，単点観測法）

なお，**放射法**は，基準点から求点の方向と距離を測定してTS点を求める。**支距法（オフセット法）** は，求点から本線への垂線（オフセット）の長さと本線距離によって求点の位置を求める。TS等を用いるTS点の設置は，4級基準点測量（2対回，読定単位20″）を準用することから放射法となる。

(2) TS等あるいはキネマティック法又はRTK法による地形・地物等の測定は，基準点又はTS点にTS等あるいはGNSS測量機を整置し，放射法により行う（準則第96・97条）。また，ネットワーク型RTK法による場合は，間接観測法又は単点観測法による（準則第98条）。TSによる細部測量とRTK法による細部測量とは，併用して実施できる。

(3) TS等による細部測量は，放射法によるのが一般的である。測量データ処理は，次のいずれかの方法を用いる。

① **オンライン方式**：携帯型パーソナルコンピュータ等の図形処理機能を用いて，図形表示しながら計測及び編集を現地で行う方式（電子平板方式を含む）。現地で概略の編集まで行う。

② **オフライン方式**：現地でデータ取得だけを行い，その後取り込んだデータコレクタ内のデータを図形編集装置に入力し，図形処理を行う方式。

解答 ▶ 1

⦿数値地形測量

数値地形測量は，地形・地物の変化点をコンピュータで扱えるデジタルデータ（数値地形図データ）で測定・取得し，数値地形図データファイル，地形図原図を作成する作業をいう。作業方法により図2のように分類される。

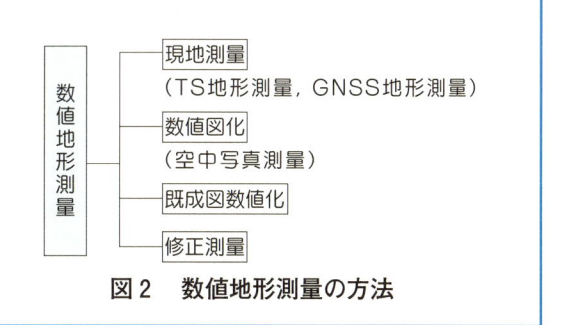

数値地形測量
- 現地測量（TS地形測量，GNSS地形測量）
- 数値図化（空中写真測量）
- 既成図数値化
- 修正測量

図2 数値地形測量の方法

第14日 等高線の測定，数値地形モデル　目標時間30分

問1

解答と解説はP.106

トータルステーションを用いた縮尺1/1 000の地形図作成において，傾斜が一定な直線道路上にある点Aの標高を測定したところ81.6mであった。一方，同じ直線道路上の点Bの標高は77.6mであり，点Aから点Bの水平距離は60mであった。

このとき，点Aから点Bを結ぶ直線道路とこれを横断する標高80mの等高線との交点は，地形図上で点Aから何cmの地点か。

1. 1.2cm
2. 2.4cm
3. 3.6cm
4. 4.8cm
5. 6.0cm

解答欄

問2

解答と解説はP.107

トータルステーションを用いた縮尺1/1 000の地形図作成において，標高50mの基準点から，ある道路上の点Aの観測を行ったところ，高低角30°，斜距離24mの観測結果が得られた。その後，点AにTSを設置し，点Aと同じ道路上にある点B（点Aから点Bを結ぶ道路は直線で傾斜は一定）を観測したところ，標高56m，水平距離18mの観測結果が得られた。

このとき，点Aから点Bを結ぶ直線道路とこれを横断する標高60mの等高線との交点は，この地形図上で点Bから何cmの地点か。

なお，関数の数値が必要な場合は，巻末の関数表を使用すること。

1. 0.2cm
2. 0.4cm
3. 0.6cm
4. 1.2cm
5. 2.4cm

解答欄

104　第4章　地形測量（GISを含む）

問3

解答と解説はP.108

次の文は，数値地形モデル（DTM）の特徴について述べたものである。明らかに間違っているものはどれか。

ただし，ここでDTMとは，等間隔の格子の代表点（格子点）の標高を表したデータとする。

1. DTMから地形の断面図を作成することができる。
2. DTMを用いて水害による浸水範囲のシミュレーションを行うことができる。
3. DTMの格子間隔が小さくなるほど詳細な地形を表現できる。
4. DTMは等高線データから作成することができないが，等高線データはDTMから作成することができる。
5. DTMを使って数値空中写真を正射変換し，正射投影画像を作成することができる。

解答欄

問4

解答と解説はP.109

次の文は，数値標高モデル（DEM）の特徴について述べたものである。間違っているものはどれか。但し，ここでDEMとは，等間隔の格子の代表点（格子点）の座標を表したデータとする。

1. DEMの格子点間隔が大きくなるほど詳細な地形を表現できる。
2. DEMは等高線から作成することができる。
3. DEMから二つの格子点間の視通を判断することができる。
4. DEMから二つの格子点間の傾斜角を計算することができる。
5. DEMを用いて水害による浸水範囲のシュミレーションを行うことができる。

解答欄

第14日 等高線の測定，数値地形モデル　解答と解説

問1　等高線の間接測定法

1. **等高線**は，同一標高点を連ねた線で，地形図の地ぼうを表現する。等高線と標高の関係は次のとおり。図1はab方向の断面図の作成を示したもので，直線abと等高線の交点から垂線を下ろし，等高線間隔から断面図が作成できる。

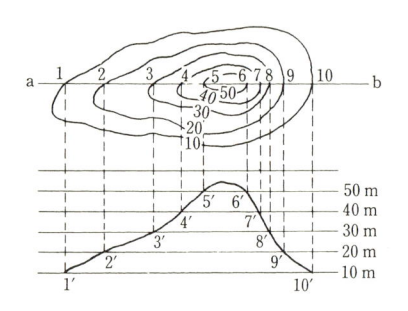

図1　断面図の作成

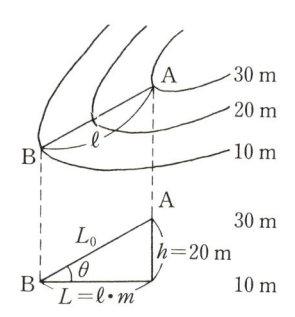

図2　距離の図上測定

2. AB上の等高線80mの地点をCとすると，図3より

$x : H_{AC} = L : H_{AB}$

$x = \dfrac{H_{AC}}{H_{AB}} \times L = \dfrac{1.6}{4.0} \times 60 = 2.4\text{m}$

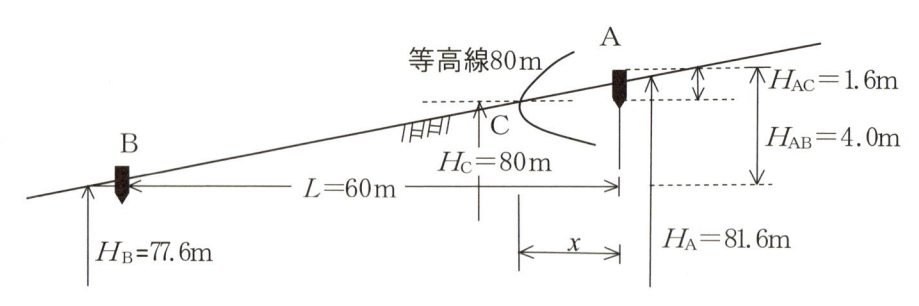

図3　等高線の測定

3. 1/1 000の図上では，24m/1 000＝0.024m＝2.4cm

解答　2

問2　等高線の測定

1. A点の標高をH_A，B点から等高線60mの地点をCとすると，

    $H_A＝50m＋24m×\sin 30°＝62m$

    $H_{AB}＝6m$，$H_{BC}＝4 m$，$H_{AB}：L＝H_{BC}：x$　より

    $x＝\dfrac{H_{BC}}{H_{AB}}×L＝\dfrac{4}{6}×18＝12m$

2. 1/1 000の図上では，12m/1 000＝0.012m＝<u>1.2cm</u>

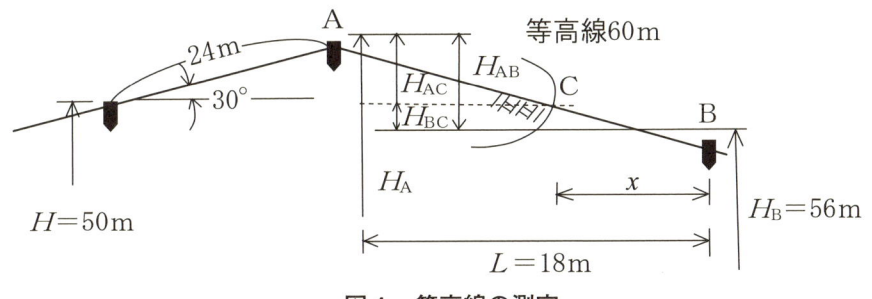

図4　等高線の測定

解答 4

⦿等高線・等深線の規定

等高線は，同一標高点を連ねた線で，地形図の地ぼうを表現する。等高線の基準となる曲線を**主曲線**といい，細い実線で表す。主曲線の数を読みやすくするため，主曲線を5本目ごとに太い実線で表した等高線を**計曲線**という。必要に応じて主曲線の1/2，1/4間隔の**補助曲線**を用いる。

表1　等高線・等深線

等高線の種類 縮尺	主曲線 細い実線	補助曲線 間曲線 細い破線	補助曲線 補助曲線 細い点線	計曲線 太い実線	備考
1/500	1 m	0.5 m	0.25 m	5 m	作業規定
1/1 000	1 m	0.5 m	0.25 m	5 m	作業規定
1/2 500	2 m	1 m	0.5 m	10 m	図式規定
1/5 000	5 m	2.5 m	1.25 m	25 m	図式規定
1/25 000	10 m	5 m	2.5 m	50 m	図式規定
1/50 000	20 m	10 m	5 m	100 m	図式規定

問3 数値地形モデル（DTM）

(1) 数値地形モデル（DTM）と数値標高モデル（DEM）は，同じ内容を表す。**数値地形モデル（DTM）**は，デジタルステレオ図化機を用いて空中写真測量等から得られる地表面の等高線の地形データである。**数値標高モデル（DEM）**は，航空レーザ測量から得られる格子状の標高データ（グリッドデータ）で，グリッドデータから等高線を作成する（準則第302条）。

(2) 数値地形モデルは，等高線データから作成でき，また等高線データはDTMから作成することができる。数値地形モデル又は数値標高モデルは，地盤面の地形のデジタル表現であり，景観や都市のモデリング，洪水・排水のモデリング等に用いられる。なお，植生や建築物などを含めたみかけの地形モデルを**数値表層モデル（DSM）**という。

解答 4

類似問題

次の文は，公共測量における航空レーザ測量について述べたものである。明らかに間違っているものはどれか。

1．航空レーザ測量では，航空機からレーザパルスを照射し，地表面や地物で反射して戻ってきたレーザパルスを解析し標高を求める。
2．航空レーザ測量システムは，GPS/IMU装置，レーザ測距装置及び解析ソフトウェアから構成される。
3．レーザパルスは，雲や霧，雨などを透過するため，天候に影響されずに航空レーザ測量を行うことができる。
4．航空レーザ測量システムにより取得したデータから，地表面以外のデータを取り除くフィルタリング処理を行うことにより，地表面の標高データを作成することができる。
5．航空レーザ計測では，航空機の位置をキネマティック法で求めるためのGNSS基準局として，電子基準点を用いることができる。

解答 3

計測条件は，風速約10m/s以下で，降雨，濃霧，雲がないこと。なお，航空レーザ測量は，非常に優れた地形計測技術であるが，得られる成果は，標高データ（グリッドデータ）である。搭載されるデジタル航空カメラは，点検用である。

問4 数値標高モデル（DEM）

(1) **航空レーザ測量**は，空中から地形・地物の標高を計測する技術である。航空レーザ測量システムは，航空機に搭載されたGNSS，IMU（慣性計測装置），レーザ測距儀，及び品質管理や写真地図作成のためのデジタル航空カメラが搭載される。

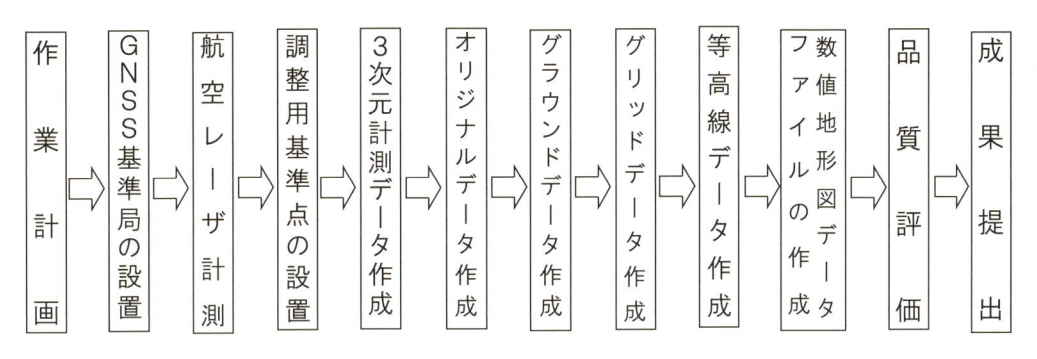

作業計画 ⇒ GNSS基準局の設置 ⇒ 航空レーザ計測 ⇒ 調整用基準点の設置 ⇒ 3次元計測データ作成 ⇒ オリジナルデータ作成 ⇒ グラウンドデータ作成 ⇒ グリッドデータ作成 ⇒ 等高線データ作成 ⇒ 数値地形図データファイルの作成 ⇒ 品質評価 ⇒ 成果提出

図5　航空レーザ測量の作業区分（準則第273条）

(2) **数値標高モデル**（DEM）は，航空レーザ測量から得られる格子状の標高データ（グリッドデータ）であり，対象区域を等間隔の格子（グリッド）に分割し，各格子点の平面位置と標高（X, Y, Z）を表したデータである。

(3) 図6に示すように，内挿補間法により格子4点から（X, Y, Z）を求めるため，格子間隔が大きくなると，Z_1, Z_2, Z_3の標高は失われ，詳細な地形の表現ができなくなる。

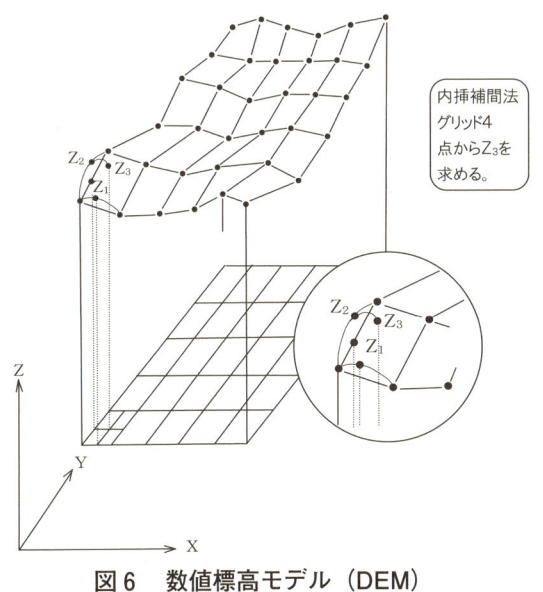

内挿補間法グリッド4点からZ_3を求める。

図6　数値標高モデル（DEM）　　　図7　DEM（立体図）

解答　1

第15日 GNSSを用いた細部測量　目標時間20分

問1

次のa〜cの文は，公共測量における地形測量のうち，GNSS測量機を用いた細部測量について述べたものである。ア〜オに入る語句の組合せとして最も適当なものはどれか。

a．キネマティック法又はRTK法によるTS点の設置は，　ア　により行い，観測は干渉測位方式により2セット行うものとする。1セット目の観測値を　イ　とし，観測終了後に再初期化をして，2セット目の観測を行い，2セット目を　ウ　とする。

b．キネマティック法又はRTK法によるTS点の設置で，GPS衛星のみで観測を行う場合，使用する衛星数は　エ　衛星以上とし，セット内の観測回数はFIX解を得てから10エポック以上を標準とする。

c．ネットワーク型RTK法によるTS点の設置は，間接観測法又は　オ　により行う。

	ア	イ	ウ	エ	オ
1.	放射法	参考値	採用値	5	直接観測法
2.	放射法	採用値	点検値	4	直接観測法
3.	交互法	参考値	採用値	4	直接観測法
4.	交互法	採用値	点検値	5	単点観測法
5.	放射法	採用値	点検値	5	単点観測法

問2

次の文は，公共測量における地形測量のうち，GNSS測量機を用いた細部測量について述べたものである。明らかに間違っているものはどれか。

1．既知点からの視通がなくても位置を求めることができる。
2．標高を求める場合は，ジオイド高を補正して求める。
3．霧や弱い雨にほとんど影響されずに観測することができる。
4．ネットワーク型RTK法による場合は，上空視界が確保できない場所でも観測することができる。
5．ネットワーク型RTK法の単点観測法では，1台のGNSS測量機で位置を求めることができる。

問3

次の文は，公共測量におけるRTK法による地形測量について述べたものである。明らかに間違っているものはどれか。

1. 最初に既知点と観測点間において，点検のため観測を2セット行い，セット間較差が許容制限内にあることを確認する。
2. 地形及び地物の観測は，放射法により2セット行い，観測には4衛星以上使用しなければならない。
3. 既知点と観測点間の視通が確保されていなくても観測は可能である。
4. 観測は霧や弱い雨にほとんど影響されず，行うことができる。
5. 小電力無線機などを利用して観測データを送受信することにより，基線解析がリアルタイムで行える。

問4

次の文は，トータルステーション又はGNSS測量機を用いた細部測量について述べたものである。間違っているものはどれか。

1. トータルステーションによる，地形・地物の測定は，放射法により行う。
2. 地形・地物などの状況により，基準点にトータルステーションを整置して細部測量を行うことが困難な場合は，TS点を設置することができる。
3. RTK観測では，霧や弱い雨にほとんど影響されずに観測を行うことができる。
4. RTK観測による，地形・地物の水平位置の測定は，基準点と観測点間の視通がなくても行うことができる。
5. ネットワーク型RTK法を用いる細部測量では，GNSS衛星からの電波が途絶えても，初期化の観測をせずに作業を続けることができる。

第15日 GNSSを用いた細部測量　解答と解説

問1　GNSS測量におけるTS点の設置

a．地形，地物等の状況により，基準点にTS等又はGNSS測量機を整置して細部測量を行うことが困難な場合は，**TS点**（補助基準点）を設置することができる（準則第91条）。

　キネマティック法又は**RTK法**によるTS点の設置は，基準点にGNSS測量機を整置し，放射法により行う。観測は，干渉測位方式により2セット行うものとする。1セット目の観測値を採用値とし，観測終了後に再初期化して，2セット目の観測を行い，2セット目を点検値とする（準則第93条）。

　ア に放射法が，イ に採用値が，ウ に点検値が入る。

b．キネマティック法又はRTK法によるTS点の設置において，観測の使用衛星数及び較差の許容範囲等は，表1を標準とする（準則第93条）。

　エ に5が入る。

表1　観測の使用衛星数・較差の許容範囲等（準則第93条）

使用衛星数	観測回数	データ取得間隔	許容範囲		備考
5衛星以上	FIX解を得てから10エポック以上	1秒（但し，キネマティック法は5秒以下）	ΔN ΔE	20mm	ΔN：水平面の南北方向のセット間較差 ΔE：水平面の東西方向のセット間較差
			ΔU	30mm	ΔU：水平面からの高さ方向のセット間較差 但し，平面直角座標値で比較することができる。
摘要	①GLONASS衛星を用いて観測する場合は，使用衛星数は6衛星以上とする。但し，GPS衛星及びGLONASS衛星を，それぞれ2衛星以上を用いること。				

c．**ネットワーク型RTK法**によるTS点の設置は，間接観測又は単点観測法により行うものとする。観測，使用衛星数及び較差の許容範囲等は，キネマティック法又はRTK法と同様とする（準則第94条）。

　オ に単点観測法が入る。

　なお，**間接観測法**は，固定点と移動点にGNSS測量機を据えて同時に観測し，移動点間の基線ベクトルを求める。**単点観測法**は，電子基準点を固定点とした放射法による観測をいう（P64参照）。

問2 GNSS観測を用いた細部測量

1. **GNSS観測**では，位置基準となる衛星からの電波を受信して幾何学的に相対位置を求めるため，同時に4個以上の衛星に対する上空視界が必要である。観測点間の視通は不要であるが，樹木などの障害物の下では測定できない。

2. GNSS測量で得られる高さは，GRS80楕円体表面からの高さ（**楕円体高 h**）であり，**標高 H** はジオイド面からの高さである。その差を**ジオイド高 N** とすれば，

   標高 H＝楕円体高 h－ジオイド高 N …式（4・1）

   標高を求める場合は，国土地理院が提供するジオイドモデル（ジオイドの起伏を再現したモデル）によりジオイド高を補正して求める（準則第97条）。

3. 豪雨，雪，雷では観測できないが，霧や弱い雨では観測は可能で天候の影響をほとんど受けない。

4. 上空視界が確保できないと観測はできない。

5. **ネットワーク型RTK法**は，電子基準点を固定点とした放射法による観測をいう。
   単点観測法では，観測点にのみ受信機を設置して観測できる。

   ① **間接観測法**：固定点と移動点にGNSS測量機を据えて同時に観測し，基線ベクトルの引き算をすることにより，移動点間のベクトルを求める観測。

   ② **単点観測点**：仮装点又は電子基準点を固定点として，配信事業者の補正データを利用した放射法による単独に測点の座標を求める観測。

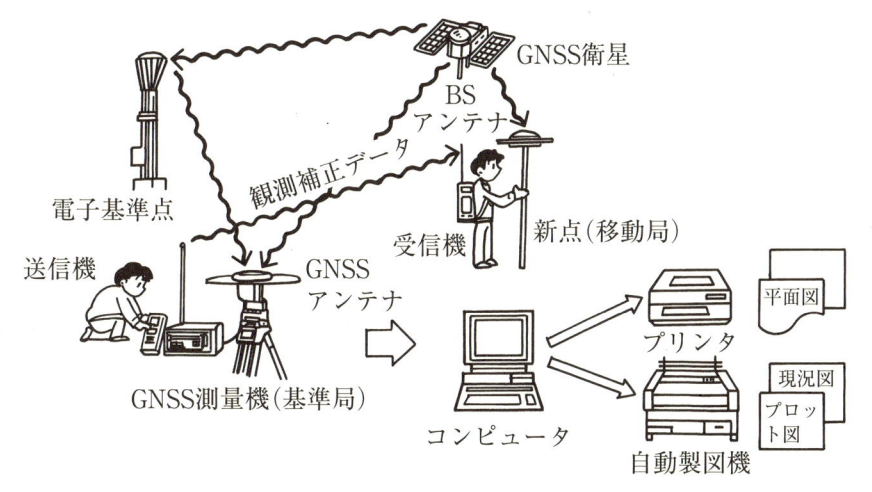

図1 ネットワーク型RTK法

問3 RTK法による地形測量

1．**RTK（リアルタイムキネマティック）法**は，基線解析を瞬時に行うため既知点（固定局）側で衛星からの受信電波を無線で観測点（移動局）に送り，移動局の観測データと合わせて基線ベクトルを求める。

　RTK法によるTS点の設置の観測は，基準点にGNSS機を整置し，放射法により行い，干渉測位方式で2セット行う。1セット目を観測値，2セット目を点検値とする。較差が許容範囲内にあることを確認する（準則第93条）。

2．キネマティック法又はRTK法による地形・地物等の測定は，基準点又はTS点にGNSS測量機を整置し，放射法により行う。観測は，干渉測位方式により1セット行い，使用衛星数は5衛星以上（P112，表1）とする（準則第97条）。

解答　2

類似問題

次の文は，公共測量における地形測量のうち細部測量について述べたものである。明らかに間違っているものはどれか。

1．細部測量とは，トータルステーション等又はGNSS測量機を用い，地形，地物等を測定し，数値地形図データを取得する作業である。
2．キネマティック法又はRTK法による地形，地物等の測定は，放射法により行う。
3．ネットワーク型RTK法によって地形，地物等の標高を求める場合は，国土地理院が提供するジオイドモデルによりジオイド高を補正して求める。
4．キネマティック法又はRTK法による地形，地物等の測定では，霧や弱い雨にはほとんど影響されずに観測を行うことができる。
5．キネマティック法又はRTK法による地形，地物等の測定において，GLONASS衛星を用いて観測する場合は，GPS衛星は使用しない。

解答　5

　GLONASS衛星を用いて観測する場合は，使用衛星数は6衛星以上とする。但し，GPS衛星及びGLONASS衛星を，それぞれ2衛星以上用いること（準則第97条）。

　なお，4については，GNSS測量は，空中写真撮影と同様に天候の影響を受ける。豪雨，雪，雷では観測できないが，霧や弱い雨では観測可能である。

問4 TS等とGNSS測量機の細部測量の比較

1．地形・地物等の測定は，基準点又はTS点（補助基準点）にTS等又はGNSS測量機を整置し，地形・地物等の水平位置及び必要に応じて標高を求める（準則第95条）。

2．地形・地物等の状況により，基準点にTS等又はGNSS測量機を整置して細部測量を行うことが困難な場合は，TS点（補助基準点）を設置することができる（準則第91条）。

3．RTK法等のGNSS測量は，天候にほとんど左右されない。弱い雨や霧の影響は受けないが，豪雨，雪，雷は影響を受ける。

4．上空視界（水平線より15°）が確保できれば，基準点と観測点間の視通がなくてもよい。

5．観測点を移動中に，障害物で衛星からの電波が遮られた場合，再初期化（整数値バイアスの確定）を行わなければならない。

解答 5

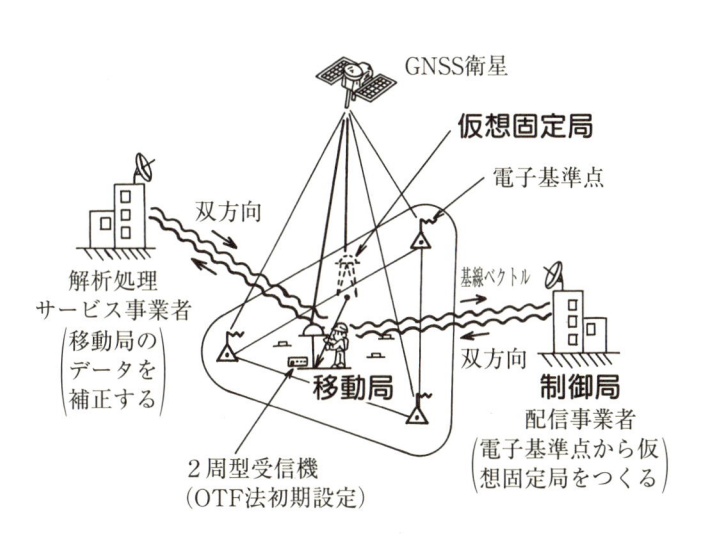

図2 ネットワーク型RTK法

第16日 GIS（地理空間情報）

目標時間20分

問1

解答と解説はP.118

図は，ある地域の交差点，道路中心線及び街区面のデータについて模式的に示したものである。この図において，P_1～P_7は交差点，L_1～L_9は道路中心線，S_1～S_3は街区面を表し，既にデータ取得されている。街区面とは，道路中心線に囲まれた領域をいう。この図において，P_1とP_7間に道路中心線L_{10}を新たに取得した。

次のa～eの文は，この後必要な作業内容について述べたものである。明らかに間違っているものだけの組合せはどれか。

a．道路中心線L_6，L_{10}，L_8により街区面を取得する。
b．道路中心線L_8，L_9，L_4，L_5により街区面を取得する。
c．道路中心線L_2，L_3，L_9，L_7により街区面を取得する。
d．道路中心線L_1，L_7，L_{10}により街区面を取得する。
e．道路中心線L_1，L_7，L_8，L_6により街区面を取得する。

1．a，b，c
2．a，c，d
3．a，d，e
4．b，c，e
5．b，d，e

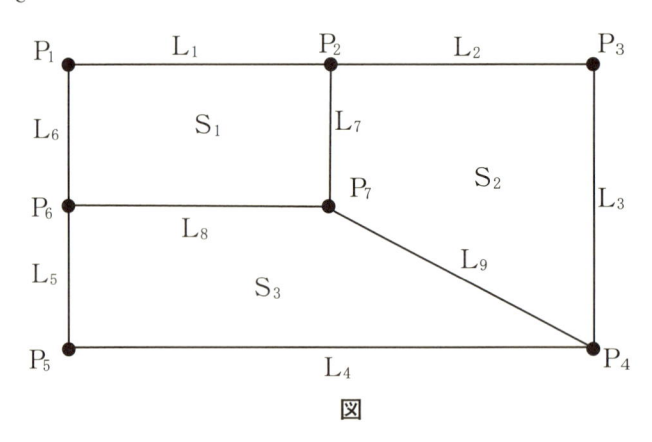

図

解答欄

問2

次の文は，交差点，道路中心線及び街区面の関係について述べたものである。間違っているものはどれか。

1．交差点A～Fのうち，道路中心線が奇数本接続する交差点の数は偶数である。
2．道路中心線L₁の終点（表1の ア ）はBである。
3．S₁を構成するL₂の方向（表2の イ ）は＋であり，S₂を構成するL₇の方向（表2の ウ ）は－である。
4．街区面S₁，S₂は，それぞれ4本の道路中心線から構成されている。
5．道路中心線L₂は，街区面S₁及びS₂を構成する道路中心線である。

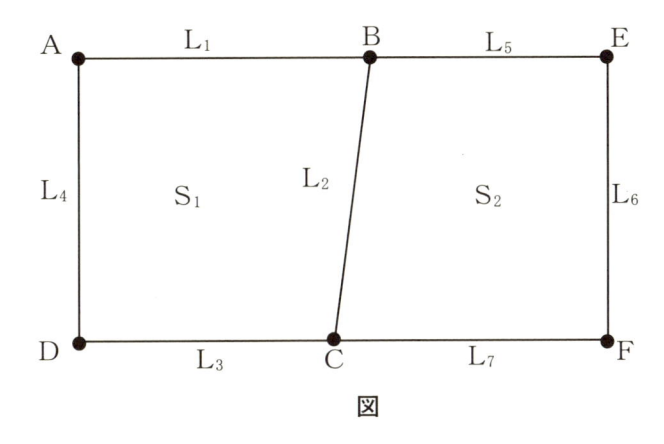

図

表1

道路中心線	始点	終点
L₁	A	ア
L₂	C	B
L₃	C	D
L₄	D	A
L₅	E	B
L₆	F	E
L₇	F	C

表2

街区画	道路中心線	方向
S₁	L₁	＋
S₁	L₂	イ
S₁	L₃	＋
S₁	L₄	＋
S₂	L₂	＋
S₂	L₅	－
S₂	L₆	－
S₂	L₇	ウ

第16日 GIS（地理空間情報） 解答と解説

問1 GIS（地理情報システム）

1. **地理情報システム**（GIS）は，空間の位置に関連づけられた自然・社会・経済などの地理情報を総合的に処理・管理・分析するシステムをいう。

2. 数値地形図データ（ベクタ型データ）では，**点情報**（ノードデータ），**線情報**（チェインデータ），**面情報**（ポリゴン）で位置情報を表す。設問の街区面S_1は，面を囲む点P_1，P_2，P_7，P_6と2点を結ぶL_1，L_7，L_8，L_6で構成される。線情報は$P_1 \rightarrow P_2$の時計回りを＋，面積はP_1，P_2，P_7，P_6の時計回りを＋とし，反時計回りを－とする。

3. P_1とP_7を結ぶ線L_{10}により，街区画S_1はS_{1-1}とS_{1-2}に分割される。街区面S_{1-1}は線情報L_1，L_7，L_{10}で，街区面S_{1-2}はL_6，L_{10}，L_8で与えられる。

4. aのL_6，L_{10}，L_8では，街区面S_{1-2}が取得される。同様にbでは街区面S_3，cでは街区面S_2，dでは街区面S_{1-1}，eでは旧街区面S_1（＝S_{1-1}＋S_{1-2}）が取得される。求める面情報は，S_{1-1}及びS_{1-2}であり，b，c，eでは求められない。

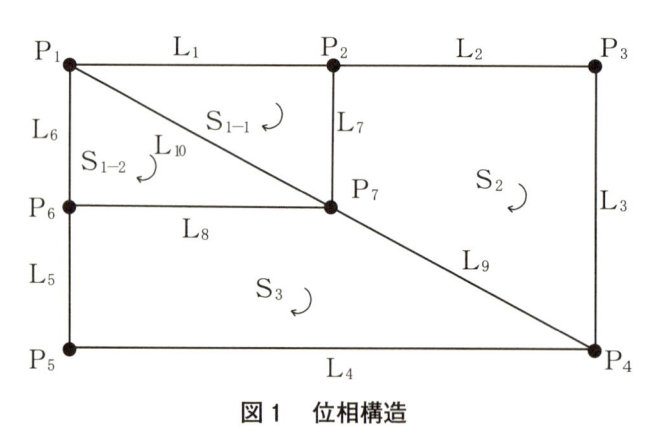

図1 位相構造

解答 ▶ 4

覚えよう!!

・GISでは，経路探索や面積計算等の空間分析を行う必要があり，図形間の位置関係（トポロジー情報）をコンピュータが認識できるように位相構造化する。
・ベクタ型データの要素を，ノード（点），チェイン（有効線分），ポリゴン（面）で表す。

問2 交差点，道路中心線，街区面の関係

1. 交差点A，B，C，D，E，Fの点情報を**ノード**という。路線中心線L_1，L_2，L_3，L_4，L_5，L_6，L_7の線情報を**チェイン**といい，始点と終点で表され，方向（ベクトル）を持ち時計回りを＋，反時計回りを－とする。中心線で囲まれたS_1，S_2の面情報を**ポリゴン**といい，時計回りを＋とする。

   交差点A～Fのうち，道路中心線が奇数本接続するのは，<u>BとCの2点（偶数）</u>である。

2. 表1は，道路中心線のチェインを示しており，それぞれのチェインは始点と終点で表す。

   道路中心線L_1は，始点A→終点Bの時計回りであるから，終点は<u>B点</u>となる。

   ｜ア｜には<u>B</u>が入る。

3. 街区S_1のポリゴンは，道路中心線L_1，L_2，L_3，L_4で構成されるが，表1よりL_1はノードA→Bで＋，L_2はC→BでB→Cにすると－，L_3はC→Dは＋，L_4はD→Aで＋となる。同様に街区S_2は，L_2，L_5，L_6，L_7で構造され道路中心線L_7の始点F→終点Cで表1より＋である。故に，｜イ｜には<u>－</u>が，｜ウ｜には<u>＋</u>が入る。図2に街区S_1，S_2を構成するチェイン方向を矢印で示す。

4. 街区S_1は，道路中心線L_1，L_2，L_3，L_4の4本のチェインで，街区S_2はL_5，L_6，L_7，L_2の4本で構成される。

5. 道路中心線L_2は，街区S_1とS_2を構成するチェインである。

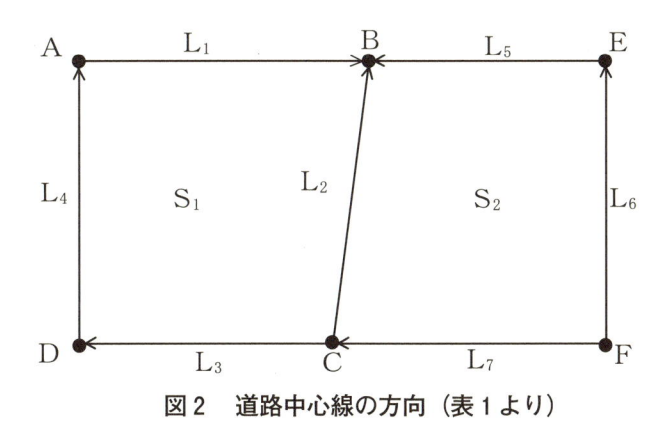

図2 道路中心線の方向（表1より）

解答 ▶ 3

参考資料1

⦿数値地形図データファイル

1．数値地形図データ等を作成するための測量方法は，図1に示す現地測量（TS地形測量，GNSS地形測量），空中写真測量（数値図化），既成図数値化（マップデジタイズ，MD），修正測量などで作成され，各種の地理情報を展開する基盤となる。

2．図1は，最終成果としての地図編集，写真地図作成の数値地形図データファイル取得方法を示す。数値地形図データファイルは，現時点のデータであり，経年変化に対応するためデータの更新（数値地形図修正測量）を行う。

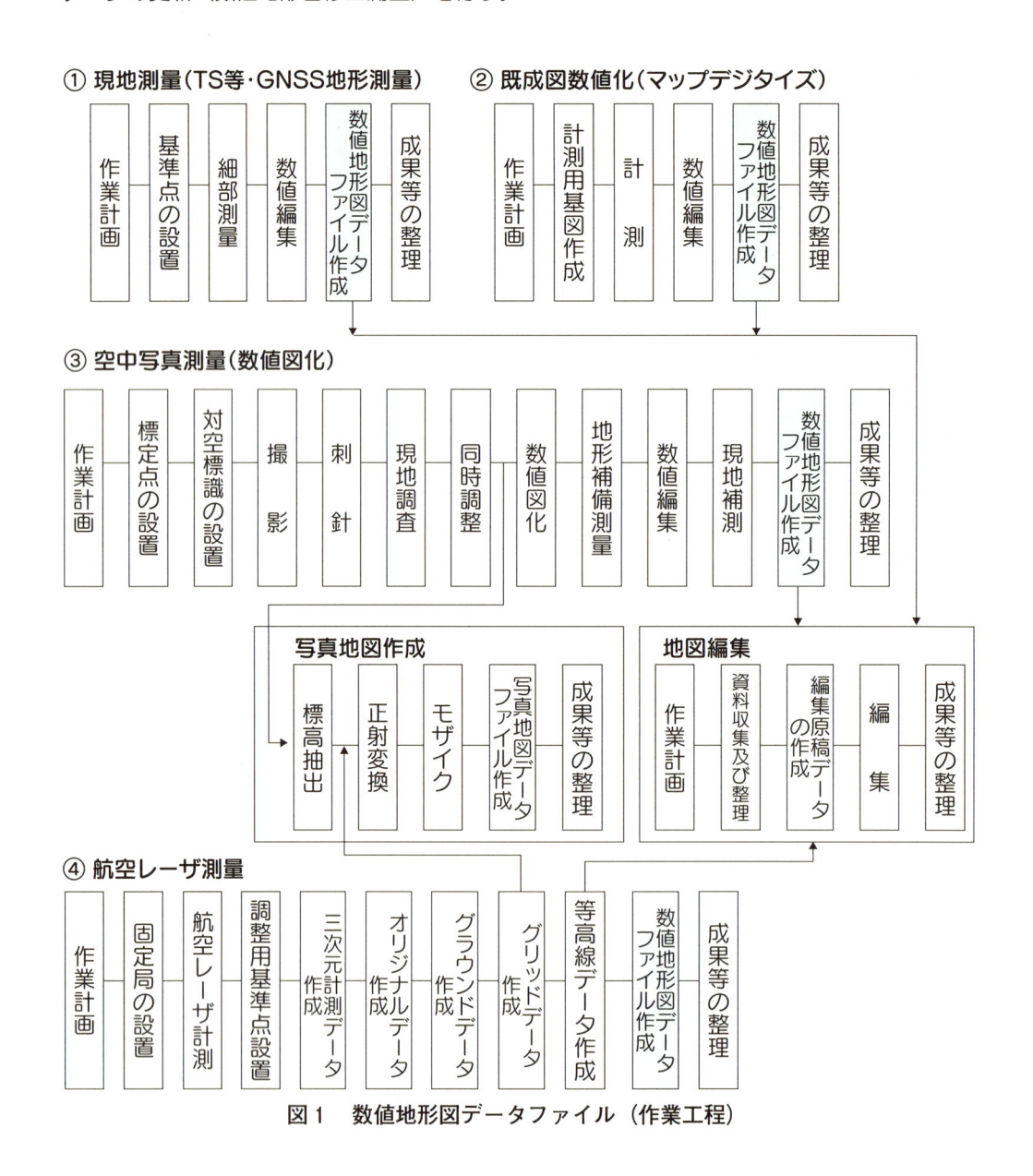

① 現地測量（TS等・GNSS地形測量）

作業計画 → 基準点の設置 → 細部測量 → 数値編集 → 数値地形図データファイル作成 → 成果等の整理

② 既成図数値化（マップデジタイズ）

作業計画 → 計測用基図作成 → 計測 → 数値編集 → 数値地形図データファイル作成 → 成果等の整理

③ 空中写真測量（数値図化）

作業計画 → 標定点の設置 → 対空標識の設置 → 撮影 → 刺針 → 現地調査 → 同時調整 → 数値図化 → 地形補備測量 → 数値編集 → 現地補測 → 数値地形図データファイル作成 → 成果等の整理

写真地図作成

標高抽出 → 正射変換 → モザイク → 写真地図データファイル作成 → 成果等の整理

地図編集

作業計画 → 資料収集及び整理 → 編集原稿データの作成 → 編集 → 成果等の整理

④ 航空レーザ測量

作業計画 → 固定局の設置 → 航空レーザ計測 → 調整用基準点設置 → 三次元計測データ作成 → オリジナルデータ作成 → グラウンドデータ作成 → グリッドデータ作成 → 等高線データ作成 → 数値地形図データファイル作成 → 成果等の整理

図1 数値地形図データファイル（作業工程）

第5章

空中写真測量

空中写真測量のポイントは？

1. 空中写真測量とは，空中写真（数値化された空中写真を含む）を用いて数値地形図データを作成する作業をいう。
2. 空中写真測量では，出題問題No 1～No28の28問中，No17～No20に4問が出題される。主な出題内容は次のとおり。
   ① 空中写真測量の作業工程（作業計画，航空カメラ等）
   ② 撮影計画（写真縮尺，オーバーラップ等）
   ③ 数値図化（パスポイント，タイポイント等）
   ④ 写真地図，航空レーザ測量

図　空中写真の撮影

第17日 空中写真測量の作業工程　目標時間20分

問1

図は，公共測量における，空中写真測量により数値地形図データを作成する場合の標準的な作業工程を示したものである。ア～オに入る語句の組合せとして最も適当なものはどれか。

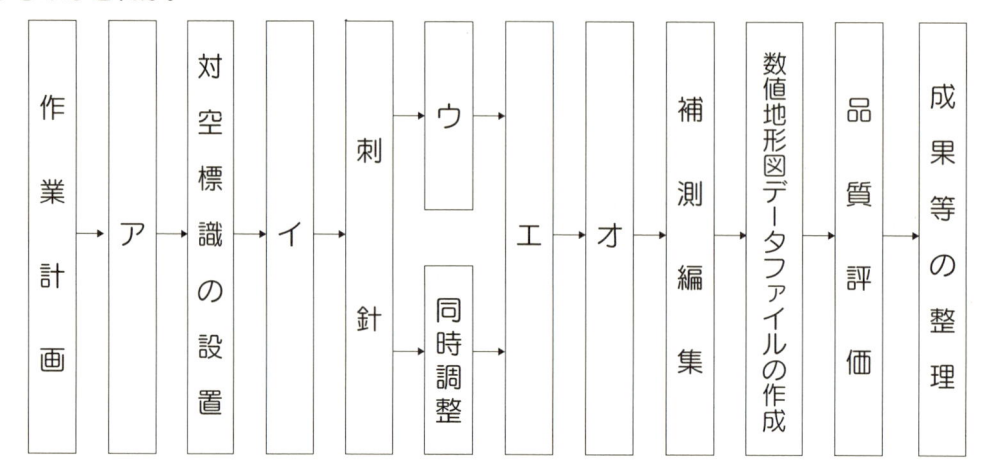

作業計画 → ア → 対空標識の設置 → イ → 刺針 → ウ / 同時調整 → エ → オ → 補測編集 → 数値地形図データファイルの作成 → 品質評価 → 成果等の整理

	ア	イ	ウ	エ	オ
1.	標定点の設置	撮影	現地調査	数値図化	数値編集
2.	標定点の設置	現地調査	撮影	数値地形モデルの作成	数値編集
3.	計測用基図作成	現地調査	撮影	数値地形モデルの作成	数値図化
4.	標定点の設置	撮影	現地調査	数値地形モデルの作成	数値図化
5.	計測用基図作成	撮影	現地調査	数値図化	数値編集

問2

次の文は，公共測量における対空標識の設置について述べたものである。明らかに間違っているものはどれか。

1. 対空標識は，あらかじめ土地の所有者又は管理者の許可を得て設置する。
2. 上空視界が得られない場合は，基準点から樹上等に偏心して設置することができる。
3. 対空標識の保全等のため，標識板上に測量計画機関名，測量作業機関名，保存期限などを標示する。
4. 対空標識のD型を建物の屋上に設置する場合は，建物の屋上にペンキで直接描く。
5. 対空標識は，他の測量に利用できるように撮影作業完了後も設置したまま保存する。

問3

次の文は，公共測量における数値地形図データを作成する際に使用するデジタル航空カメラについて述べたものである。正しいものはどれか。

1．デジタル航空カメラで撮影した画像は，画質の点検を行う必要はない。
2．GNSS/IMU装置を使った撮影では，必ず鉛直空中写真となる。
3．デジタル航空カメラで撮影した画像は，正射投影画像である。
4．デジタル航空カメラは，雲を透過して撮影できる。
5．デジタル航空カメラで撮影した画像は，空中写真用スキャナを使う必要はない。

問4

次の文は，公共測量における空中写真測量の各工程について述べたものである。明らかに間違っているものはどれか。

1．撮影した空中写真上で明瞭な構造物が観測できる場合，現地のその地物上で標定点測量を行い対空標識に代えることができる。
2．刺針は，基準点等の位置を現地において空中写真上に表示する作業で，設置した対空標識が空中写真上で明瞭に確認できない場合に行う。
3．デジタルステレオ図化機では，デジタル航空カメラで撮影したデジタル画像のみ使用できる。
4．アナログ図化機であっても座標読取装置が付いていれば数値図化に用いることができる。
5．標高点は，主要な山頂，道路の主要な分岐点，主な傾斜の変換点などに選定し，なるべく等密度に分布するように配置する。

第17日 空中写真測量の作業工程　解答と解説

問1 空中写真測量の工程別作業区分及び順序

(1) **空中写真測量**とは，空中写真を用いて数値地形図データを作成する作業をいい，空中写真測量により作成する数値地形図データの地図情報レベルは，500，1 000，2 000，5 000及び10 000を標準とする（準則第106・107条）。

(2) **工程別作業区分及び順序**は，次のとおり（準則第108条）。

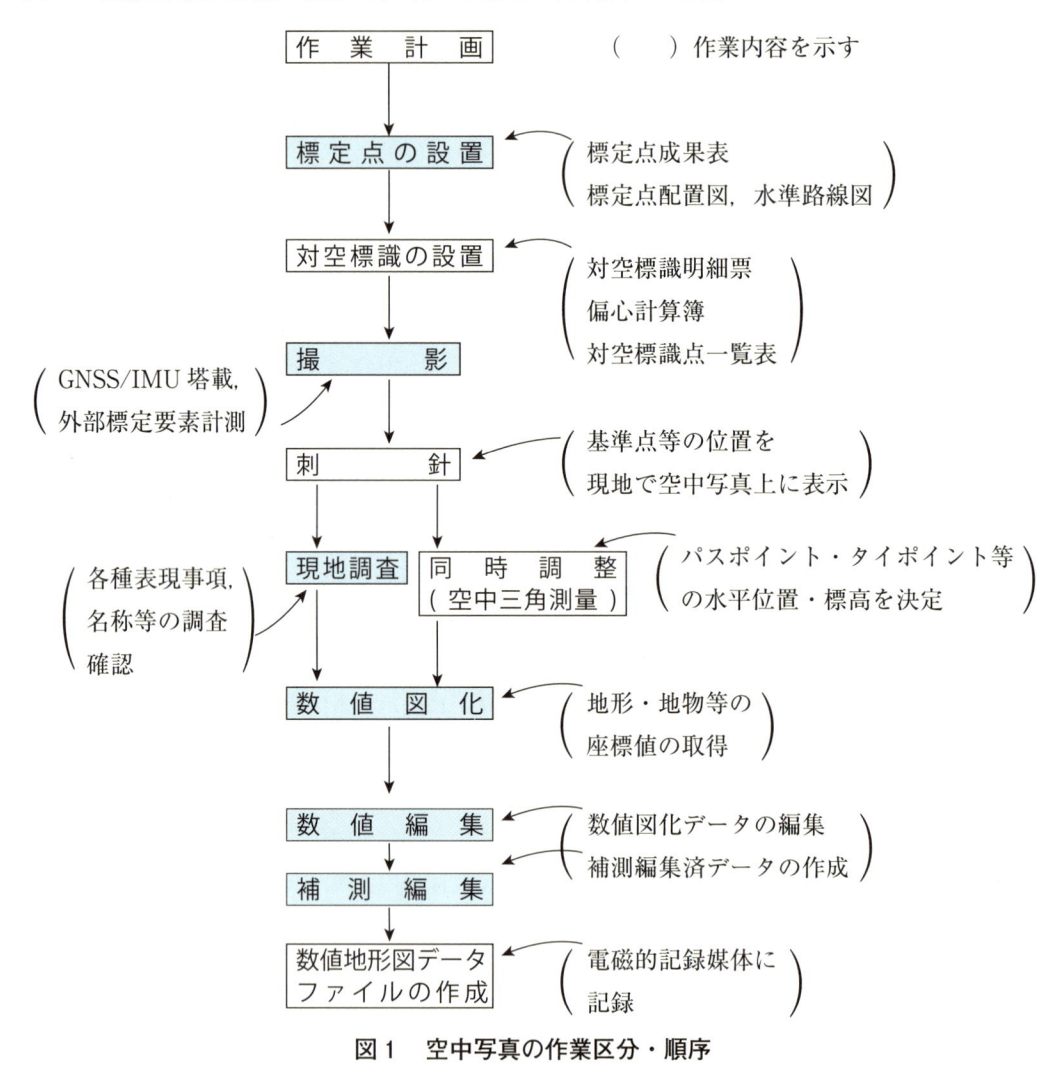

```
作 業 計 画            （　　）作業内容を示す
    ↓
標 定 点 の 設 置  ←（ 標定点成果表
                    標定点配置図，水準路線図 ）
    ↓
対空標識の設置     ←（ 対空標識明細票
                    偏心計算簿
                    対空標識点一覧表 ）
    ↓
撮    影    ←（ GNSS/IMU塔載，
               外部標定要素計測 ）
    ↓
刺    針    ←（ 基準点等の位置を
                現地で空中写真上に表示 ）
    ↓
現地調査　同時調整  ←（ パスポイント・タイポイント等
        （空中三角測量）   の水平位置・標高を決定 ）
（各種表現事項，
 名称等の調査
 確認）
    ↓
数 値 図 化  ←（ 地形・地物等の
                座標値の取得 ）
    ↓
数 値 編 集  ←（ 数値図化データの編集
補 測 編 集     補測編集済データの作成 ）
    ↓
数値地形図データ ←（ 電磁的記録媒体に
ファイルの作成      記録 ）
```

図1　空中写真の作業区分・順序

解答　1

問2 対空標識の設置

(1) **対空標識の設置**とは，同時調整（パスポイント，タイポイント等の水平位置及び標高の決定）において基準点，水準点，標定点等の写真座標を測定するため，基準点等に一時標識を設置する作業をいう（準則第114条）。

(2) 対空標識の設置にあたっては，次の事項に留意する（準則第115条）。

① 対空標識は，あらかじめ土地の所有者又は管理者の許可を得て，堅固に設置する。

② 対空標識の各端点において，天頂からおおむね45°以上の上空視界を確保する。

③ バックグランドの状態が良好な地点を選ぶ。

④ 樹上に設置する場合は，付近の樹冠より50cm程度高くする。

⑤ 対空標識の保全のため標識板上に測量計画機関名，作業機関名，保存期間などを標示する。

⑥ 設置した対空標識は，撮影作業完了後，速やかに現状を回復する。

(3) 対空標識の基本型は，A型（三枚羽根）及びB型（正方形）であるが，D型はコンクリート上のように他の形式で設置することができない場合に限って，ペンキで直接描くものをいう。

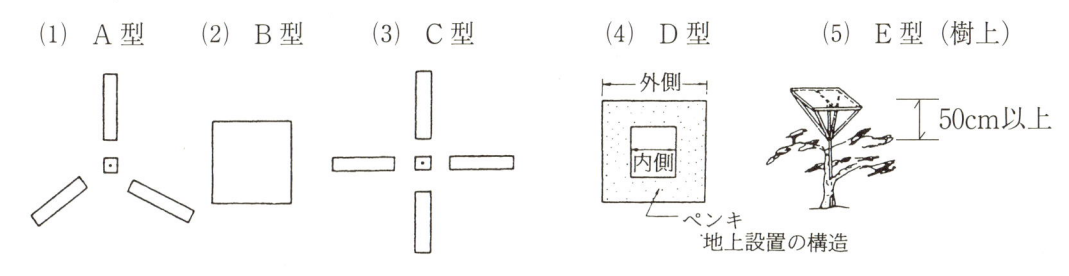

(1) A型　(2) B型　(3) C型　(4) D型　(5) E型（樹上）

図2　対空標識の形状（準則第115条）

表1　対空標識の規格（寸法）

地図情報レベル＼形状	A型，C型	B型，E型	D　型	厚さ
500	20cm×10cm	20cm×20cm	内側30cm・外側70cm	4mm〜5mm
1 000	30cm×10cm	30cm×30cm		
2 500	45cm×15cm	45cm×45cm	内側50cm・外側100cm	
5 000	90cm×30cm	90cm×90cm	内側100cm・外側200cm	
10 000	150cm×50cm	150cm×150cm	内側100cm・外側200cm	

解答　5

問3 デジタル航空カメラ

1. **航空カメラ**には，フィルム航空カメラとデジタル航空カメラがある。**デジタル航空カメラ**は，撮影した画像をデジタル信号として記録するもので，レンズから入った光を電気信号に変換する画像素子（CCD）と画像取得用センサーを搭載している。

    デジタル航空カメラでは，白黒用とカラー・近赤外用のレンズがそれぞれ4つずつの合計8つのレンズが装備され，4つの画像を合成し垂直写真となる。画質の点検は必要である。

2. **GNSS/IMU装置**は，航空カメラや航空レーザの装置位置を定めるもので，航空機搭載のGNSS測量機とIMU（慣性計測装置）を組み合せた装置である。カメラの光軸方向とは関係がない。鉛直空中写真とは限らない。

3. 航空カメラは，レンズを中心とした**中心投影**であり，地図のように各地点を真上から見た状態で投影した正射投影画像とはならない。

4. **撮影**は，原則として，撮影に適した時期で，気象が良好な時に行う（準則第126条）。
    ① 地表が積雪時，洪水時等の異常な状態でないとき
    ② 影及びハレーション等が比較的少ないとき
    ③ 大気の状態が安定していて煙霧，霞等の影響が比較的少ないとき
    ④ 雲及び雲の影が被写部分にほとんど入らないとき

5. デジタル航空カメラで撮影した写真はデジタル画像であり，フィルム航空カメラで撮影された空中写真を数値化するためのスキャナを使う必要はない。

解答 5

類似問題

次の文は，公共測量における空中写真測量で用いるGNSS/IMU装置について述べたものである。 ア ～ エ に入る語句の組合せとして適当なものはどれか。

空中写真測量とは，空中写真を用いて数値地形図データを作成する作業のことをいう。空中写真の撮影に際しては，GNSS/IMU装置を用いることができる。GNSSは，人工衛星を使用して ア を計測するシステムのうち， イ を対象とすることができるシステムであり，IMUは，慣性計測装置である。空中写真測量においてGNSS/IMU装置を用いた場合，GNSS測量機とIMUでカメラの ウ を，IMUでカメラの エ を

同時に観測することができる。これにより，空中写真の外部標定要素を得ることができ，後続作業の時間短縮や効率化につながる。

	ア	イ	ウ	エ
1．	現在位置	全地球	位置	傾き
2．	衛星位置	全地球	傾き	位置
3．	現在位置	日本	傾き	傾き
4．	現在位置	全地球	傾き	位置
5．	衛星位置	日本	位置	傾き

解答 1

問4 空中写真測量の各工程

1．対空標識の設置において，対空標識に代えることができる明瞭な構造物が観測できる場合，対空標識に代えることができる（準則第112条）。

2．**刺針**とは，同時調整において基準点等の写真座標を測定するため，基準点等の位置を現地において4倍以上に引き伸ばした空中写真上に表示する作業をいう。

　なお，刺針は，設置した対空標識が空中写真上に明瞭に確認することができない場合に行う（準則第153条）。

3．**デジタルステレオ図化機**とは，写真画像データを用いる座標計測システムをいい，画像計測・計算を行うコンピュータ本体，画像観測を行うグラフィック画面及び三次元座標位置計測を行う三次元計測機から成る。フィルム航空カメラで撮影した空中写真は，スキャナーで数値化することでデジタルステレオ図化機で処理することができる。

4．**数値図化**とは，空中写真及び同時調整（空中三角測量）等で得られた成果を使用し，デジタルステレオ図化機，解析図化機又は座標読取装置付アナログ図化機（以上数値図化機という）を用いて，ステレオモデルを構築し，地形・地物等の座標値を取得し，数値図形データを磁気媒体に記録する作業をいう（準則第172条）。

5．**標高点**は，主要な山頂，道路の主要な分岐点，河川の合流点，主な傾斜の変換点などを選定し，なるべく等密度に分布するように配置し，その密度は地図情報レベルに4cmを乗じた値を辺長とする格子に1点を標準とする（準則第182条）。

解答 3

第18日 撮影計画（写真縮尺，オーバーラップ等） 目標時間40分

問1

解答と解説はP.130

画面距離7cm，撮像面での素子寸法6μmのデジタル航空カメラを用いた，数値空中写真の撮影計画を作成した。このときの撮影基準面での地上画素寸法を18cmとした場合，撮影高度はいくらか。

但し，撮影基準面の標高は0mとする。

1. 1 500m
2. 1 700m
3. 1 900m
4. 2 100m
5. 2 300m

解答欄

問2

解答と解説はP.131

画面距離12cm，撮像面での素子寸法12μmのデジタル航空カメラを用いて，海面からの撮影高度2 500mで鉛直空中写真の撮影を行ったところ，一枚の数値空中写真の主点付近に画面の短辺と平行に橋が写っていた。この橋は標高100mの地点に水平に架けられており，画面上で長さを計測したところ1 250画素であった。

この橋の実長はいくらか。

1. 300m
2. 313m
3. 325m
4. 338m
5. 350m

解答欄

128　第5章　空中写真測量

問3

画面距離12㎝，撮像面での素子寸法12μm，画面の大きさ14 000画素×7 500画素のデジタル航空カメラを用いて，海面からの撮影高度2,400mで標高0mの平たんな地域の鉛直空中写真の撮影を行った。撮影基準面の標高を0mとし，撮影基線方向の隣接空中写真間の重複度が60％の場合，撮影基準面における撮影基線方向の重複の長さはいくらか。

但し，画面短辺が撮影基線と平行とする。

1. 540m
2. 900m
3. 1 080m
4. 1 200m
5. 1 440m

問4

画面距離12㎝，撮像面での素子寸法12μm，画面の大きさ14 000画素×7 500画素のデジタル航空カメラを用いて，海面からの撮影高度3 000mで鉛直空中写真の撮影を行った。撮影基準面の標高を0mとすると，撮影基準面での地上画素寸法はいくらか。

1. 30㎝
2. 36㎝
3. 42㎝
4. 50㎝
5. 56㎝

第18日 撮影計画（写真縮尺，オーバーラップ等） 解答と解説

問1 対地高度

1．図1に示すとおり地上AB（距離L）が写真上にab（距離ℓ）として投影されている場合，写真縮尺M_bは次のとおり。

$$\left. \begin{array}{l} \text{写真縮尺} \quad M_b = \dfrac{ab}{AB} = \dfrac{\ell}{L} = \dfrac{f}{H} = \dfrac{1}{m_b} \\[6pt] \qquad\qquad M_b = \dfrac{\text{素子寸法}\Delta\ell}{\text{地上画素寸法}\Delta L} = \dfrac{1}{m_b} \end{array} \right\} \quad \cdots\cdots 式（5・1）$$

対地高度　$H = f \cdot m_b$

但し，H：対地高度
　　　f：カメラの焦点距離（画面距離）
　　　$1/m_b$：基準面における写真縮尺

① フィルム航空カメラを用いる場合，対地高度は撮影縮尺，画面距離から求める。
② デジタル航空カメラを用いる場合，対地高度は地上画素寸法，**素子寸法**及び画面距離から求める。
③ 撮影高度は，対地高度に撮影区域内の撮影基準面高を加えたものとする。

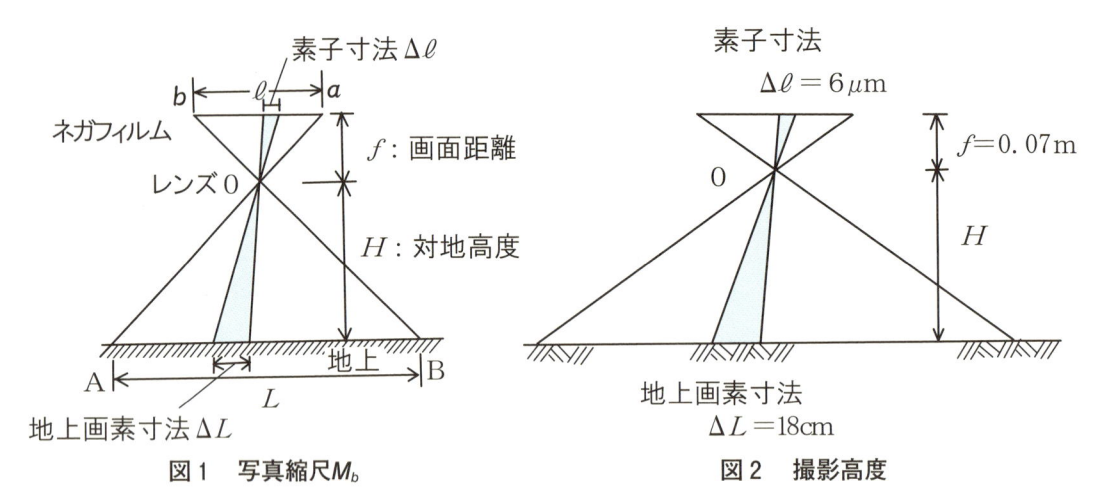

図1　写真縮尺M_b　　　　図2　撮影高度

2．式（5・1）より，

$\dfrac{f}{H} = \dfrac{\Delta\ell}{\Delta L}$　より　$H = \dfrac{\Delta L}{\Delta\ell} f$

$\Delta L = 18\text{cm} = 18\times10^{-2}\text{m}$，$\Delta\ell = 6\mu\text{m} = 6\times10^{-6}\text{m}$，$f = 0.07\text{m} = 7\times10^{-2}\text{m}$を代入すると

撮影高度　$H = \dfrac{18\times10^{-2}}{6\times10^{-6}} \times 7\times10^{-2} = \underline{2\,100\text{m}}$

解答 ▶ 4

問2 画素（素子）の大きさ

1. 画像は，点（dot）の集合であり，点を**受光素子**（CCD）又は**画素**（ピクセル）といい，素子寸法は7〜12μmである。1インチ当たりのドット数が大きいほど解像度（キメの細かさ）は高い。

   1画素の大きさ（素子寸法）が12μmのデジタルカメラの1 250画素の長さℓは，$\ell = 12\mu m \times 1\,250$画素$= 12 \times 10^{-6}m \times 1\,250 = 15 \times 10^{-3}m = 15mm$となる。

   式(1)より，橋の実長Lは

   $$\frac{f}{H-h} = \frac{\ell}{L}, \quad \frac{0.12}{2\,500-100} = \frac{15 \times 10^{-3}}{L}$$

   ∴ $L = \underline{300m}$

解答 ▶ 1

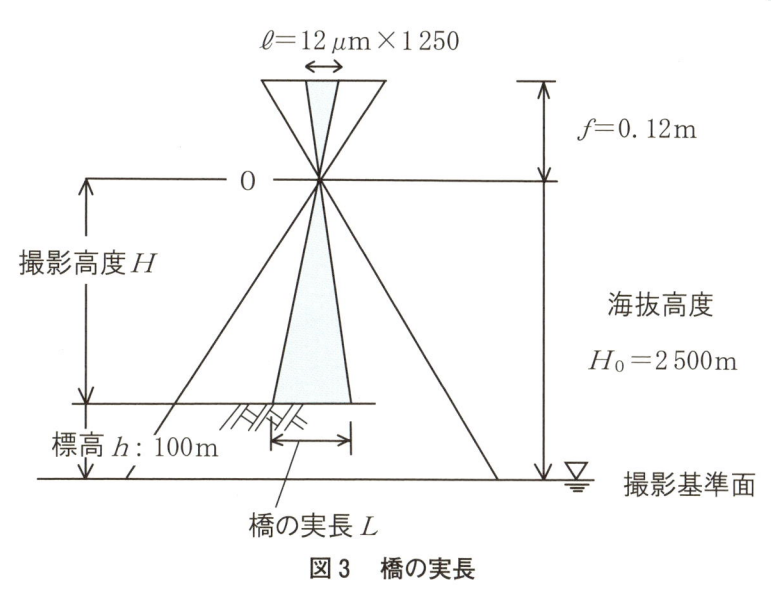

図3　橋の実長

⦿画素（ピクセル）

画素（ピクセル）とは，対象物を識別し得る最小の単位をいい，dpi（dot per inch，解像度）で表す。1/20 000の空中写真を300dpiの解像度で数値化する場合，1インチ（2.54mm）に300画素含まれるから，空中写真の1画素当たりの素子寸法2.54mm÷300＝0.008 466mmとなる。これに対応する地表の範囲の一辺の大きさは0.008 466mm×20 000＝169.4cmとなり，約1.7mの物が識別できる。これを**地上画素寸法**という。

問3 オーバーラップ（重複度）

1. 航空機から地上を撮影するとき，連続する写真は必ず重複して撮影されなければならない。隣り合う写真との重複度をオーバーラップといい，60%を原則とする。

$$\text{オーバーラップ}P = \frac{S-B}{S} \times 100 \quad \cdots\cdots 式(5\cdot2)$$

　但し，S：1枚の写真に写る地上の範囲（$S = a \cdot m_b$，a：画面枠）

　　　B：撮影基線長　$B = a \cdot m_b \left(1 - \frac{p}{100}\right)$

2. 写真縮尺は，$f = 0.12\text{m}$，$H = 2\,400\text{m}$より

$$\text{写真縮尺}M_b = \frac{f}{H} = \frac{0.12}{2\,400} = \frac{1}{20\,000} \quad (m_b = 20\,000)$$

1枚の写真に写る地上の範囲Sは，画面枠aが7 500画素であるから，

7 500画素 × 12μm = 7 500 × 12 × 10⁻⁶m = 0.09m

$S = a \cdot m_b = $ 7 500画素 × 12μm × 20 000 = 7 500 × 12 × 10⁻⁶m × 20 000 = 1 800m

重複の長さ = 0.6 × S = 0.6 × 1 800m = <u>1 080m</u>

なお，撮影基線長$B = a \cdot m_b \left(1 - \frac{p}{100}\right) = 0.09 \times 20\,000 \left(1 - \frac{60}{100}\right) = 720\text{m}$である。

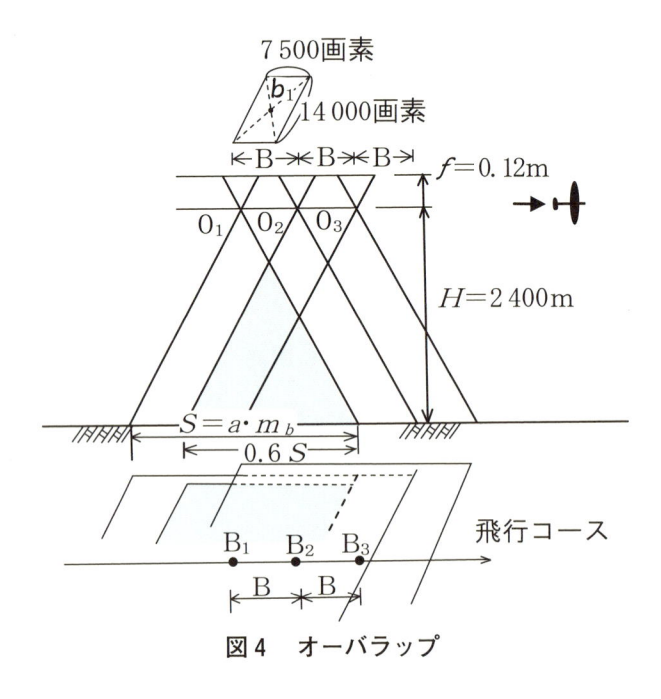

図4　オーバラップ

類似問題

次の文は，デジタル航空カメラで鉛直方向に撮影された空中写真の撮影基線長を求める過程について述べたものである。

ア～エ に入る数値として最も適当なものはどれか。

画面距離12cm，撮像面での素子寸法12μm，画面の大きさ12 500画素×7 500画素のデジタル航空カメラを用いて撮影する。このとき，画面の大きさをcm単位で表すと ア cm× イ cmである。

デジタル航空カメラは，撮影コース数を少なくするため，画面短辺が航空機の進行方向に平行となるように設置されているので，撮影基線長方向の画面サイズは イ cmである。

撮影高度2 050m，隣接空中写真間の重複度60%で標高50mの平たんな土地の空中写真を撮影した場合，対地高度は ウ mであるから，撮影基線長は エ mとなる。

	ア	イ	ウ	エ
1.	9	15	2 000	1 000
2.	9	15	2 050	1 025
3.	15	9	2 000	600
4.	15	9	2 000	615
5.	15	9	2 050	615

解答 3

ア，イ について，1画素12μm＝$12×10^{-6}$m，12 500画素＝$12×10^{-6}×12 500$＝0.15m＝15cm，同様に7 500画素＝$12×10^{-6}×7 500$＝0.09m＝9cm

故に，画面の大きさ15cm×9cm

ウ について，対地高度H＝2 050－50＝2 000m

エ について，写真縮尺M_b＝f/H＝0.12／2 000＝1／16 670より

撮影基線長$B = a \cdot m_b \left(1 - \dfrac{p}{100}\right) = 9 × 16 670 \left(1 - \dfrac{60}{100}\right) ≒ 600$m

問4 地上画素寸法

1. 式（5・1）より，f＝0.12cm，H_0＝3 000mを代入すると

$$M_b = \dfrac{f}{H_0} = \dfrac{素子寸法\Delta\ell}{地上画素寸法\Delta L} = \dfrac{0.12}{3\,000} = \dfrac{1}{25\,000}$$

地上画素寸法$\Delta L = \Delta\ell × 25\,000$

　　　　　　　　＝12μm×25 000＝$12×10^{-6}$m×25 000＝0.3m＝30cm

解答 1

第19日 数値図化（パスポイント，タイポイント） 目標時間20分

問1

解答と解説はP.136

次の文は，同時調整におけるパスポイント及びタイポイントについて述べたものである。間違っているものはどれか。

1．パスポイントは，撮影コース方向の写真の接続を行うために用いられる。
2．パスポイントは，各写真の主点付近及び主点基線に直角な両方向の，計3箇所以上に配置する。
3．タイポイントは，隣接する撮影コース間の接続を行うために用いられる。
4．タイポイントは，撮影コース方向に直線上に等間隔で並ぶように配置する。
5．タイポイントは，パスポイントで兼ねて配置することができる。

解答欄

問2

解答と解説はP.137

次のa〜dの文は，デジタルステレオ図化機の特徴について述べたものである。明らかに間違っているものは幾つあるか。

a．デジタルステレオ図化機では，デジタル航空カメラで撮影したデジタル画像のみ使用できる。
b．デジタルステレオ図化機では，数値地形モデルを作成することができる。
c．デジタルステレオ図化機では，外部標定要素を用いた同時調整を行うことができる。
d．デジタルステレオ図化機では，ステレオ視装置を介してステレオモデルを表示することができる。

1．0（間違っているものは1つもない。）
2．1つ
3．2つ
4．3つ
5．4つ

解答欄

問3

次の文は，公共測量における空中写真測量による図化について述べたものである。明らかに間違っているものはどれか。

1. 各モデル図化範囲は，原則として，パスポイントで囲まれた区域内でなければならない。
2. 等高線の図化は，高さを固定しメスマークを常に接地させながら行うが，道路縁の図化は，高さを調整しながらメスマークを常に接地させて行う。
3. 陰影，ハレーションなどの障害により図化できない箇所が有る場合は，その部分の空中三角測量を再度実施しなければならない。
4. 標高点の測定は2回行い，測定値の較差が許容範囲を超える場合は，更に1回の測定を行い，3回の測定値の平均値を採用する。
5. 傾斜が緩やかな地形において，計曲線及び主曲線では地形を適切に表現できない場合は，補助曲線を取得する。

問4

次の文は，一般的な空中三角測量について述べたものである。明らかに間違っているものはどれか。

1. パスポイントは，撮影コース方向の写真の接続を行うために用いる点である。
2. タイポイントは，隣接する撮影コース間の接続を行うために用いる点である。
3. パスポイントは，付近がなるべく平たんで連続する3枚の空中写真上で実体視ができる明りょうな位置に選定する。
4. ブロック調整においては，タイポイントがコース方向に一直線に並ぶように配置する。
5. タイポイントは，パスポイントで兼ねることができる。

第19日 数値図化(パスポイント,タイポイント) 解答と解説

問1 パスポイント，タイポイントの配置

(1) **同時調整**とは，デジタルステレオ図化機を用いて，空中三角測量により，パスポイント，タイポイント，標定点の写真座標を測定し，標定点成果及びGNSS/IMU装置により撮影時に得られた外部標定要素を統合して調整計算を行い，各写真の外部標定要素の成果値，パスポイント，タイポイント等水平位置及び標高を決定する作業をいう（準則第157条）。

(2) なお，**標定**とは，数値図化機において空中写真のステレオモデルを構築し，地上座標系と結合させる作業をいう。視差を消去し写真座標からモデル座標へ変換する**相互標定**，隣り合うモデル同士を関係づけ統一したコース座標を作成する**接続座標**がある。

(3) パスポイント及びタイポイントの選定は，連結する各写真上の座標が正確に測定できる地点に配置し，その位置はデジタルステレオ図化機を用いて記録する（準則第160条）。

① **パスポイント**は，主点付近及び主点基線に直角な等距離の両方向の3箇所以上に配置する。

② **タイポイント**は，隣接コースと重複している部分で，直線上にならないよう<u>ジグザグに配置</u>する。配置は，1モデルに1点とし，パスポイントで兼ねて配置することができる。

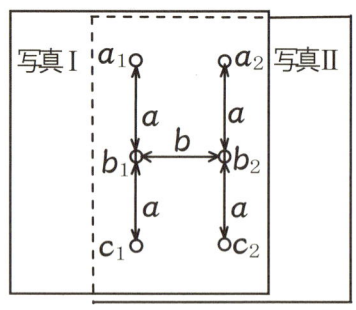

a_1, a_2, b_1, b_2, c_1, c_2……パスポイント番号
b…主点基線長
点a_1, c_1又は点a_2, c_2は両主点と垂直で写真上で等距離

図1 パスポイントの配置

解答 ▶ 4

問2　デジタルステレオ図化機

1. **図化機**は，空中写真を用いて縮小実体模像を作り，これを測定して地図を作成するもので，従来の写真ポジフィルム（ハードコピー）を用いる写真測量に対して，コンピュータで扱える写真画像データを使用して行う方法をデジタル写真測量という。
2. **デジタルステレオ図化機**は，ステレオ視可能な数値写真（数値画像）からステレオモデルを作成及び表示し，数値地形図データを数値形式で取得及び記録する機能等を有するソフトウェア，電子計算機及び周辺機器から構成されるシステムである（準則第123条）。

a．空中写真用スキャナにより，フィルム航空カメラで撮影した空中写真をスキャンし，数値写真を画像形式で取得及び記録することで，デジタルステレオ図化機による数値地形図データが取得できる。
　　aは間違いである。

b．数値地形モデル（DTM）は，自動標高抽出技術等により標高を取得し作成する。標高はデジタルステレオ図化機等を用いて行う（準則第256条）。

c．デジタルステレオ図化機を用いて，空中三角測量により，撮影時に得られた外部標定要素を統合して調整計算を行い，同時調整を行う（準則第157条）。

d．デジタルステレオ図化機は，ステレオ視可能な数値写真からステレオモデルを作成及び表示できる機能を有している（準則第123条）。

解答　2

◉デジタルステレオ図化機

1. 図化機は，ステレオモデルから3次元の計測と平面に図化する装置である。数値図化に使用するデジタルステレオ図化機は，次の構成・性能を有するものとする（準則第173条）。
   ① 電子計算機，ステレオ視装置，スクリーンモニター及び3次元マウス又はXYハンドル，Z盤等で構成されるもの。
   ② 内部標定及び外部標定要素によりステレオモデルの構築及び表示が行えるもの。
   ③ X，Y，Zの座標値と所定のコードが入力及び記録できる機能を有するもの。
   ④ 画像計測の性能は，0.1画素以内まで読めるもの。

問3　数値図化

1. **数値図化**とは，空中三角測量及び同時調整等で得られた成果を使用し，デジタルステレオ図化機により，数値図化データを記録する作業をいう。モデルの数値図化の範囲は，原則としてパスポイントで囲まれた区域内とする（準則第172条）。

2. **細部数値図化**は，線状対象物，建物，植生，等高線の順序で行う。等高線は，主曲線を1本ずつ測定して取得し，主軸線だけでは地形をを適切に表現できない部分について補助曲線等を取得する。メスマークをステレオモデルの表面に接地させたとき，左右の写真の対応する像上にある（準則第176条）。記述どおり。

3. 細部数値図化において，陰影，ハレーション等の障害により判読困難な部分又は図化不能部分がある場合は，その部分の範囲を表示し，現地補測（基準点等又は編集済データ上で現地との対応が確実な点に基づき細部測量を行う）を行う。この場合，必要な注意事項を記載するものとする（準則第176条）。

4. 標高点の測定は，1回目の測定終了後，点検のための測定を行い，測定値の較差が許容範囲を超える場合は，更に1回の測定を行い，3回の測定値の平均値を採用する（準則第180条）。

解答　3

●同時調整

1. **同時調整**とは，デジタルステレオ図化機を用いて，空中三角測量（モデル標定に必要な外部標定要素を求める作業）により，パスポイント，タイポイント，標定点の写真座標を測定し，撮影時の外部標定要素（撮影位置と傾き）を調整計算し，パスポイント，タイポイント等の水平位置及び標高を決定する作業をいう。GNSS/LMU装置により，撮影と同時に空中写真の外部標定要素の計測が可能となる。

2. **標定**とは，空中写真のステレオモデルを構築し，地上座標系と結合させる作業をいう。

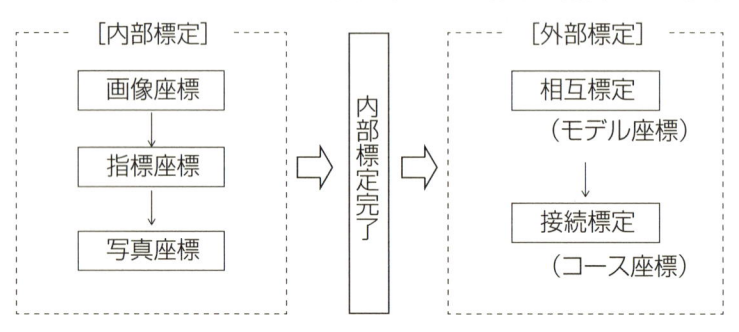

[内部標定]
画像座標 → 指標座標 → 写真座標 → 内部標定完了 →

[外部標定]
相互標定（モデル座標） → 接続標定（コース座標）

図2　外部標定要素を求める作業

問4 パスポイント，タイポイント

1. パスポイントは，同一コース内の隣接空中写真の接続に用いる点であり，タイポイントは隣接コース間の接続に用いる点である。これらをあわせて共役点と呼ぶ。

 (1) **パスポイント**は，同じコースの連続する3枚の空中写真が重なり合う部分の中央と両端に1点ずつ3点，a，b，cを選ぶ。主点付近をb点，上側をa点，下側をc点とし，a点及びc点は，主点基線に直角方向で，主点からほぼ等距離の位置に選定する。

 (2) **タイポイント**は，1モデルに1点を標準とし，ほぼ等間隔に配置する。なお，ブロック調整においては，調整計算における解の発散を避けるため，タイポイントが一直線に並ばないようにジグザグに配置する。タイポイントは，パスポイントで兼ねることができる。

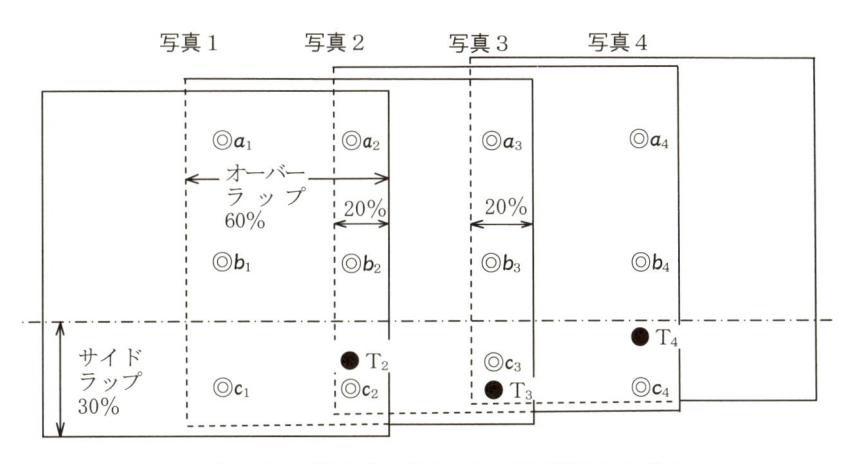

◎a，b，c印はパスポイント，●T印はタイポイント

図3 パスポイント・タイポイントの配置

解答 ▶ 4

第20日 写真地図，航空レーザ測量　目標時間20分

問1

次の文は，公共測量における写真地図（数値空中写真を正射変換した正射投影画像（モザイクしたものを含む。））について述べたものである。正しいものはどれか。

1. 写真地図は，正射投影されているので実体視できる。
2. 写真地図は，地形図と同様に図上で距離を計測することができる。
3. フィルム航空カメラで撮影された画像からは，写真地図を作成できない。
4. 写真地図作成には，航空レーザ測量による高精度の数値地形モデル（DTM）が必須である。
5. モザイクとは，写真地図の解像度を下げる作業をいう。

問2

次の文は，写真地図（数値空中写真を正射変換した正射投影画像（モザイクしたものを含む。））の特徴について述べたものである。明らかに間違っているものはどれか。

1. 写真地図は画像データのため，そのままでは地理情報システムで使用することができない。
2. 写真地図は，地形図と同様に図上で距離を計測することができる。
3. 写真地図は，地形図と異なり図上で土地の傾斜を計測することができない。
4. 写真地図は，オーバーラップしていても実体視することはできない。
5. 平たんな場所より起伏の激しい場所のほうが，地形の影響によるひずみが生じやすい。

問 3

次のa～dの文は，公共測量における航空レーザ測量及び数値地形モデル（以下「DTM」という。）について述べたものである。 ア ～ エ に入る語句の組合せとして最も適当なものはどれか。

ただし，DTMは，等間隔の格子点上の標高を表したデータとする。

a．航空レーザ測量は，レーザ測距装置， ア ，デジタルカメラなどを搭載した航空機から航空レーザ計測を行い，取得したデータを解析して地表面の標高を求める。

b．航空レーザ計測で取得したデータには，地表面だけでなく構造物，植生で反射したデータが含まれていることから， イ を行うことにより，地表面だけの標高データを作成する。

c． イ を行うことにより作成した地表面だけの標高データは，ランダムな位置の標高を表したデータであるため，利用しやすいよう ウ によりDTMに変換することが多い。

d．DTMは，格子間隔が エ なるほど詳細な地形を表現できる。

	ア	イ	ウ	エ
1．	GNSS/IMU装置	フィルタリング	内挿補間	小さく
2．	GNSS/IMU装置	フィルタリング	ブロック調整	大きく
3．	GNSS/IMU装置	リサンプリング	内挿補間	大きく
4．	トータルステーション	リサンプリング	ブロック調整	大きく
5．	トータルステーション	フィルタリング	内挿補間	小さく

問 4

次の文は，公共測量における航空レーザ測量について述べたものである。明らかに間違っているものはどれか。

1．航空レーザ測量は，レーザを利用して高さのデータを取得する。
2．航空レーザ測量は，雲の影響を受けずにデータを取得できる。
3．航空レーザ測量は，GNSS測量機，IMU，レーザ測距装置等により構成されている。
4．航空レーザ測量で作成した数値地形モデル（DTM）から，等高線データを発生させることができる。
5．航空レーザ測量は，フィルタリング及び点検のための航空レーザ用数値写真を同時期に撮影する。

第20日　写真測量，航空レーザ測量　解答と解説

問1　写真地図

1. **写真地図作成**とは，数値写真（中心投影）を正射変換した正射投影画像（地図と同じ投影）を作成した後，必要に応じてモザイク（隣接する写真地図の位置と色を合わせ，写真地図を集成）画像を作成し，写真地図データファイルを作成する作業をいう。正射投影では実体視はできない。

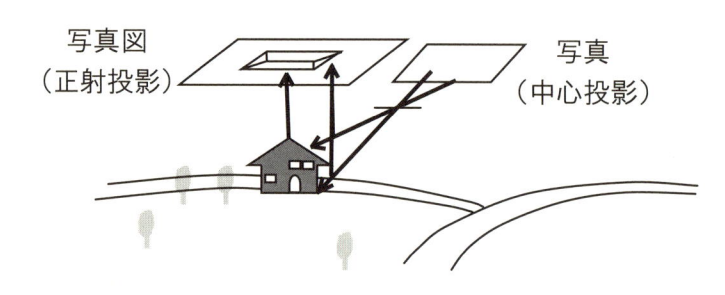

図1　中心投影と正射投影

2. **写真地図**は，空中写真を地図と同じ投影である正射投影に変換した画像であり，距離を計測することができる。

3. 写真地図作成とは，フィルム航空カメラで撮影された空中写真から空中写真用スキャナにより数値化した数値写真又はデジタル航空カメラで撮影した数値写真を，デジタルステレオ図化機を用いて正射変換し，写真地図データファイルを作成する作業をいう（準則第249条）。

4. 写真地図作成は，空中写真又は数値写真から作成する。なお，数値地形モデル（DTM）は，空中写真測量から得られる地表面の等高線の地形データである。数値標高モデル（DEM）は，航空レーザ測量から得られる標高データ（グリッドデータ）をいう。

5. モザイクとは，隣接する正射投影画像をデジタル処理により結合させ，モザイク画像を作成する作業をいう（準則第263条）。

解答　2

問2 写真地図の特徴

1. **地理情報システム（GIS）**とは，地理空間情報（位置情報，地理情報）の地理的な把握又は分析を可能とするため，電磁的方式により記録された地理空間情報を電子計算機を使用して電子地図上で一体的に処理する情報システムをいう。写真地図は，地理空間情報を与え，地理情報システムに利用される。

2．3．**写真地図**は，地形図と同様に縮尺は一定である。縮尺が分かれば画像計測により2点間の距離を求めることができる。なお，等高線が描かれていないので傾斜（斜距離）は，計測できない。

4．写真地図では，実体視はできない。なお，実体視は空中写真が中心投影であるためできる。

5．写真地図の幾何学的精度は，全体の位置精度と局所ひずみに分類される。局所ひずみは，正射変換に使用した標高の影響により発生するので，起伏の激しい場所のほうが，地形の影響によるひずみが生じやすい。

解答　1

類似問題

図は，公共測量における写真地図（数値空中写真を正射変換した正射投影画像（モザイクしたものを含む）作成の標準的な作業工程を示したものである。
　ア　～　エ　に入る工程別作業区分の組合せとして最も適当なものはどれか。

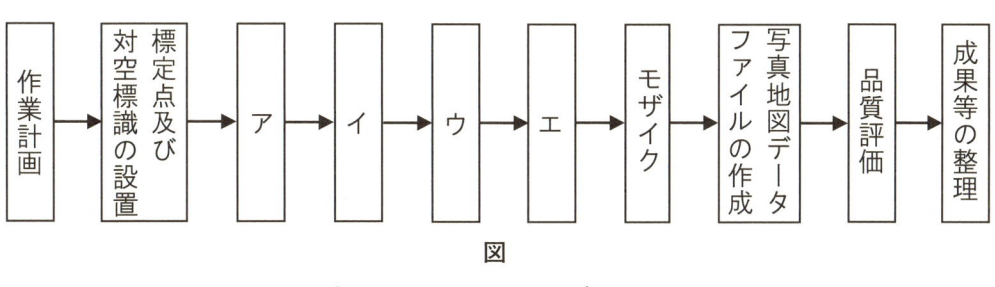

作業計画 → 標定点及び対空標識の設置 → ア → イ → ウ → エ → モザイク → 写真地図データファイルの作成 → 品質評価 → 成果等の整理

図

	ア	イ	ウ	エ
1.	撮影及び刺針	同時調整	数値地形モデルの作成	正射変換
2.	同時調整	数値地形モデルの作成	正射変換	現地調査
3.	撮影及び刺針	同時調整	正射変換	数値地形モデルの作成
4.	同時調整	撮影及び刺針	数値地形モデルの作成	正射変換
5.	撮影及び刺針	数値地形モデルの作成	現地調査	正射変換

解答　1

問3 航空レーザ測量，数値地形モデル（DTM）

a．**航空レーザ測量**とは，航空レーザ測量システムを用いて地形を計測し，格子状の標高データである数値標高モデル（DEM，グリッドデータ）等の数値地形図データファイルを作成する作業をいう（準則第271条）。なお，航空レーザ測量から得られる数値標高モデル（DEM）と空中写真測量から得られる数値地形モデル（DTM）は，同じ地形モデルであり，設問では数値地形モデル（DTM）としている（P109参照）。

航空レーザ計測とは，航空レーザ測量システムを用いて計測データを取得する作業をいい，航空レーザ測量システムは，GNSS/IMU装置，レーザ測距装置及び解析ソフトウェアから構成する（準則第278条）。

　ア　にはGNSS/IMU装置が入る。

b，c．航空レーザ計測で取得したデータは，調整用基準点成果を用いて点検・調整した**オリジナルデータ**から地表面以外のデータを取り除きフィルタリング処理した地表面の標高の**グランドデータ**へ，そして格子状の数値地形モデル（DTM）である**グリッドデータ**に変換する。グリッドデータの作成は，内挿補間により，ランダムに生じているグランドデータを格子状のグリッド間隔に変換する。

　イ　にフィルタリング，　ウ　に内挿補間が入る。

d．**DTM（数値地形モデル）**は，植生や建物を取り除いたグランドデータを格子内に内挿したもので，格子間隔内に適当なグランドデータがある場合には，格子間隔が小さくなるほど詳細な地形を表現できる。　エ　には小さくが入る。

解答　1

類似問題

次のa～eの文は，公共測量における航空レーザ測量について述べたものである。明らかに間違っているものはいくつあるか。

a．航空レーザ測量では，水面の状況によらず水部のデータを取得することができる。
b．航空レーザ測量では，計測データを基にして数値地形モデル（DTM）を作成することができる。
c．航空レーザ測量では，GNSS/IMU装置，レーザ測距装置等により構成されたシステムを使用する。
d．航空レーザ測量では，雲の影響を受けずにデータを取得することができる。
e．航空レーザ測量では，フィルタリング及び点検のための航空レーザ用数値写真を同時期に撮影する。

1．0　　2．1つ　　3．2つ　　4．3つ　　5．4つ

解答 3

　aの水部ポリゴンデータ（水部の範囲）は，<u>航空レーザ用写真地図データから作成する</u>。dの天候条件として，レーザ測距は天候依存が低いが，同時に計測するGNSSや航空レーザ用写真撮影は天候依存が高い。故に，<u>降雨・降雪・濃霧・雲</u>などがないこと。a及びdの2つが間違っている。

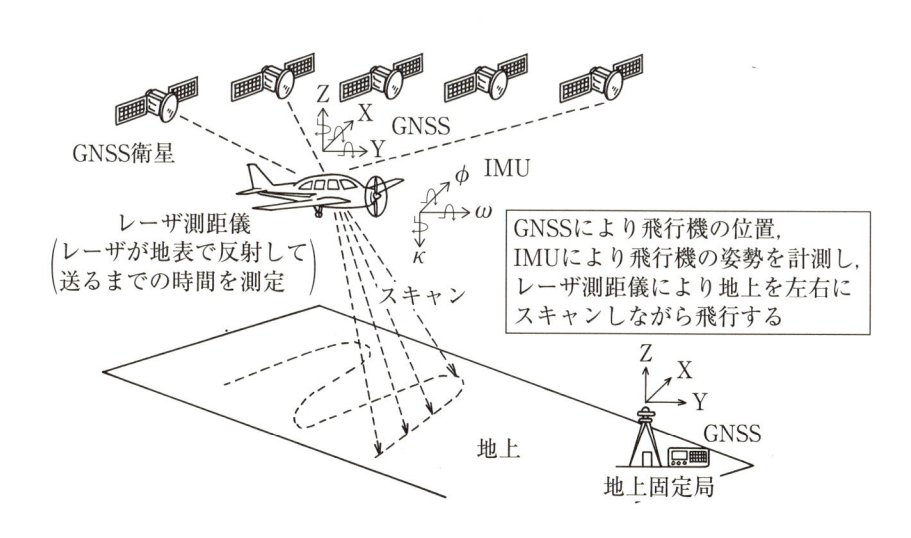

問4 航空レーザ測量

1．航空レーザ測量は，空中から地形・地物の標高を計測する技術である。空中写真測量と比較して，植生地帯でも地形を直接計測できる。

2．計測条件（天候条件）として，風速20ノット（約10m/s）を超えず，<u>降雨・降雪・濃霧・雲がなく，曇天でも雲が航空機より上空にある場合には，計測が可能でもある。</u>

3．航空レーザ測量システムは，航空機の位置と姿勢を計測するGNSS/IMU装置，レーザ測距装置及び解析ソフトウェアから構成される。

4．数値地形モデル（DTM）から等高線データを発生させることができる。

5．航空レーザ用数値写真は，空中から地表を撮影した画像データで，フィルタリング及び点検のため，航空レーザ計測と同時期に撮影することを標準とする（準則第280条）。

図2　航空レーザ測量

解答 2

参考資料1

●写真地図作成の工程別作業区分

1．**工程別作業区分及び順序は，次のとおり（準則第251条）。**

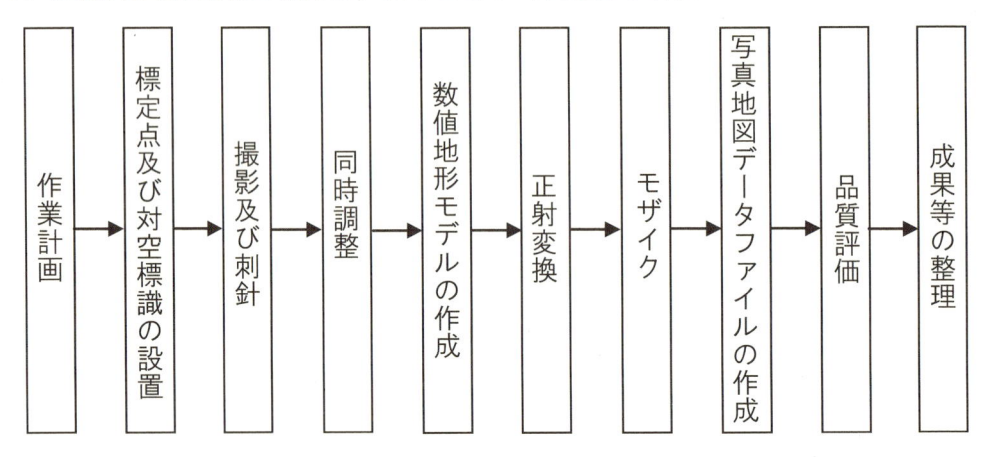

作業計画 → 標定点及び対空標識の設置 → 撮影及び刺針 → 同時調整 → 数値地形モデルの作成 → 正射変換 → モザイク → 写真地図データファイルの作成 → 品質評価 → 成果等の整理

① **数値地形モデルの作成**：自動標高抽出技術等（等高線法，標高点計測法）により標高を取得し，数値地形モデル（DTM）ファイルを作成する。
② **正射変換**：数値写真を中心投影から正射投影に変換し，正射投影画像を作成する。
③ **モザイク**：隣接する正射投影画像をデジタル処理により結合させ，モザイク画像を集成する。

2．**写真地図の特徴**
① デジタル画像は，デジタル航空カメラ又は空中写真をスキャナで数値化して取得する。デジタルステレオ図化機で写真地図を作成する。
② 写真地図は，地形図と同様に縮尺は一定である。縮尺が分かれば画像計測により2地点間の距離を求めることができる。なお，等高線が描かれていないので傾斜（斜距離）は計測できない。
③ 写真地図では，実体視はできない。なお，実体視は空中写真が中心投影であるためできる。

参考資料2

⦿航空レーザ測量の工程別作業区分

1．工程別作業区分及び順序は，次のとおり（準則第276条）。

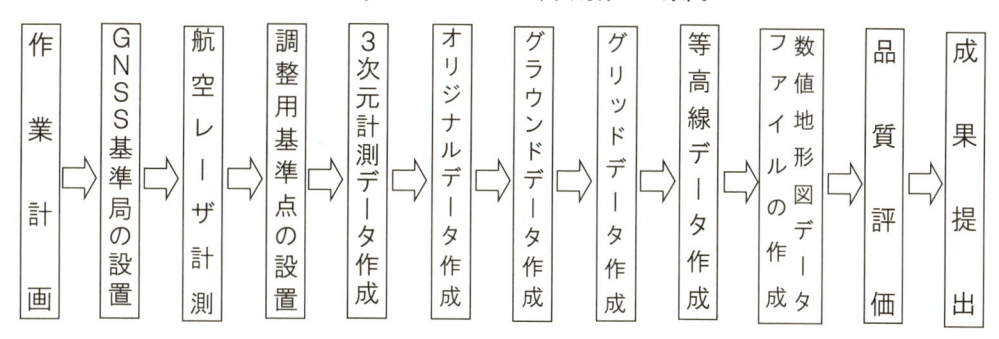

作業計画 ⇒ GNSS基準局の設置 ⇒ 航空レーザ計測 ⇒ 調整用基準点の設置 ⇒ 3次元計測データ作成 ⇒ オリジナルデータ作成 ⇒ グラウンドデータ作成 ⇒ グリッドデータ作成 ⇒ 等高線データ作成 ⇒ 数値地形図データファイルの作成 ⇒ 品質評価 ⇒ 成果提出

① **調整用基準点**：3次元計測データの点検調整のための基準点の設置。
② **3次元計測データ**：計測データからノイズ等のエラー計測部分を削除した標高データ。なお，3次元計測データを用いて，写真地図データを作成し，**水部ポリゴンデータ**（水部の範囲）を作成する。
③ **オリジナルデータ**：調整用基準点を用いて3次元計測データの点検調整を行った標高データ。
④ **グラウンドデータ**：オリジナルデータから地表面の遮へい物の計測データを除去した（フィルタリング）地表面の標高データ。
⑤ **グリッドデータ**：格子状の数値標高モデル（DEM）。一定間隔に整備された地形上の標高。なお，グリッドデータの作成は，ランダムに生じているグランドデータを格子状のグリッド間隔に変換する**内挿補間法**による。
⑥ **等高線データ**：グリッドデータから発生させた等高点のデータ。

第6章

地図編集（GISを含む）

地図編集のポイントは？

1. 地図編集とは，既成の数値地形図データを基に編集資料を参考に新たな数値地形図データを作成する作業をいう（準則第308条）。
   GIS（地理情報システム）とは，デジタルで記録された地理空間情報（位置・属性情報）を電子地図上で電子計算機で一括処理するシステムをいう。
2. 地図編集（GISを含む）では，出題問題No 1～No28の28問中，No21～No24に4問が出題される。主な出題分野は次のとおり。
   ① 地図投影法（UTM図法，平面直角座標）
   ② 地図の編集（取捨選択，総描，転位の原則）
   ③ 地形図の読図（電子国土，図上計測）
   ④ 地理情報システム（GIS）

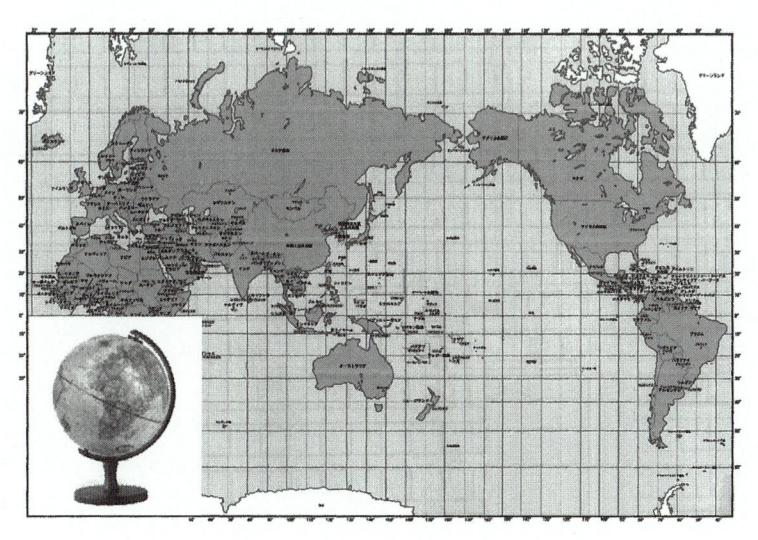

図　地球儀・世界地図（メルカトル図法）

第21日 地図投影法(UTM図法, 平面直角座標系) 目標時間20分

問1

次の文は，地図の投影について述べたものである。 ア ～ オ に入る語句の組合せとして最も適当なものはどれか。

地図の投影とは，地球の表面を ア に描くために考えられたものである。曲面にあるものを ア に表現するという性質上，地図の投影には イ を描く場合を除いて，必ず ウ を生じる。

ウ の要素や大きさは投影法によって異なるため，地図の用途や描く地域，縮尺に応じた最適な投影法を選択する必要がある。

例えば，正距方位図法では，地図上の各点において エ の1点からの距離と方位を同時に正しく描くことができ，メルカトル図法では，両極を除いた任意の地点における オ を正しく描くことができる。

	ア	イ	ウ	エ	オ
1.	球面	極めて広い範囲	ひずみ	任意	距離
2.	球面	ごく狭い範囲	転位	特定	距離
3.	平面	極めて広い範囲	ひずみ	任意	角度
4.	平面	ごく狭い範囲	転位	特定	角度
5.	平面	ごく狭い範囲	ひずみ	特定	角度

解答欄

問2

次の文は，我が国で一般的に用いられている地図の座標系について述べたものである。正しいものはどれか。

1. 平面直角座標系では，日本全国を16の区域に分けている。
2. 平面直角座標系のX軸における縮尺係数は1.0000である。
3. 平面直角座標系におけるX軸は，座標系原点において子午線に一致する軸とし，真北に向かう方向を正としている。
4. UTM図法（ユニバーサル横メルカトル図法）に基づく座標系は，地球全体を経度差3°の南北に長い座標帯に分割してその横軸を赤道としている。
5. UTM図法（ユニバーサル横メルカトル図法）に基づく座標系は，縮尺1/2 500以上の大縮尺図に最も適している。

解答欄

問3

解答と解説はP.154

次の文は，我が国で一般的に用いられている地図の投影法について述べたものである。明らかに間違っているものはどれか。

1．ユニバーサル横メルカトル図法（UTM図法）を用いた地形図の図郭は，ほぼ直線で囲まれた不等辺四角形である。
2．ユニバーサル横メルカトル図法（UTM図法）は，中縮尺地図に広く適用される。
3．各平面直角座標系の原点を通る子午線上における縮尺係数は0.9999であり，子午線から離れるに従って縮尺係数は大きくなる。
4．平面直角座標系は，横円筒図法の一種であるガウス・クリューゲル図法を適用している。
5．平面直角座標系は，日本全国を19の区域に分けて定義されているが，その座標系原点はすべて赤道上にある。

問4

解答と解説はP.155

次のa〜eの文は，我が国で一般的に用いられている地図の投影法について述べたものである。正しいものだけの組合せはどれか。

a．国土地理院発行の1/25,000地形図は，ユニバーサル横メルカトル図法（UTM図法）を採用している。
b．平面直角座標系は，横円筒図法の一種であるガウス・クリューゲル図法を適用している。
c．平面直角座標系は，日本全国を19の区域に分けて定義されており，各座標系の原点はすべて同じ緯度上にある。
d．平面直角座標系における座標値は，X座標では座標系原点から北側を「正（＋）」とし，Y座標では座標系原点から東側を「正（＋）」としている。
e．メルカトル図法は，面積が正しく表現される正積円筒図法である。

1．a，c
2．b，e
3．a，b，d
4．a，c，d
5．b，d，e

第21日 地図投影法(UTM図法, 平面直角座標系) 解答と解説

問1 地図投影法

(1) 地図は，地球表面の一部を平らな紙の上に描き出したものである。丸い地球の表面を平面に表すので，理論上全く正しく平面に展開することは不可能である。例えば，ゴムまりを切り開いてこれを平らにするには，引き伸ばしたり，引張ったりしなければならない。平らにされた表面には，当然，面積や距離や角度に誤差（**ひずみ**）が生じる。

(2) 地図には，①**角度のひずみ**，②**距離のひずみ**，③**面積のひずみ**がある。これらの誤差を同時になくすことは不可能であるが，いずれかの関係を正しく表す方法は可能である。そこで，どの関係を正しくするかにより，次の3つの図法に分ける。

① **正角図法**：地図上の任意の2点を結ぶ線が，経線に対して<u>正しい角度</u>となる。メルカトル図法，ガウス・クリューゲル図法，正射図法等。

② **正距図法**：地図上の<u>特定の1点</u>（地図の中心）からの距離と方位が正しく表現できる。正射図法，正距円筒図法など。

③ **正積図法**：任意地点の地図上の面積とそれに対応する地球上の面積が正しい比率で表される。ランベルト図法，モルワイデ図法など。

(3) 同一図法により描かれた地図において，正角図法と正距図法，正距図法と正積図法の性質を同時に満足することはできるが，正角図法と正積図法の性質を同時に満足させることはできない。

(4) ひずみの要素や大きさは，投影法によって異なる。

① 方位図法　　② 円筒図法　　③ 円錐図法

① 方位図法：地球の形を球として，直接平面に投影する方法。
② 円筒図法：地球に円筒をかぶせてその円筒に投影し，切開いて平面にした方法。
③ 円錐図法：地球に円錐をかぶせてその円錐に投影し，切開いて平面にした方法。

図1　投影図法

ア には平面が， イ にはごく狭い範囲が， ウ にはひずみが， エ には<u>特定</u>が， オ には<u>角度</u>が入る。

解答 5

問2 平面直角座標系及び縮尺係数

(1) **平面直角座標系**は，地軸と円筒軸を直交させた横円筒面内に等角投影した横メルカトル図法（ガウス・クリューゲル図法）である。**UTM図法**は，平面直角座標系と同様，横筒面内にガウス・クリューゲルの等角投影をし，世界共通の基準を加えたものである。

(2) 投影面上の距離（**平面距離**）を s，これに対応する球面上の距離（**球面距離**）をSとすると，次式で定義されたものを**縮尺係数**（**線拡大率**）という。

$$\left.\begin{array}{l}縮尺係数 m = \dfrac{平面距離}{球面距離} = \dfrac{s}{S} \\ 平面距離 s = 縮尺係数 m \times 球面距離 S\end{array}\right\} \quad \cdots\cdots 式（6・1）$$

① 球面距離Sと平面距離sとの差は，東西に離れる程大きくなる。平面直角座標系においては，最大距離誤差を±1/10 000とするため縮尺係数を中央子午線上で0.999 9とし，中央経線から東西約90kmの地点で縮尺係数を1，約130kmの地点で1/10 000の拡大となるようにしている。

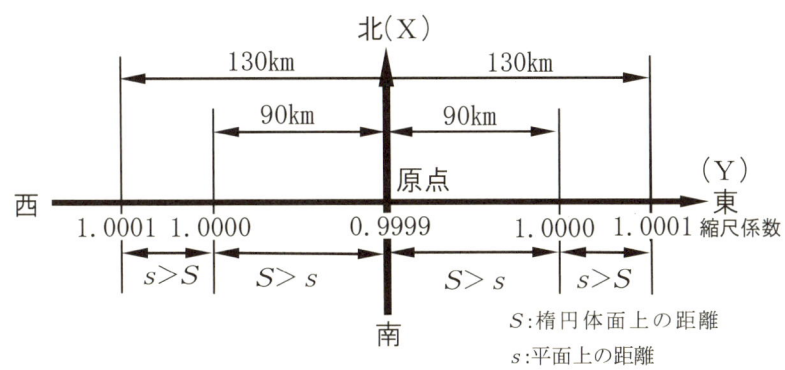

図2 東西方向の適用範囲（平面直角座標）

② 適用範囲を中央子午線から，経度差約1°〜1.5°に決める。我が国においては，全国を19座標系に分け，原点を決めている。

(3) 原点の座標 $X = 0.000$ m，$Y = 0.000$ mとし，X軸は中央子午線とし，原点においてX軸に直交するものをY軸とする。北及び東方向を（＋）とし，南及び西方向を（－）とする。

(4) UTM図法については，P154表1参照のこと。

1は16→<u>19</u>に，2は1.000→<u>0.999</u>に，4は3°→<u>6°</u>に，5は大縮尺図→<u>中縮尺図</u>とする。

解答 ▶ 3

問3 UTM図法と平面直角座標系

(1) UTM図法及び平面直角座標系は，ガウスクリュールゲル（横メルカトル）図法の正角投影法であり，球面座標から平面座標へ投影したものである。適応範囲により，UTM図法は，地球上の北緯84°以南から南緯80°以北を対象に，経度180°より経度差6°の座標帯（Zone）に分けている。

平面直角座標系は，日本固有の座標系で日本全国を19の座標系としている。

表1　UTM図法と平面直角座標系（地図の要素）

地図の種類	1/2 500	1/5 000	1/25 000	1/50 000
	国土基本図（大縮尺）		地形図（中縮尺）	
投影図法	横メルカトル図法 （平面直角座標系）		ユニバーサル横メルカトル図法 （UTM図法）	
図法の性質	正角図法（ガウス・クリューゲル図法）			
投影範囲	日本の国土を19の座標系に分け，その座標系ごとに適用。		東経（または西経）180°から東回りに経度差6°ごと，北緯84°〜南緯80°の範囲に適用，これを経度帯（ゾーン）という。	
座標の原点	19の座標系ごとに原点を設ける。縦軸方向をX，横軸方向をYとし，原点の座標をX=0m，Y=0mとする。X軸は北を「＋」，南を「－」。Y軸は東を「＋」，西を「－」。		各ゾーンの中央経線と赤道との交点を原点，縦軸方向をN，横軸方向をE，原点の座標をN=0m，E=500 000m（南半球では，N=10 000 000mとする）。 No.52（E126°〜132°）E129° No.53（E132°〜138°）E135° No.54（E138°〜144°）E141° No.55（E144°〜150°）E147°	
図郭線の表示	平面直角座標による原点からの距離による表示。		経度及び緯度による表示。	
高さの表示	東京湾平均海面からの高さ。			
縮尺係数	原点で0.999 9，原点から横座標で90km離れた地点で1.000 0。		原点で0.999 6，原点から横座標で180km離れた地点で1.000 0。	
距離誤差	1/10 000以内		4/10 000〜6/10 000	
1図葉の区画	2km(横座標)×1.5km(縦座標)	4km(横座標)×3km(縦座標)	7′30″(経度差)×5′(緯度差)	15′(経度差)×10′(緯度差)
1図葉の区画の形	長方形		不等辺四辺形	
1図葉の実面積	3km²	12km²	約100km²	約400km²
等高線間隔	2m	5m	10m	20m

解答 5

問4 地図の投影法

a. 国土地理院発行の国土基本図（1/2 500, 1/5 000）は，平面直角座標系が採用され，1/2.5万・1/5万の地形図はUTM図法が採用されている。

b. 平面直角座標系は，ガウス・クリューゲル図法である。

c. 平面直角座標の原点は図3に示すとおり。19の座標系ごとに原点を設けている。

d. P154，表1 UTM図法と平面直角座標系参照。

e. **メルカトル図**は，地軸と円筒軸を一致させ，赤道面に円筒を接して中心投影したものに，等角条件を加えたものをいう。緯線の距離は，高緯度になるにつれ増大し，正積とはならない。

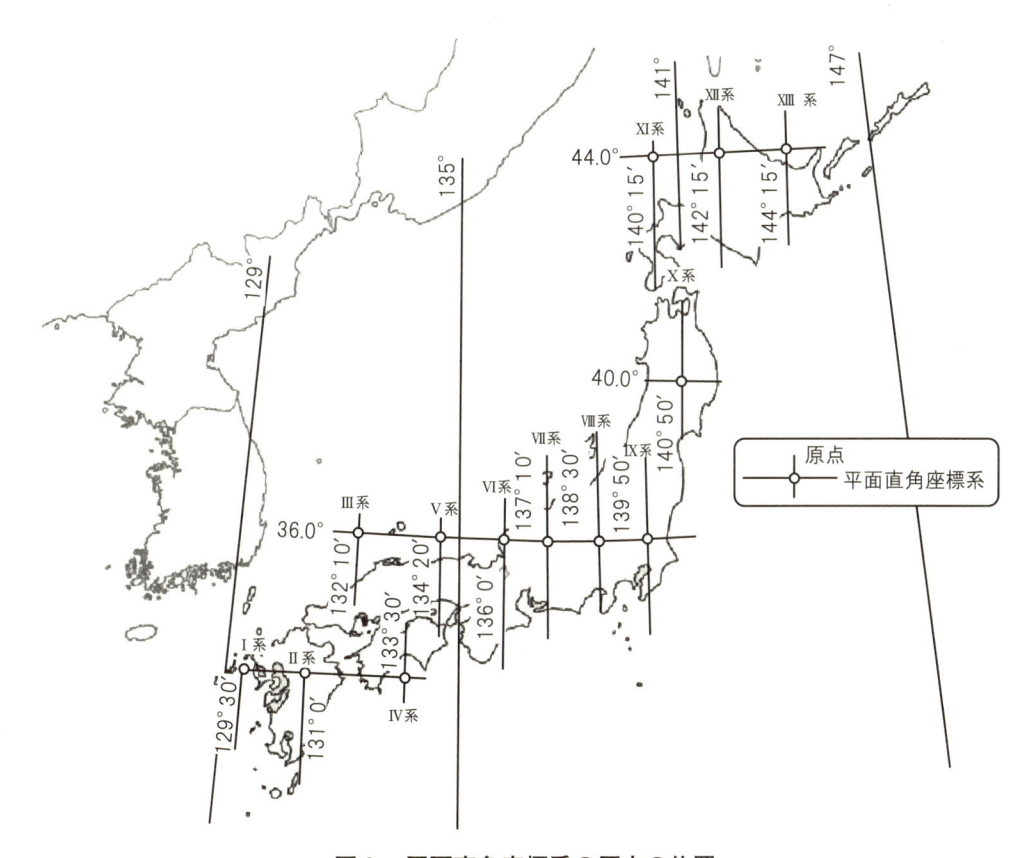

図3 平面直角座標系の原点の位置

解答 3

第22日 地図の編集（取捨選択，転位，総描） 目標時間20分

問1

解答と解説はP.158

次の1～5は，国土地理院刊行の1/25,000地形図を基図として，縮小編集を実施して縮尺1/40,000の地図を作成するときの，真位置に編集描画すべき地物や地形の一般的な優先順位を示したものである。最も適当なものはどれか。

（優先順位　高）　　　　　　　　　　　　　　　　（優先順位　低）
1. 電子基準点　→　一条河川　→　道路　　　→　建物　→　植生
2. 一条河川　　→　電子基準点　→　植生　　→　道路　→　建物
3. 電子基準点　→　道路　　　→　一条河川　→　植生　→　建物
4. 一条河川　　→　電子基準点　→　道路　　→　建物　→　植生
5. 電子基準点　→　道路　　　→　一条河川　→　建物　→　植生

解答欄

問2

解答と解説はP.159

次の文は，地図編集の原則について述べたものである。明らかに間違っているものはどれか。

1. 水部と鉄道が近接する場合は，水部を優先して表示し，鉄道を転位する。
2. 山間部の細かい屈曲のある等高線は，地形の特徴を考慮して総描する。
3. 真位置に編集描画すべき地物の一般的な優先順位は，三角点，等高線，道路，建物，注記の順である。
4. 建物が密集して，すべてを表示することができない場合は，建物の向きと並びを考慮し，取捨選択して表示する。
5. 編集の基となる地図は，新たに作成する地図の縮尺より大きく，かつ，最新のものを採用する。

解答欄

問3

次の文は，地図編集の原則について述べたものである。明らかに間違っているものはどれか。

1. 注記は，地図に描かれているものを分かりやすく示すため，その対象により文字の種類，書体，字列などに一定の規範を持たせる。
2. 有形線（河川，道路など）と無形線（等高線，境界など）とが近接し，どちらかを転位する場合は無形線を転位する。
3. 取捨選択は，編集図の目的を考慮して行い，重要度の高い対象物を省略することのないようにする。
4. 山間部の細かい屈曲のある等高線を総合描示するときは，地形の特徴を考慮する。
5. 編集の基となる地図（基図）は，新たに作成する地図（編集図）の縮尺より小さく，かつ最新のものを使用する。

問4

次の文は，一般的な地図を編集するときの原則について述べたものである。明らかに間違っているものはどれか。

1. 山間部の細かい屈曲のある等高線は，地形の特徴を考慮して総描する。
2. 編集の基となる地図は，新たに作成する地図の縮尺より大きく，かつ，作成する地図の縮尺に近い縮尺の地図を採用する。
3. 水部と鉄道が近接する場合は，水部を優先して表示し，鉄道を転位する。
4. 描画は，三角点，水部，植生，建物，等高線の順で行う。
5. 道路と市町村界が近接する場合は，道路を優先して表示し，市町村界を転位する。

第22日 地図の編集（取捨選択，転位，総描） 解答と解説

問1 地図編集描画の順序

(1) **地図編集**とは，既成の数値地形図データを基に，編集資料を参考にして，必要とする表現事項を定められた方法によって編集し，新たな数値地形図データを作成する作業をいう（準則第308条）。

(2) 既成の地図情報レベル2 500数値地形図データを基に，地図情報レベル1 000数値地形図データを地図編集により作成する場合，地図情報レベル2 500を**基図データ**，作成される地図情報レベル1 000を**編集原図データ**という。

(3) 公共測量，基本測量によって整備された地図（1/2 500，1/2.5万等）を基図として，1/5 000の国土基本図，中縮尺の地図（1/5万等）を編集する場合，地図の精度の保持及び作業効率から，編集描画の順序は原則として次のとおり。

① 図郭線の展開
② 基準点
③ 自然骨格地物（河川，水涯線）
④ 人工骨格地物（鉄道・道路）
⑤ 建物・諸記号
⑥ 地形（等高線・変形地）
⑦ 植生界・植生記号
⑧ 行政区界の境界

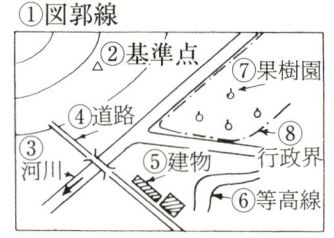

図1 図式と描画順序

(4) 編集は，基準点（電子基準点，三角点，水準点など）を最優先とし，次に自然の骨格地物である河川・水涯線等の水部，人工の骨格地物である鉄道・道路，そして建物などの順序に従って編集描画する。

解答 1

問2 取捨選択，転位，総描の原則

◎ 地図の縮尺が小さくなるほど表示対象物を実形，実幅で表示することが困難となり，定形化された記号が多くなる。編集する地図の縮尺・内容に応じて，地形・地物を**取捨選択**したり，複雑な形状を**総描**（総合描示）したり，真位置から**転位**して描画する。

(1) **取捨選択の原則**は，次のとおり。

① 表示対象物は縮尺に応じて適切に取捨選択し，かつ正確に表示する。

② 重要度の高い対象物（学校・病院・神社・仏閣等）は省略しない。

③ 地域的な特徴をもつ対象物は特に留意し，編集目的を考え取捨選択する。

④ 対象物は，その存在が永続性のあるものを省略しない。

(2) **総描（総合描示）の原則**は，次のとおり。

① 必要に応じ，図形を多少修飾して，現状を理解しやすく表現する。

② 現地の状況と相似性を持たせる。

③ 形状の特徴を失わないようにする。

④ 基図と編集図の縮尺率を考慮する。

(3) **転位の原則**は，次のとおり。

① 位置を表す基準点は，転位しない（水準点は転位はあり得る）。

② 地形・地物の位置関係を損なう転位はしない。

③ 有形自然物（河川・海岸線等）は，転位しない。

④ 有形線と無形線（等高線・境界等）では，無形線を転位する。

⑤ 有形の自然物と人工地物（建物等）では，人工地物を転位する。

⑥ 骨格となる人工地物（道路・鉄道等）とその他の地物（建物等）では，その他の地物を転位する。

⑦ 重要度の等しい人工地物が2個重なる場合は，中間点を真位置とする。

以上より3は，基準点である①三角点，人工骨格地物である②道路，③建物，地形を表す④等高線，最後に⑤注記の順となる。

解答 3

問3 地図編集の原則

1. **注記**とは，地形図における文字による表示をいい，地図に描かれているものを分かりやすく示すため，地域，人工物，自然等の固有の名称等，その対象により文字の種類，書体，字列などに一定の規範を示している。
2. 有形線と無形線が近接した場合は，無形線を転位する。
3. 取捨選択は，重要度の高いものや地域的な特徴を持つもの，永続性のあるものは省略しない。
4. 総合描示は，現地の形状と相似性を保持するとともに，地形の特徴を考慮して行う。
5. **基図データ**とは，編集原図データの骨格的表現事項を含む既成の数値地形データをいう（準則第311条）。基図に使用する地図は，精度保持のため，新たに作成する地図よりも縮尺が大きく，かつ最新のものを使用する。

解答 5

類似問題

次の文は，国土地理院発行の1/25,000地形図を基図として，縮小編集を実施して縮尺1/40,000の地形図を作成するときの，真位置に編集描画すべき地物の優先順位について示したものである。適当なものはどれか。

1. 三角点 → 道路 → 行政界 → 河川 → 建物 → 等高線
2. 三角点 → 河川 → 行政界 → 道路 → 建物 → 等高線
3. 三角点 → 道路 → 建物 → 河川 → 等高線 → 行政界
4. 三角点 → 河川 → 道路 → 建物 → 等高線 → 行政界
5. 三角点 → 河川 → 道路 → 行政界 → 建物 → 等高線

解答 4

問4 地図編集の原則

1．山間部の細かく屈曲する等高線は，縮小率によって細かい凹凸を単純化して表示する（総描）。
2．編集の基となる基図は，編集する地図より縮尺が大きく，かつ編集する地図に近い縮尺のものを用いる。
3．自然骨格地物（有形線）である水部と人工骨格地物（有形線）である鉄道とが近接した場合，人工物である鉄道を転位する。
4．描画は，三角点（基準点）→水部（自然骨格物）→建物→等高線（地形）→埴生の順に行う。
5．道路の有形線と市町村界の無形線が近接した場合，無形線の市町村界を転位する。

解答　4

類似問題

次のa～eの文は，地図編集の原則について述べたものである。明らかに間違っているものは幾つあるか。

a．編集の基となる地図は，新たに作成する地図より縮尺が大きく，かつ，最新のものを採用する。
b．真位置に編集描画すべき地物の一般的な優先順位は，三角点，道路，建物，等高線の順である。
c．建物が密集して，すべてを表示することができない場合は，建物の向きと並びを考慮し，取捨選択して描画する。
d．細かい屈曲のある等高線は，地形の特徴を考慮して総描する。
e．鉄道と海岸線が近接する場合は，海岸線を優先して表示し，鉄道を転位する。

1．0　　2．1つ　　3．2つ　　4．3つ　　5．4つ

解答　1

すべての記述は正しい。

第23日 地形図の読図（図式記号，図上計測） 目標時間20分

問1

図は，電子国土ポータルから国土地理院が提供している地図である。次の文は，この図に表現されている内容について述べたものである。間違っているものはどれか。

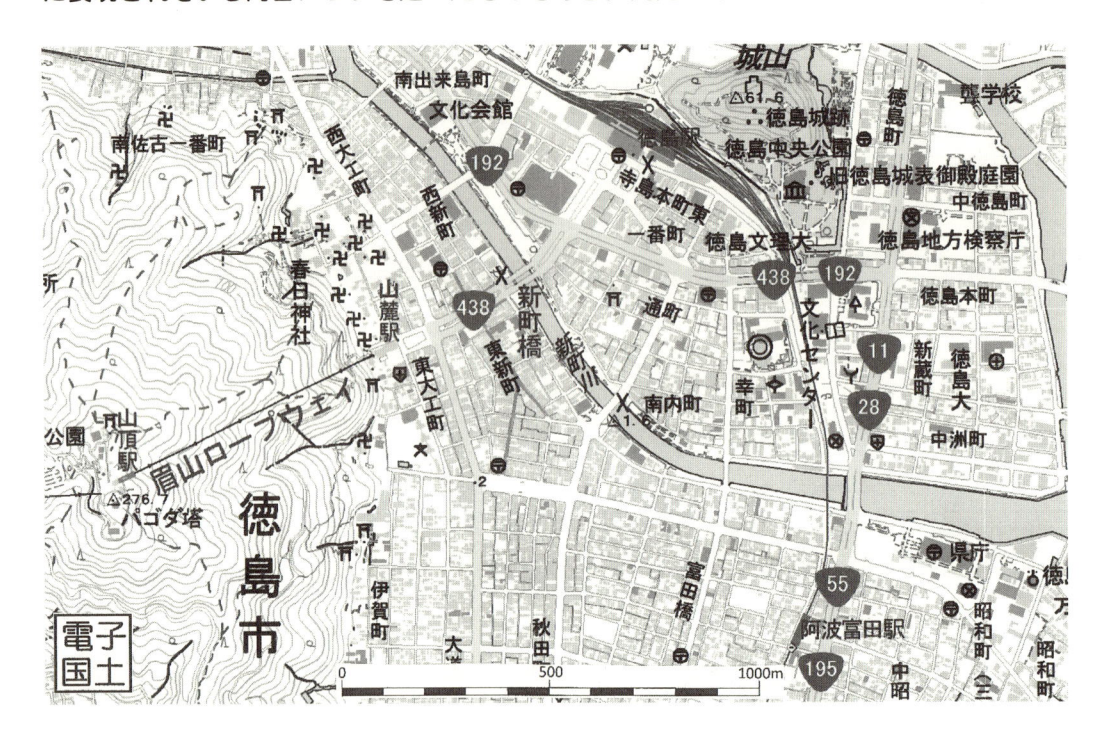

1. 山麓駅と山頂駅の標高差は約250mである。
2. 税務署と裁判所の距離は約460mである。
3. 消防署と保健所の距離は約350mである。
4. 裁判所の南側に消防署がある。
5. 市役所の東側に図書館がある。

問2

図は国土地理院刊行の電子地形図25 000（縮尺を変更，一部改変）の一部である。この図内に示す消防署の経緯度はいくらか。

但し，表に示す数値は，図内に示す三角点の経緯度及び標高を表す。

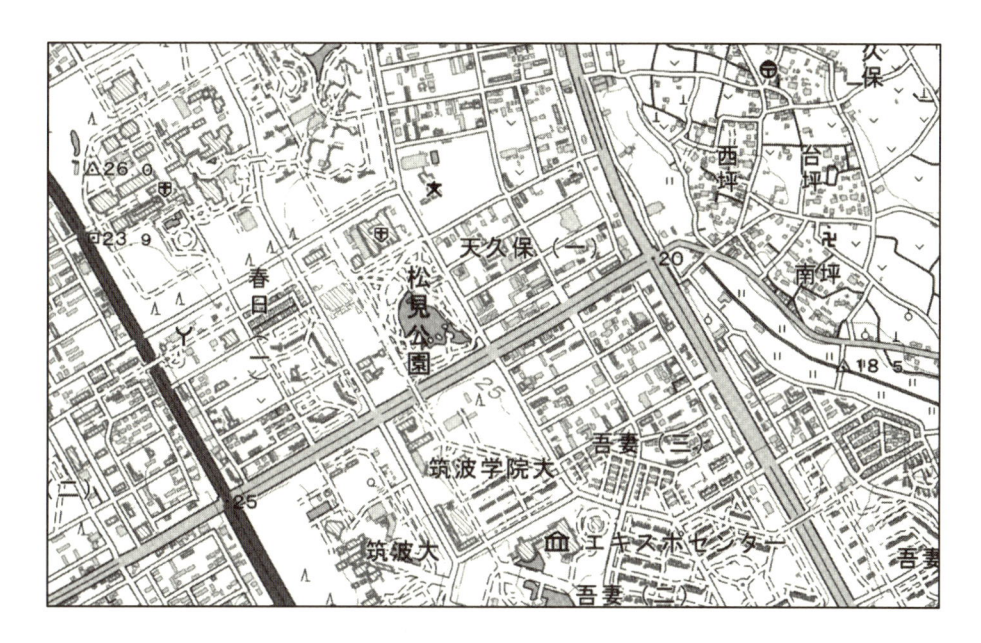

表

種　別	経　度	緯　度	標高(m)
三等三角点	東経140° 06′ 00″	北緯36° 05′ 36″	25.98
四等三角点	東経140° 07′ 02″	北緯36° 05′ 23″	18.48

1．東経140°06′03″　　北緯36°05′30″
2．東経140°06′07″　　北緯36°05′26″
3．東経140°06′24″　　北緯36°05′32″
4．東経140°06′28″　　北緯36°05′35″
5．東経140°06′55″　　北緯36°05′34″

第23日 地形図の読図 解答と解説

問1 電子国土の読図

(1) 従来の1/2.5万地形図（紙地図）に代わる新たな基本図として，ベクトル形式の基盤データである**電子国土基本図**（サイバー国土）が整備されている。電子国土基本図は，基盤地図情報に地形や植生記号，注記等の一般的な地形空間情報を付加し，従来の1/2.5万地形図のように読図しやすいように図式表現され，電子国土ポータルサイト（電子国土の入口）で閲覧できる。

(2) 1/2.5万地形図は，今後，電子国土基本図の更新データを使用して作成される。読図の問題は，**電子国土**（電子地図）からの出題が予想されるが，電子国土では，地図の縮小・拡大が自由であるため，地図上に表示されている縮尺目盛を利用する以外，図式等はほぼ同じである。

1. 山麓駅の標高は，等高線（間隔10m）から約10mであり，山頂駅の標高は約260mである。両駅の標高差は約250mである。
2. 税務署（◇）と裁判所（♁）は図上約16.0mmであり，縮尺目盛から<u>約270m</u>である。
3. 消防署（Y）と保健所（⊕）は図上約19.7mmであり，縮尺目盛から約350mである。
4. 裁判所（♁）の南側，図上9.4mmに消防署（Y）がある。
5. 市役所（◎）の東側，図上12.3mmに図書館（凵）がある。

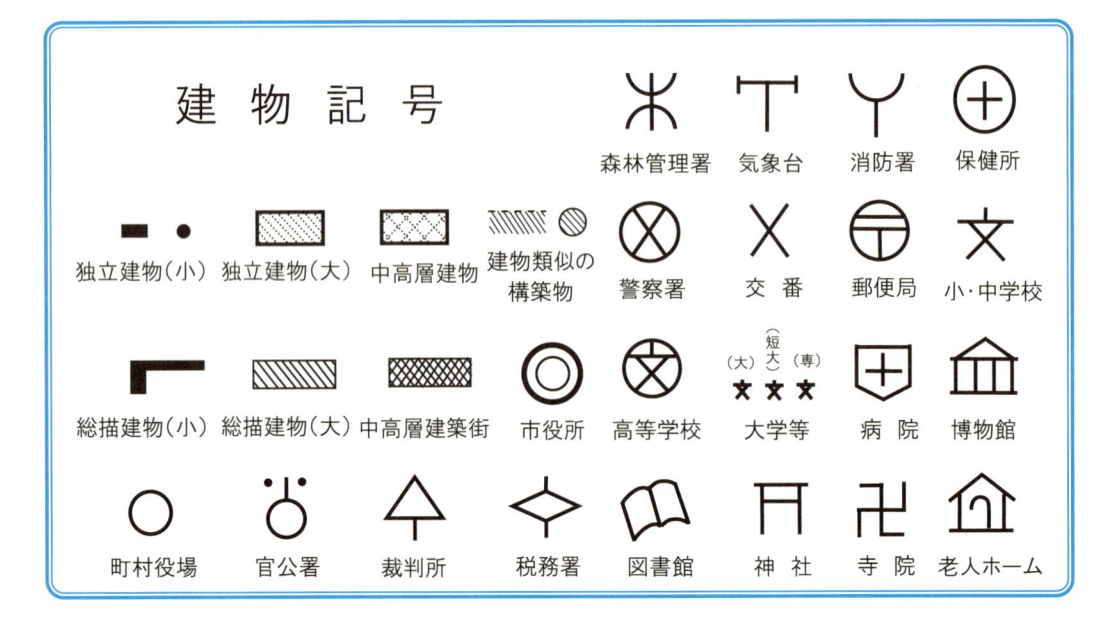

解答 ▶ 2

類似問題

図は，電子国土ポータルとして国土地理院が提供している図（一部改変）である。次の文は，この図に表現されている内容について述べたものである。

間違っているものはどれか。

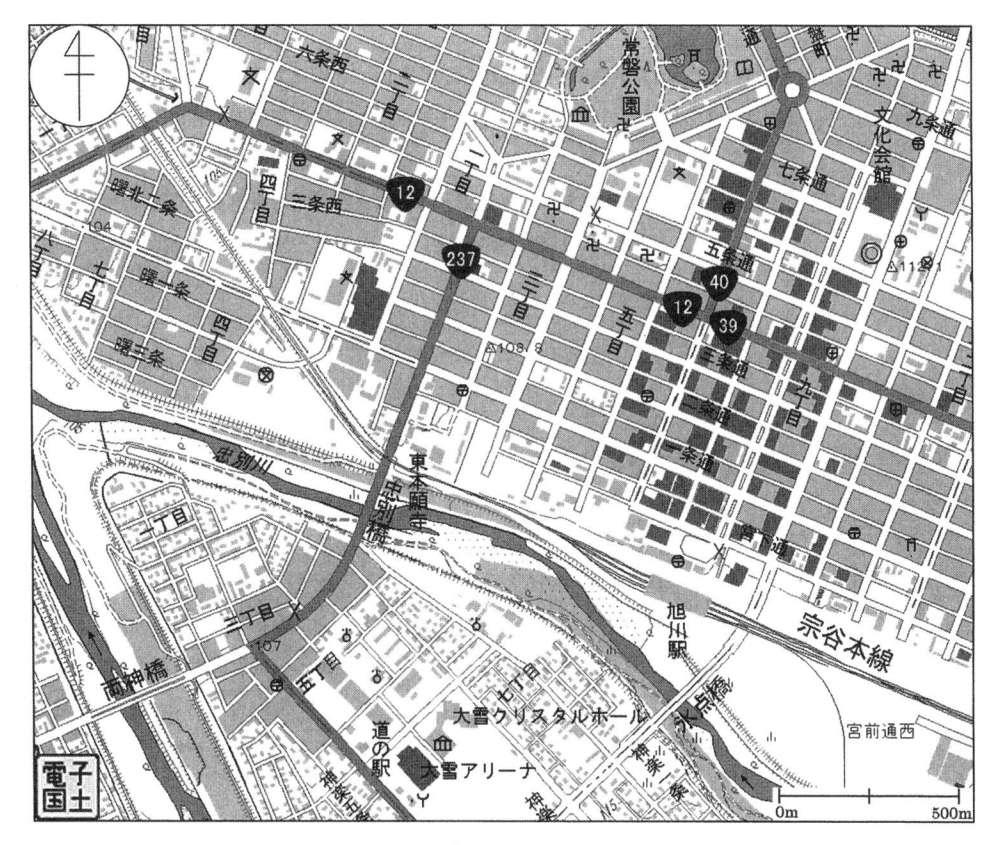

図（70%に縮小）

1. 両神橋と忠別橋を結ぶ道路沿いに交番がある。
2. 常磐公園の東側には図書館がある。
3. 旭川駅の建物記号の南西角から大雪アリーナ近くにある消防署までの水平距離は，およそ850mである。
4. 図中には複数の老人ホームがある。
5. 忠別川に掛かる二本の橋のうち，上流にある橋は氷点橋である。

解答 4

老人ホーム（⛫）は，図中に見当たらない。3．旭川駅の南西角から消防署（Y）までの図上距離を計測し，図右下の距離目盛から実距離を求める。

問2 任意地点の経緯度の計測

1．地形図から任意の地点を求めるには，地形図上に示されている経緯度の値を利用する。図1に示す点Pの緯度 φ（ファイ），経度 λ（ラムダー）は次のとおり。

$$\left.\begin{array}{l}緯度\ \varphi = \varphi_1 + \dfrac{a}{\ell}(\varphi_2 - \varphi_1) \\ 経度\ \lambda = \lambda_1 + \dfrac{b}{d}(\lambda_2 - \lambda_1)\end{array}\right\} \quad \cdots\cdots 式（6・2）$$

但し，φ_1, φ_2：下線・上線の緯度

a, ℓ　：地形図上の $\overline{NP}, \overline{AB}$ の長さ

λ_1, λ_2：左線・右線の経度

b, d　：地形図上の $\overline{AN}, \overline{AC}$ の長さ

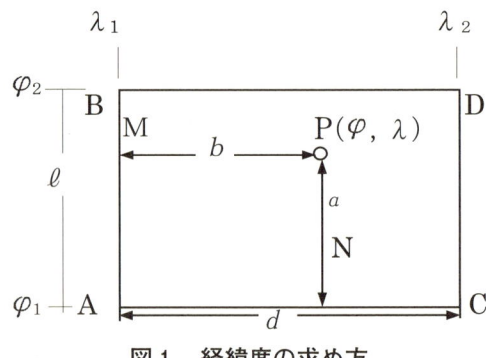

図1　経緯度の求め方

2．地形図の左側上方に三等三角点（標高26.0m）と右側中央に四等三角点（標高18.5m）の経緯度が与えられている。2つの三角点を囲む四辺形を作り，消防署（Y）の経緯度を求める。図上で計測すると，図2に示すとおり。

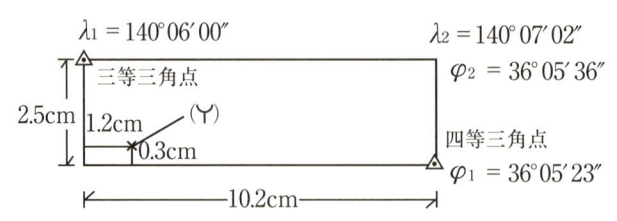

図2　三角点と消防署の位置

$$\lambda = \dfrac{1.2\text{cm}}{10.2\text{cm}} \times 62'' + 140°\ 06'\ 00'' \fallingdotseq 140°\ 06'\ 07''$$

$$\varphi = \dfrac{0.3\text{cm}}{2.5\text{cm}} \times 13'' + 36°\ 05'\ 23'' \fallingdotseq 36°\ 05'\ 25''$$

解答 ▶ 2

類似問題

図は，国土地理院刊行の電子地形図25000の一部（縮尺を変更，一部を改変）である。この図内に示す老人ホームの経緯度はいくらか。

但し，表に示す数値は，図内の三角点のうち2点の経緯度及び標高を示す。

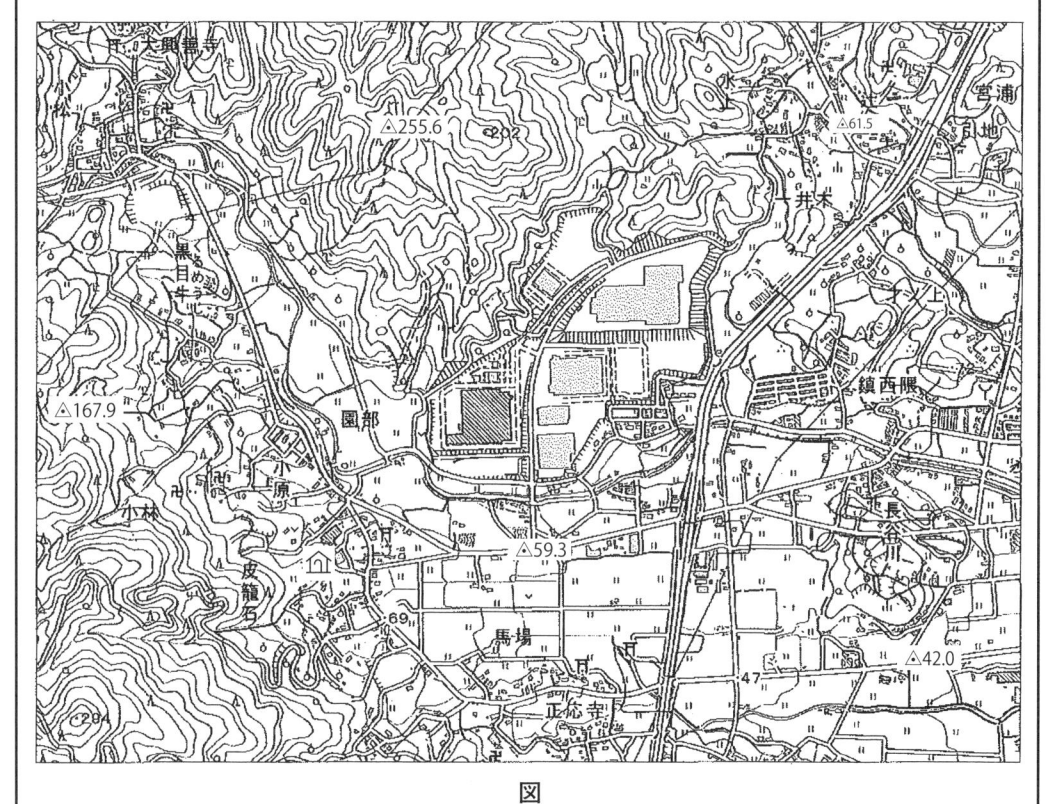

図

表

種　別	経　度	緯　度	標高(m)
四等三角点	130° 30′ 10″	33° 25′ 38″	225.46
四等三角点	130° 31′ 02″	33° 24′ 55″	41.98

1．東経130° 29′ 55″　　北緯33° 25′ 05″

2．東経130° 29′ 57″　　北緯33° 25′ 16″

3．東経130° 30′ 03″　　北緯33° 25′ 03″

4．東経130° 30′ 17″　　北緯33° 24′ 47″

5．東経130° 31′ 10″　　北緯33° 25′ 17″

解答　3

第24日 地理情報システム（GIS）

目標時間20分

問1

解答と解説はP.170

次の文は，地理情報システム（GIS）の機能について述べたものである。明らかに間違っているものはどれか。

1. GISを用いて，ベクタデータを変換処理して，新たにラスタデータを作成することができる。
2. GISを用いて，ラスタデータの地図を投影変換して新たなラスタデータの地図を作成すると，画質が低下することがある。
3. GISを用いて，ラスタデータを十分に拡大表示してから地物をトレースすることで，元のラスタデータより位置精度の良いベクタデータを作成することができる。
4. GISを用いると，個々のベクタデータに付属する属性情報をそのデータの近くに文字で表示することができる。
5. GISを用いると，個々のベクタデータから一定の距離内にある範囲を抽出し，その面積値を算出することができる。

解答欄

問2

解答と解説はP.171

次の文は，地理情報標準に基づいて作成された，位置に関する情報を持ったデータ（以下「地理空間情報」という。）について述べたものである。明らかに間違っているものはどれか。

1. ベクタデータは，点，線，面を表現できる。また，それぞれに属性を付加することができる。
2. 衛星画像データやスキャナを用いて取得した地図画像データは，ベクタデータである。
3. 鉄道の軌道中心線のような線状地物を位相構造解析に利用する場合は，ラスタデータよりもベクタデータの方が適している。
4. 地理情報標準は，地理空間情報の相互利用を容易にするためのものである。
5. 空間データ製品仕様書は，空間データを作成するときにはデータの設計書として，空間データを利用するときにはデータの説明書として利用できる。

解答欄

問3

GISは，地理空間情報を総合的に管理・加工し，視覚的に表示し，高度な分析や迅速な判断を可能にする情報システムである。

次の文は，様々な地理空間情報をGISで処理することによってできることについて述べたものである。明らかに間違っているものはどれか。

1．ネットワーク化された道路中心線データを利用し，火災現場の住所を入力することにより，消防署から火災現場までの最短ルートを表示し，到達時間を計算するシステムを構築する。
2．交通施設，観光施設や公共施設などの情報と地図データを組み合わせることにより，施設の名称や住所により指定した場所の周辺案内ができるシステムを構築する。
3．避難所，道路，河川や標高などのデータを重ね合わせることで，洪水の際に，より安全な避難経路を検討するシステムを構築する。
4．デジタル航空カメラで撮影された画像から市町村の行政界を抽出し，市町村合併の変遷を視覚化するシステムを構築する。
5．地中に埋設されている下水管の位置，経路，埋設年，種類，口径などのデータを基盤地図情報に重ね合わせて，下水道を管理するシステムを構築する。

問4

次の文は，地理空間情報の利用について述べたものである。ア～エに入る語句として適当なものはどれか。

地理空間情報をある目的で利用するためには，目的に合った地理空間情報の所在を検索し，入手する必要がある。 ア は，地理空間情報の イ が ウ を登録し， エ がその ウ をインターネット上で検索するための仕組みである。

ウ には，地理空間情報の イ ・管理者などの情報や，品質に関する情報などを説明するための様々な情報が記述されている。

	ア	イ	ウ	エ
1．	地理情報標準	作成者	メタデータ	利用者
2．	クリアリングハウス	利用者	地理情報標準	作成者
3．	クリアリングハウス	作成者	メタデータ	利用者
4．	地理情報標準	作成者	クリアリングハウス	利用者
5．	メタデータ	利用者	クリアリングハウス	作成者

第24日 地理情報システム（GIS） 解答と解説

問1 GIS（地理情報システム）

1．**GIS（地理情報システム）** とは，空間の位置に関連づけられた自然，社会，経済などの地理情報を総合的に処理・管理・分析するシステムをいう。デジタルで記録された地理空間情報（空間属性，時間属性，主題属性）を電子地図（数値地図）上で一括処理し，都市計画，災害対策，ナビゲーションなど広い分野に利用されている。

2．ベクタデータ，ラスタデータなどのデジタルデータは相互に変換ができる。

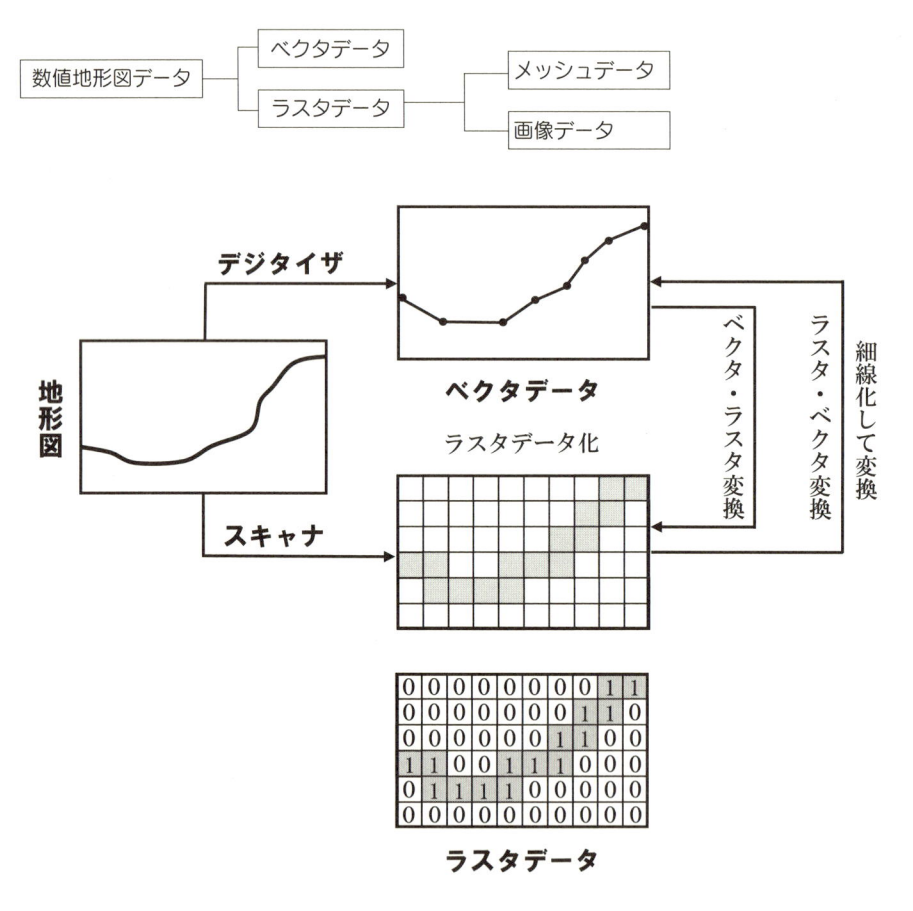

図1　ラスタ・ベクタ変換

3．ラスタ・ベクタ変換において，元のラスタデータより位置精度の良いベクタデータを作成することはできない。

解答▶ 3

問2 地理空間情報(ベクタデータ,ラスタデータ)

1. **ベクタデータ**は,図形の形状(地図情報)を点・線・面に分け,それぞれを座標と長さ・方向(ベクトル)の組合せで表現する方法で,座標位置で表される点の情報や線の情報及び属性情報を付与したデータである。TSやGNSSを用いた細部測量で得られるデータ及びデジタイザで得られるデータは,ベクタデータである。

2. **ラスタデータ**は,図形を細かいメッシュ(網の目状)に分け,各区画(画素,ピクセル)に属性を1つ付与し,その情報が「ある,ない」を記録した数値データで表現する画像データをいう。メッシュ型のデータとしては,数値標高モデル(DEM)がある。スキャナで読み取るデータは,ラスタデータである。

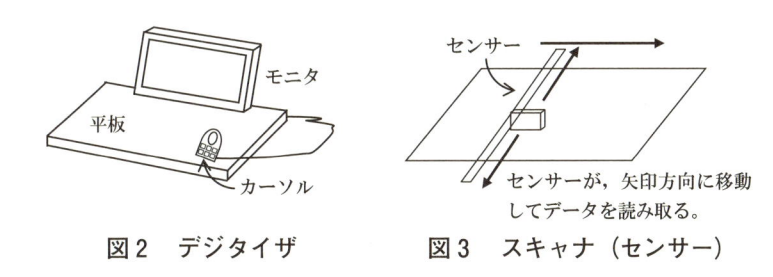

図2 デジタイザ　　　図3 スキャナ(センサー)

表1 地図表現とデータ形式

データ形式	ベクタデータ	ラスタデータ
地図表現	・正確に表現できる ・地図縮尺を大きくしても,形状は崩れない。	・メッシュ内部の情報は不明である。 ・縮尺を大きくすると,地図表現が粗くなる。
地図の特性:地図に使用されるデータは,座標を持った点(学校等の建物)と,線(道路や鉄道等の線状構造物)と,面(土地や湖沼など線で囲まれた物)にその全てが分類される。		

4. **地理情報標準**は,GISの基盤となる地理空間情報(位置情報,地理情報)を異なるシステム間で相互利用する際の互換性の確保を目的として,データの設計,品質,記述方法,仕様の書き方等のルールを定めたものである。

5. **空間データ製品仕様書**は,作成する空間データ(地理空間情報)について,適用範囲,内容と構造,品質,メタデータ(空間データのカタログ)などが記述された詳細な仕様書をいう。

解答 ▶ 2

問3 GISの構築

1. GISは，地図データ（空間データ基盤）に様々な属性データを層（レイヤ）に結び付け，ライフライン管理システムやネットワーク解析による最短経路検索など利用者の用途・目的に合ったデータを得られるシステムである。

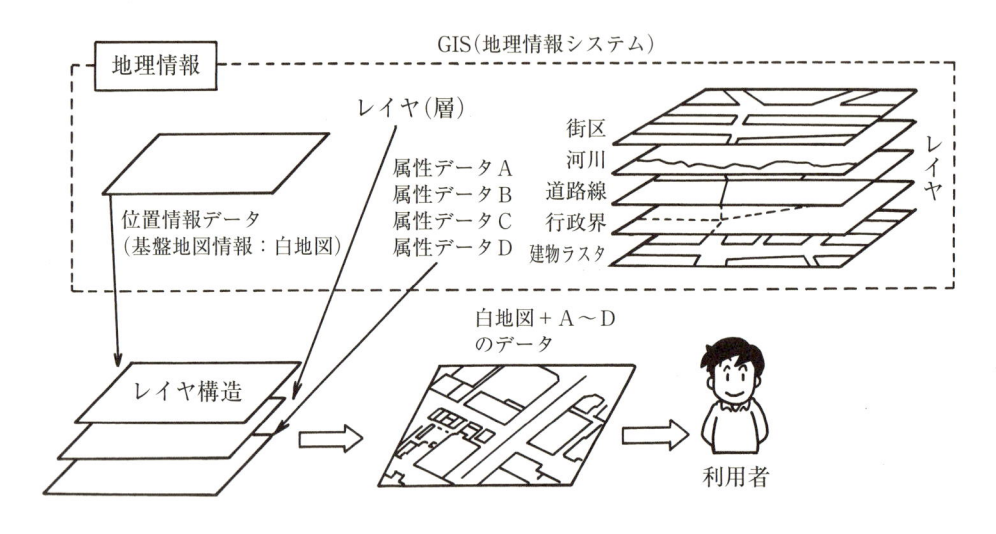

図4　GIS（地理情報システム）

4. 行政界は無形線であり，デジタル航空カメラには写らない。画像から市町村の行政界を抽出することはできない。

解答　4

⦿地理情報システム（GIS）

1. **地理情報システム**（GIS）は，地理空間情報を活用するシステムをいい，その骨格となる地図データベース（**基盤地図情報**）に，地理的な様々な情報を加え，各種の調査・分析・表示を可能とするシステムである。
2. GISでは図形を点，線，面の3要素で表し，経路探索や面積計算等の空間分析を行うため，図形間の関係を位相構造化している。
3. 地理的検索機能として，ある地点・ある線から$x$km以内の情報の検索，ある閉じた区域内の情報検索ができ，編集・分析機能として，情報の分類や統合，その結果の数値化・統計解析など，地図・グラフ表示機能として，得られた情報の地図・グラフ・分析表等の表示，メッシュマップが可能となる。

◉基盤地理情報

1. 基盤地図情報とは，地理空間情報のうち，電子地図上における地理空間情報の位置を定めるための基準となる位置情報をいう（地理空間情報活用推進基本法第2条）。

基盤地図情報の項目	
① 測量の基準点	⑧ 軌道の中心線
② 海岸線	⑨ 標高点
③ 公共施設の境界線（道路区域界）	⑩ 水涯線
④ 公共施設の境界線（河川区域界）	⑪ 建築物の外周線
⑤ 行政区画の境界線及び代表点	⑫ 市町村の町若しくは字の境界及び代表点
⑥ 道路縁	⑬ 街区の境界線及び代表点
⑦ 河川堤防の表法肩の法線	

問4 地理空間情報の利用（クリアリングハウス，メタデータ）

1. **地理情報標準**は，GISの基盤となる地理空間情報を，異なるシステム間で相互利用する際の互換性確保のために定められた標準（ルール）をいう。測量成果は，地理情報標準プロファイル（JPGIS）に準拠した製品仕様書のメタデータで作成する。

① **メタデータ**は，作成者が地理空間情報の種類，所在，内容，品質，利用条件等の情報を別途，詳細に示したデータをいう。データを利用するためのデータである。利用者はメタデータを見れば必要なデータがどれか分かる。

② **クリアリングハウス**は，利用者が活用したい地理空間情報を検索するシステムをいい，検索対象はメタデータである。

　ア　にはクリアリングハウスが，　イ　には作成者が，　ウ　にはメタデータが，　エ　には利用者が入る。

解答　3

地 図 記 号 一 覧
（平成14年 2万5千分1地形図図式）

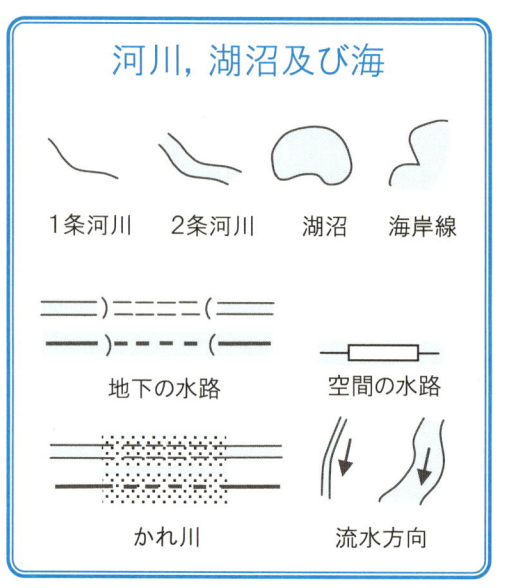

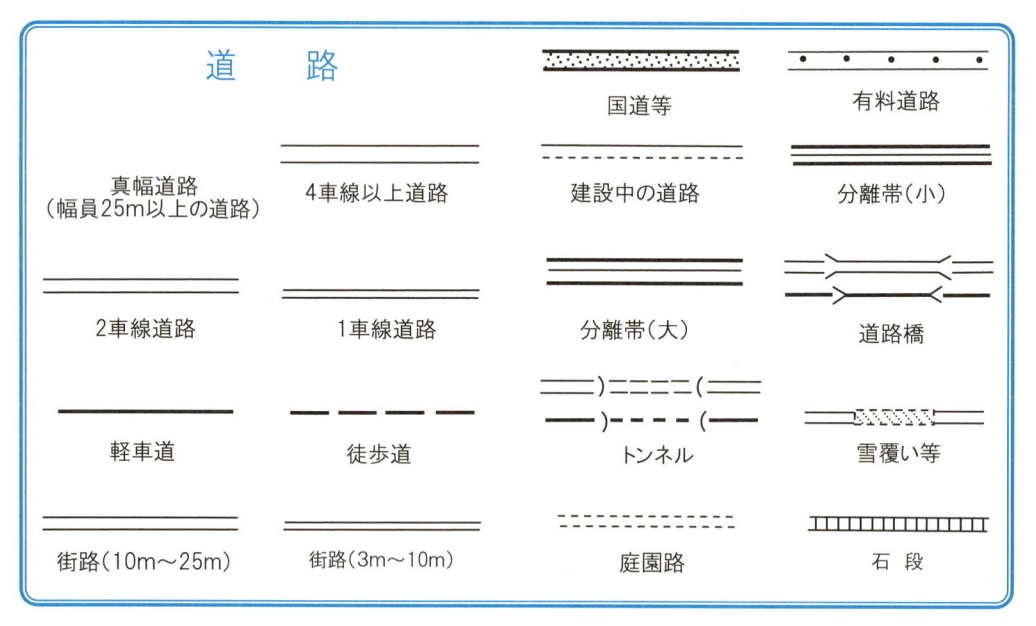

基準点及び標高

電子基準点　三角点　水角点

標高点

・ 124.7（現地測量による標高点）　　－ 156 －
・ 125　（写真測量による標高点）　　水面標高

・ 217　　　　4.5　　　　＋ 4.7
水　深　　　岸　高　　　比　高

河川，湖沼及び海

1条河川　2条河川　湖沼　海岸線

地下の水路　　　　　空間の水路

かれ川　　　　　　　流水方向

道　路

真幅道路（幅員25m以上の道路）
4車線以上道路
国道等
有料道路
建設中の道路
分離帯（小）
2車線道路
1車線道路
分離帯（大）
道路橋
軽車道
徒歩道
トンネル
雪覆い等
街路（10m～25m）
街路（3m～10m）
庭園路
石　段

（注）表示内容を見やすくするため，線の太さ・種類及び3色（青：河川等水に関するもの，茶：地形表現，黒：その他。但し，試験ではすべて黒。）で表示する。

鉄　道

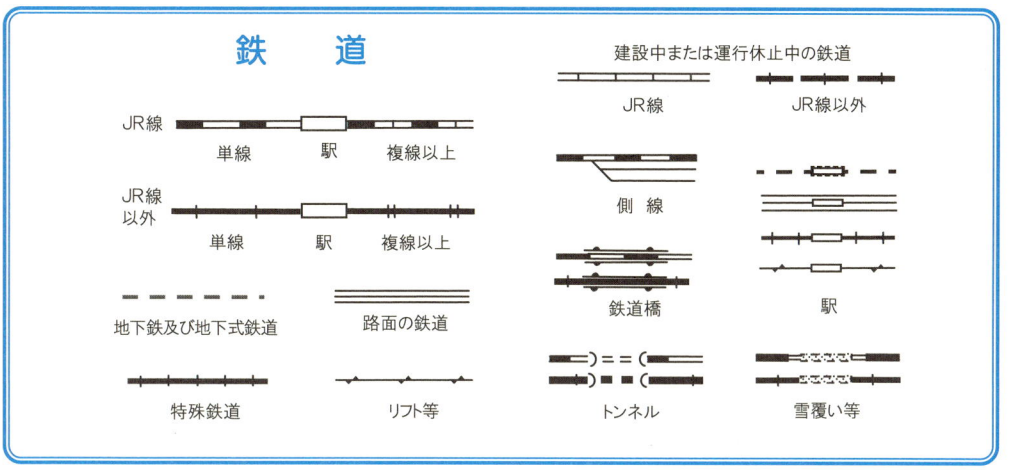

- JR線　単線　駅　複線以上
- JR線以外　単線　駅　複線以上
- 地下鉄及び地下式鉄道
- 路面の鉄道
- 特殊鉄道
- リフト等
- 建設中または運行休止中の鉄道　JR線　JR線以外
- 側線
- 鉄道橋
- 駅
- トンネル
- 雪覆い等

建物等

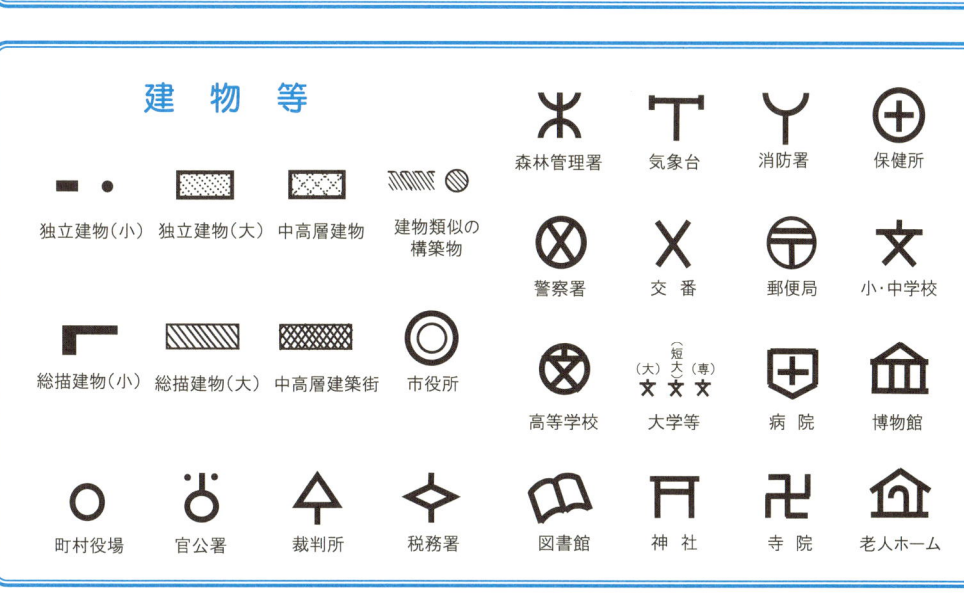

- 独立建物(小)
- 独立建物(大)
- 中高層建物
- 建物類似の構築物
- 総描建物(小)
- 総描建物(大)
- 中高層建築街
- 市役所
- 森林管理署
- 気象台
- 消防署
- 保健所
- 警察署
- 交番
- 郵便局
- 小・中学校
- 高等学校
- 大学等 (大)(短大)(専)
- 病院
- 博物館
- 町村役場
- 官公署
- 裁判所
- 税務署
- 図書館
- 神社
- 寺院
- 老人ホーム

その他の構造物

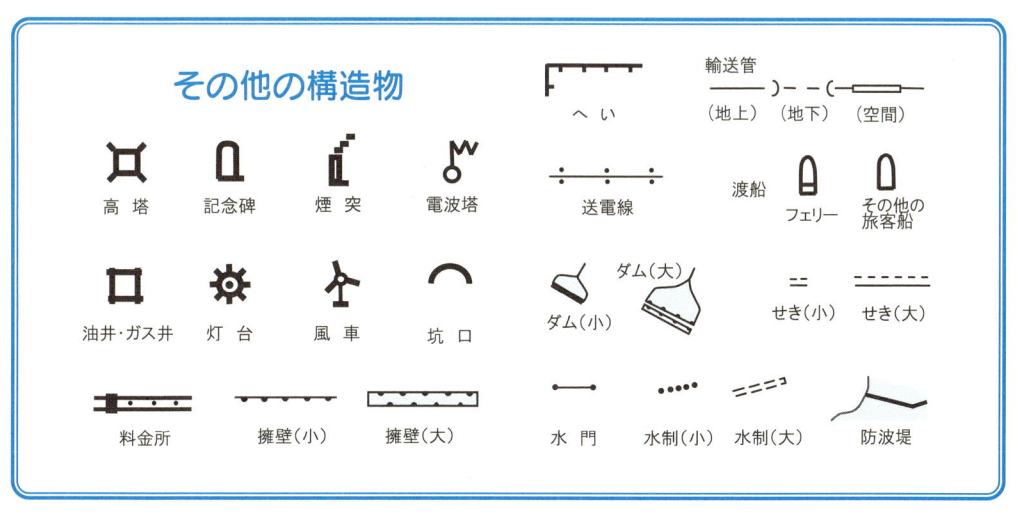

- 高塔
- 記念碑
- 煙突
- 電波塔
- へい
- 輸送管 (地上)(地下)(空間)
- 油井・ガス井
- 灯台
- 風車
- 坑口
- 送電線
- 渡船　フェリー　その他の旅客船
- 料金所
- 擁壁(小)
- 擁壁(大)
- ダム(小)
- ダム(大)
- せき(小)
- せき(大)
- 水門
- 水制(小)
- 水制(大)
- 防波堤

参考資料

参考資料　175

植生

植生界　田　畑　桑畑　茶畑　果樹園　その他の樹木畑

広葉樹林　針葉樹林　竹林　ヤシ科樹林　ハイマツ地　笹地　荒地

特定地図

特定地区界　樹木に囲まれた居住地　墓地　自衛隊　工場　発電所等　温泉

噴火口・噴気口　採鉱地　採石地　城跡　史跡・名称・天然記念物　重要港　地方港　魚港

陸部の地形

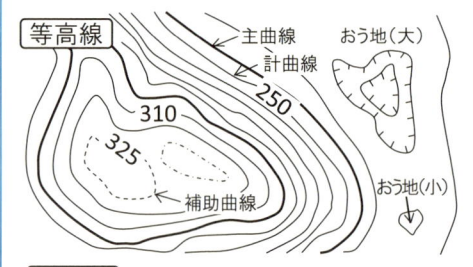

等高線　主曲線　計曲線　おう地（大）　250　310　325　補助曲線　おう地（小）

がけ

土がけ　土堤　岩がけ　雨裂

岩（大）　岩（小）　砂れき地　万年雪

滝（小）　滝（大）　湿地

水部の地形

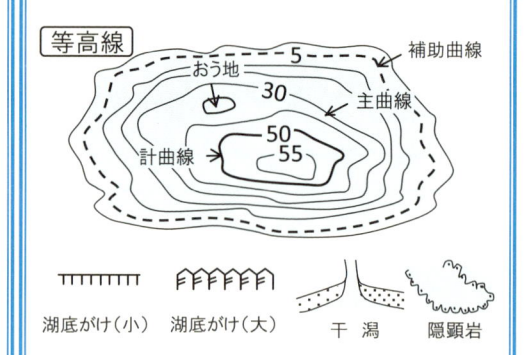

等高線　5　補助曲線　おう地　30　主曲線　計曲線　50　55

湖底がけ（小）　湖底がけ（大）　干潟　隠顕岩

行政界

市・郡・東京都の区界

都府県界　町・村・政令市の区界

北海道の支庁界　所属界

第7章

応用測量

応用測量のポイントは？

1. 応用測量とは，道路，河川，公園等の計画，調査，実施設計，用地取得，管理等に用いられる測量をいう（準則第338条）。
　応用測量は，基本測量の成果に加え，基準点測量，水準測量，地形測量及び写真測量の成果を使用して，目的によって，路線測量，用地測量，河川測量等に区分する（準則第339条）。

2. 応用測量は，出題問題28問中，No25～No28に4問出題される。出題分野は路線測量（2～1問），用地測量（1～2問），河川測量（1問）である。主な内容は次のとおり。
　① 路線測量（作業工程，縦断測量等）
　② 路線測量（円曲線の設置，路線変更計画等）
　③ 用地測量（作業工程，面積計算等）
　④ 河川測量（距離標設置測量，水準基標測量等）

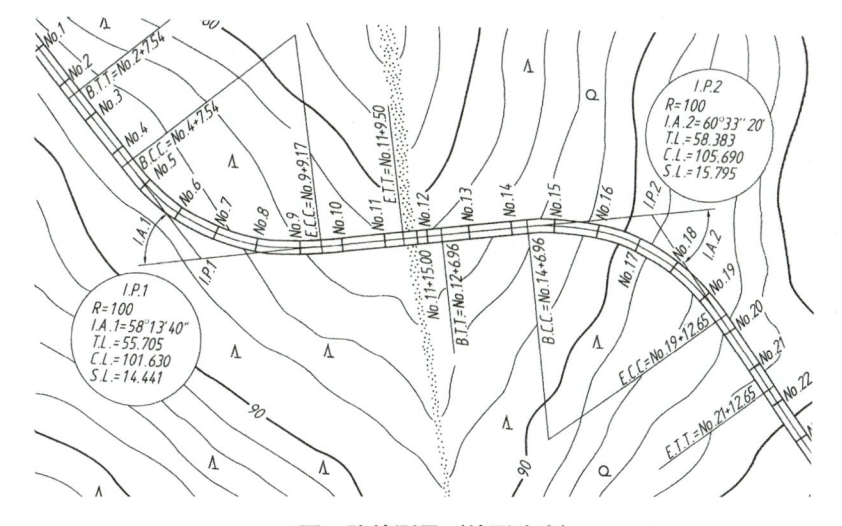

図　路線測量（線形決定）

第25日 路線測量の作業工程　目標時間20分

問1

図は，路線測量の作業工程を示したものである。ア～オに入る作業名として適当なものはどれか。

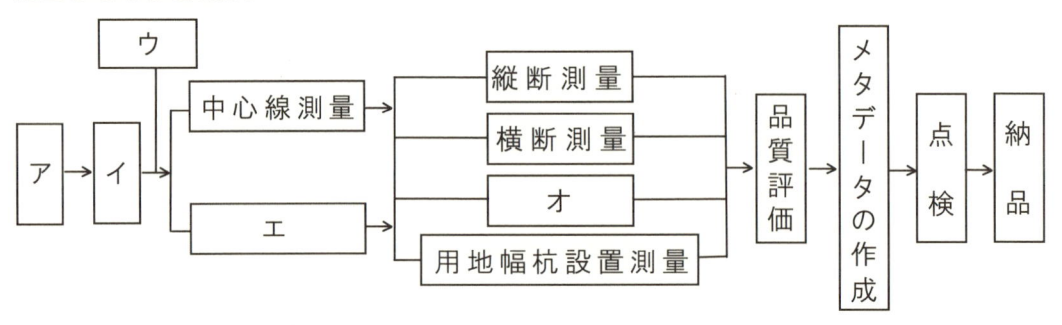

```
[ア]→[イ]→[ウ]
         ↓
      [中心線測量]→[縦断測量]─┐
              │  [横断測量]─┤
              ↓      [オ]─┤→[品質評価]→[メタデータの作成]→[点検]→[納品]
             [エ]           │
              └→[用地幅杭設置測量]┘
```

	ア	イ	ウ	エ	オ
1.	作業計画	線形決定	IPの設置	仮BM設置測量	詳細測量
2.	作業計画	線形決定	仮BM設置測量	IPの設置	法線測量
3.	線形決定	作業計画	IPの設置	仮BM設置測量	詳細測量
4.	作業計画	線形決定	仮BM設置測量	IPの設置	詳細測量
5.	線形決定	作業計画	仮BM設置測量	IPの設置	法線測量

解答欄

問2

次の文は，公共測量における路線測量について述べたものである。明らかに間違っているものはどれか。次の中から選べ。

1. 「線形決定」とは，路線選定の結果に基づき，地形図上の交点の位置を座標として定め，線形図データファイルを作成する作業をいう。
2. 「中心線測量」とは，主要点及び中心点を現地に設置し，線形地形図データファイルを作成する作業をいう。
3. 「縦断測量」とは，中心杭等の標高を定め，縦断面図データファイルを作成する作業をいう。
4. 「横断測量」とは，中心杭等を基準にして地形の変化点等の距離及び地盤高を定め，横断面図データファイルを作成する作業をいう。
5. 「詳細測量」とは，主要な構造物の設計に必要な杭打図を作成する作業をいう。

解答欄

問3

表は，ある公共測量における縦断測量の観測手簿の一部である。観測は，器高式による直接水準測量で行っており，BM1，BM2を既知点として観測地との閉合差を補正して標高及び器械高を決定している。表中の ア ～ ウ に当てはまる値はそれぞれ何か。

表　縦断測量観測手簿

地点	距離 (m)	後視 (m)	器械高 (m)	前視 (m)	補正量 (mm)	決定標高 (m)
BM1		1.308	81.583			80.275
No.1	25.00	0.841	ア	1.043	イ	ウ
No.1 GH				0.854		80.527
No.2	20.00			1.438		79.943
No.2 GH				1.452		79.929
No.2＋5m	5.00	1.329	81.126	1.585	＋1	79.797
No.2＋5m GH				1.350		79.776
No.3	15.00			1.040		80.086
No.3 GH				1.056		80.070
No.4	20.00	1.042	81.523	0.646	＋1	80.481
No.4 GH				1.055		80.468
BM2	35.00			1.539	＋1	79.985

（GHは各中心杭の地盤高の観測点）

	ア	イ	ウ
1．	81.381	0	80.540
2．	81.381	＋1	80.540
3．	81.381	＋1	80.541
4．	81.382	0	80.541
5．	81.382	＋1	80.541

第25日　路線測量の作業工程　解答と解説

問1　路線測量の細分（作業工程）

(1) **路線測量**とは，線状築造物（道路，水路等幅に比べ延長の長い構造物）建設のための調査，計画，実施設計等に用いられる測量をいう（準則第346条）。

路線測量は，図1に示す測量等に細分する（準則第348条）。

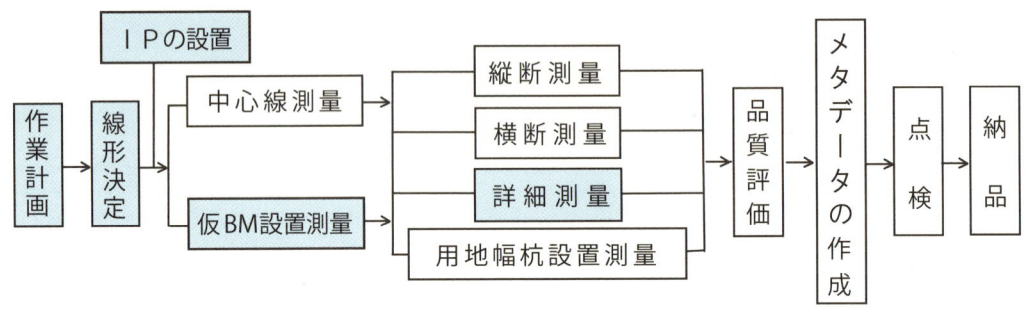

```
作業計画 → 線形決定 → IPの設置 → 中心線測量 → 縦断測量
                    → 仮BM設置測量 → 横断測量
                                  → 詳細測量     → 品質評価 → メタデータの作成 → 点検 → 納品
                                  → 用地幅杭設置測量
```

図1　路線測量の細分（作業工程）

ア．**作業計画**とは，路線測量に必要な状況を把握し，路線測量の細分ごとに作成するものとする（準則第348条）。

イ．**線形決定**とは，路線選定の結果に基づき，地形図上の交点（IP）の位置を座標として定め，線形図データファイルを作成する作業をいう（準則第349条）。

線形決定は，地図情報レベル1 000以下の地形図において，設計条件及び現地の状況を勘案して行う。設計条件となる条件点（道路に接する移動不可能な構造物）の座標は，近傍の4級基準点等により放射法で求める（準則第350条）。

ウ．**IPの設置**とは，現地に直接IPを設置する必要がある場合に設置するもので，線形決定により定められた座標値を4級基準点による放射法により設置する。IPには標杭を設置する（準則第351条）。

エ．**仮BM設置測量**とは，縦断・横断測量に必要な水準点（BM）を現地に設置し，標高を定める作業をいう（準則第355条）。平地では3級水準測量，山地では4級水準測量で行う。仮BMの設置間隔は0.5kmを標準とする（準則第356条）。

オ．**詳細測量**とは，主要な構造物の設計に必要な詳細平面図データファイル，縦断面図データファイル及び横断面図データファイルを作成する作業をいう（準則第362条）。

解答　1

問2 路線測量の内容（細部）

2．**中心線測量**とは，主要点及び中心点を現地に設置し，線形地形図データファイルを作成する作業をいう（準則第352条）。

3．**縦断測量**とは，中心杭等の標高を定め，縦断面図データファイルを作成する作業をいう（準則第358条）。

4．**横断測量**とは，中心杭等を基準にして地形の変化点等の距離及び地盤高を定め，横断面図データファイルを作成する作業をいう（準則第360条）。

5．**詳細測量**とは，主要な構造物の詳細平面図（地図情報レベル250），縦断面図，横断面図のデータファイルを作成するための測量であり，**用地幅杭設置測量**の取得等に係る用地の範囲を示す用地幅杭（用地幅杭点及び中心点の位置を示す図を杭打図という）とは関係がない。

解答　5

類似問題

次の文は，公共測量における路線測量について述べたものである。明らかに間違っているものはどれか。

1．線形図データファイルは，計算等により求めた主要点及び中心点の座標値を用いて作成する。
2．線形地形図データファイルは，地形図データに主要点及び中心点の座標値を用いて作成する。
3．縦断面図データファイルを図紙に出力する場合は，縦断面図の距離を表す横の縮尺は線形地形の縮尺と同一のものを標準とする。
4．横断面図データファイルを図紙に出力する場合は，横断面図の縮尺は縦断面図の横の縮尺と同一のものを標準とする。
5．詳細平面図データの地図情報レベルは250を標準とする。

解答　4

横断面図の縮尺は，縦断面図の縦の縮尺と同一のものを標準とする（準則第361条）。

なお，縦断面図データファイルを図紙に出力する場合は，縦断面図の距離を表す横の縮尺は線形地形図の縮尺と同一とし，高さを表す縦の縮尺は，線形地形図の縮尺の5倍から10倍までを標準とする。

問3 縦断測量

1. **縦断測量**では，中心杭高（No.1，No.2 …）と地盤高（No.1 GH，No.2 GH…）の標高を求める。観測手簿は，器高式野帳で後視の地盤高に後視の読みを加えて器械高とし，この値から前視を引いて各測点の杭高，地盤高を求めている。

　後視（BS）とは標高が既知の点に立てた標尺の読み，**前視**（FS）とは標高が未知の点に立てた標尺の読み，**器械**高とは基準面から視準線の高さをいう。

　No.1の観測標高 $H_{No.1} = IH - FS = 81.583\text{m} - 1.043\text{m} = 80.540\text{m}$ 　……式（7・1）

　ア の器械高 $IH = No_{GH} + BS = 80.540\text{m} + 0.841\text{m} = 81.381\text{m}$

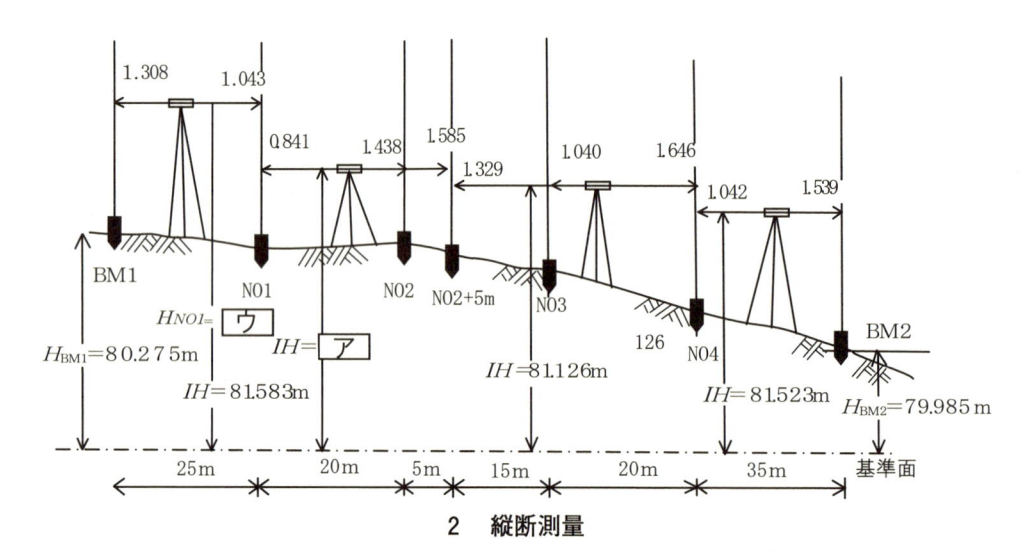

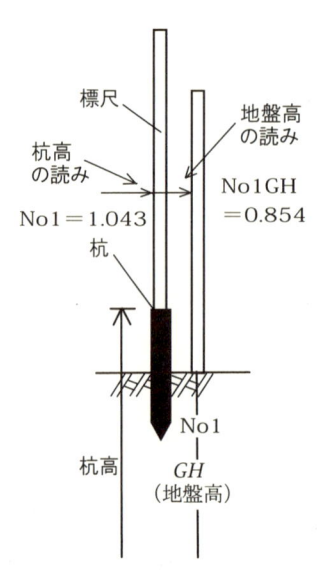

図2　縦断測量

（注）観測手簿は，各測点の杭高→地盤高の順に記入する。

図3　杭高と地盤高（No1の場合）

2．観測誤差及び補正量は，次のとおり。

既知点間の比高 H_1＝BM2－BM1＝79.985m－80.275m＝－0.290m

観測比高（BM1→BM2）H_2＝$\Sigma BS - \Sigma FS$

H_2＝(1.308＋0.841＋1.329＋1.042)－(1.043＋1.585＋0.646＋1.539)

　　＝4.520－4.813＝－0.293m

（注）ΣFSは，もりかえ点（同一地点の標尺の前視と後視の読み取り点）の前視の合計。

誤差 e＝観測比高 H_2－既知点間比高 H_1

　　　　＝－0.293m－（－0.290m）＝－0.003m

補正量は，$d_n = -e = 0.003$m となる。

路線の全長 ΣS＝120m，各測点の補正は，観測距離 S に比例する。

$$d_n = d \times \frac{\text{始点からの距離}S}{\text{路線の全長}\Sigma S}$$　……式（7・2）

No.1 の補正量　　　d_1＝0.003m×$\frac{25}{120}$＝0.000m＝0 mm

No.2＋5mの補正量 d_2＝0.003m×$\frac{45}{120}$＝0.001m＝1 mm

No.4 の補正量　　　d_4＝0.003m×$\frac{85}{120}$＝0.002m＝2 mm

BM2 の補正量　　　d_{BM}＝0.003m×$\frac{120}{120}$＝0.003m＝3 mm

以上より，No.1，No.2＋5m，No.4 及び BM2 で1mm補正する。故に，No.1 の決定標高 $H_{No.1}$＝80.540m＋0mm＝80.540m となる。

ア に 81.381m， イ に 0 mm， ウ に 80.540m が入る。

解答 ▶ 1

◉縦断測量の方法

1．縦断測量は，中心杭高及び中心点並びに中心線上の地形変化点の地盤高及び中心線上の主要な構造物の標高を仮BM又は水準点に基づき，平地においては4級水準測量，山地においては簡易水準測量により行う（準則第359条）。

第26日 円曲線の設置等

目標時間20分

問1

解答と解説はP.186

図に示すように，起点をBP，終点をEPとし，始点BC，終点EC，曲線半径$R=200$m，交角$I=90°$で，点Oを中心とする円曲線を含む新しい道路の建設のために，中心線測量を行い，中心杭を起点BPをNo.0として，20mごとに設置する。

このとき，BCにおける，交点IPからの中心杭No.15の偏角δはいくらか。

但し，IPの位置は，BPから270m，EPから320m，円周率$\pi=3.14$とする。

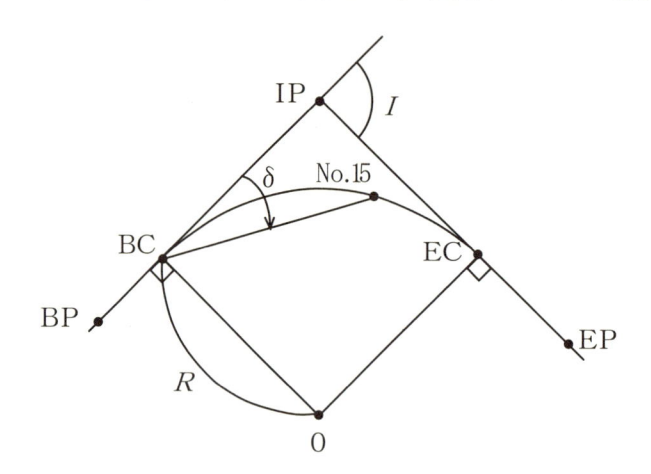

1. 19°
2. 25°
3. 33°
4. 35°
5. 57°

問2

図に示すように，曲線半径R＝600m，交角α＝90°で設置されている，点Oを中心とする円曲線からなる現在の道路（現道路）を改良し，点O′を中心とする円曲線からなる新しい道路（新道路）を建設することとなった。

新道路の交角β＝60°としたとき，新道路BC～EC′の路線長はいくらか。

但し，新道路の起点BC及び交点IPの位置は，現道路と変わらないものとし，円周率π＝3.14とする。

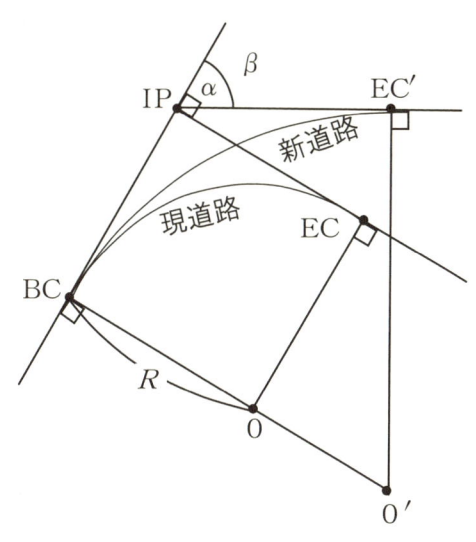

1． 1 016m
2． 1 039m
3． 1 065m
4． 1 088m
5． 1 114m

第26日 円曲線の設置等　解答と解説

問1　円曲線の設置（偏角弦長法）

(1) **偏角拡張法**は，セオドライトで偏角を，巻尺で弦張を測って曲線を測設する方法である。

$R=200$m，交角$I=90°$より，接線長（TL）及び曲線長（CL）は，

接線長 $TL = R\tan\dfrac{I}{2} = 200\text{m} \times \tan\dfrac{90°}{2} = 200$m 　……式（7・3）

曲線長 $CL = RI = RI° \dfrac{\pi}{180°} = 200\text{m} \times \dfrac{90°}{180°} \times \pi = 314$m 　……式（7・4）

(2) BCの位置は，IPがBP（起点）から270mであるから

BC $= 270\text{m} - TL = 270\text{m} - 200\text{m} = 70\text{m} = 20\text{m} \times 3 + 10\text{m} = $ No.3 $+ 10$m

(3) BC（No.3 $+ 10$m）からNo.15までの弦長 ℓ は

$\ell = $ No.15 $-$ （No.3 $+ 10$m） $= 300\text{m} - 70\text{m} = 230$m

(4) 故に，偏角は次のとおり。

偏角 $\delta = \dfrac{\ell}{2R}$ (rad) $= \dfrac{\ell}{2R} \cdot \dfrac{180°}{\pi}$

$= \dfrac{230\text{m}}{2 \times 200\text{m}} \times \dfrac{180°}{3.14} = 32.96° = 32°57'42''$

図1　偏角弦長法

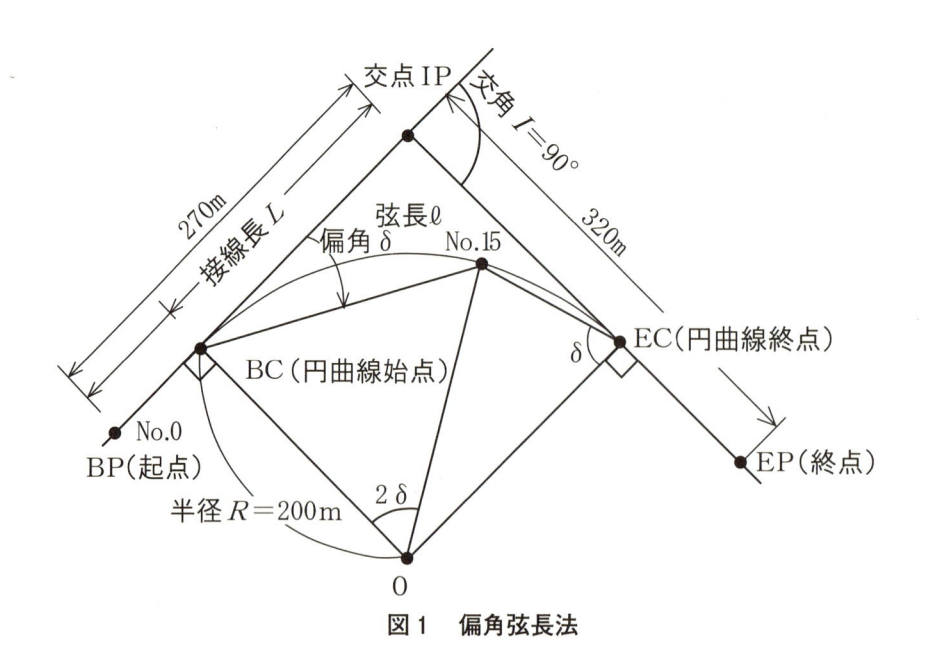

解答 ▶ 3

1. 円曲線の名称と記号

1. 円曲線の名称と記号は，表1，図2に示すとおり。

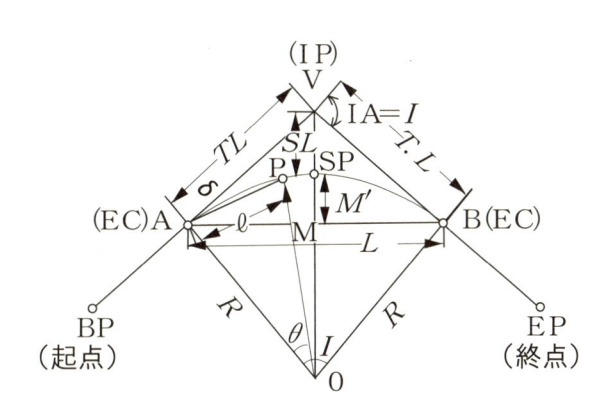

図1　円曲線各部の記号

表1　円曲線の名称と略号

名称	略号	名称	略号	名称	略号	名称	略号
交　点	IP	曲線長	CL	曲線の中点	SP	弦　長	ℓ
交角(中心角)	$I(IA)$	外線長	SL	中央縦距	M'	偏　角	δ
曲線半径	R	円曲線始点	BC	弧　長	c	中心角	θ
接線長	TL	円曲線終点	EC	弧長（長弧）	L	総偏角	$\dfrac{I}{2}$

2. 円曲線の公式

1. **接線長** $TL = R \tan \dfrac{I}{2}$ 　　……式（1）

2. **曲線長** $CL = RI = \dfrac{\pi R I°}{180°} = 0.017\,453\,3RI$

   弧　長 $c = R\theta = 2R\delta$ 　　……式（2）

3. **外線長** $SL = R\left(\sec\dfrac{I}{2} - 1\right)$ 　　……式（3）

4. **中央縦距** $M' = R\left(1 - \cos\dfrac{I}{2}\right)$ 　　……式（4）

5. **弦長（長玄）** $C = 2R\sin\dfrac{I}{2}$

   弦長 $c = 2R\sin\delta$ 　　……式（5）

6. **偏　角** $\delta = \dfrac{\theta}{2} = \dfrac{\ell}{2R}[\text{rad}] = \dfrac{\ell}{2R} \cdot \dfrac{180°}{\pi}$

   $= \dfrac{\ell}{2R} \times \dfrac{180° \times 60' \times 60''}{\pi} = \dfrac{\ell}{2R}\rho''$ 　　……式（6）

> **類似問題**
>
> 図のように，円曲線始点BC，円曲線終点ECからなる円曲線の道路の建設を計画している。
>
> 曲線半径$R=100$m，交角$I=108°$としたとき，建設する道路の円曲線始点BCから曲線の中点SPまでの弦長はいくらか。
>
> なお，関数の数値が必要な場合は，巻末の関数表を使用すること。
>
> 1．45.40m
> 2．75.00m
> 3．90.80m
> 4．99.40m
> 5．161.80m

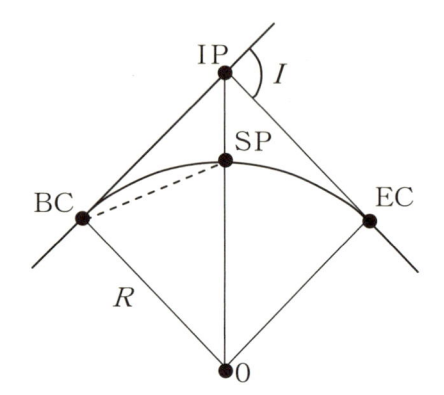

解答 3

曲線長 $CL = RI = \dfrac{\pi R I°}{180°} = \dfrac{3.14 \times 100\text{m} \times 108°}{180°} = 188.4$m

SPまでの弧長 $C = 188.4\text{m}/2 = 94.2$m

SPの偏角 $\delta = \dfrac{C}{2R} \cdot \dfrac{180°}{\pi} = \dfrac{94.2\text{m}}{2 \times 100\text{m}} \cdot \dfrac{180°}{3.14} = 27°$

SPの弦長 $\ell = 2R\sin\delta = 2 \times 100\text{m} \times \sin 27°$
$ = \underline{90.798\text{m}}$

◉IPの設置

1. IPの座標値は，近傍の4級基準点以上の基準点に基づき，放射法等により設置する。TS等を用いる場合は，水平角観測（線形決定により定められた座標値をもつIPは0.5対回，その他1対回，較差の許容範囲40″），鉛直角観測（0.5対回），距離測定（2回測定，較差の許容範囲5mm）を標準とする。

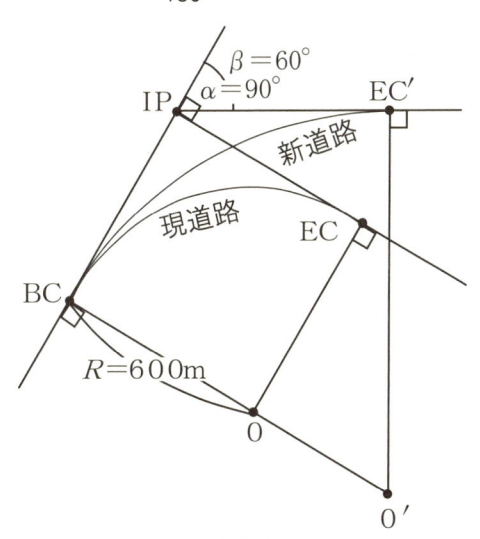

問2 路線変更計画

(1) **路線変更計画**は，現道路の曲線半径を大きくしてカーブを緩やかにする場合，あるいは新設道路計画において重要な古墳が発見され路線を変更しなければならない場合などが考えられる。

(2) 図2を参考に，現道路の始点BC及び交点IPの位置を変えないで，交角をβに円曲線を緩和する場合，曲線長CLは次のように計算する。なお，EC'は新しい終点，O'は新しい円曲線の中心とする。

① 現道路と新道路の接線長TLは変わらない。$TL = R\tan\alpha/2$

② 新道路の半径を$R_\circ$とすれば，次の関係が成り立つ。

$$TL = R\tan\frac{\alpha}{2} = R_\circ\tan\frac{\beta}{2} \text{より}$$

$$\text{新道路の半径} R_\circ = \frac{TL}{\tan\frac{\beta}{2}} = \frac{R\tan\frac{\alpha}{2}}{\tan\frac{\beta}{2}} \quad \cdots\cdots\text{式 (7・5)}$$

$$\text{新道路の曲線長} CL = R_\circ\beta = \frac{\pi R_\circ\beta°}{180°} = 0.017\,453\,3 R_\circ\beta \quad \cdots\cdots\text{式 (7・6)}$$

図2 路線変更計画

以上より，

接線長 $TL = R\tan\frac{\alpha}{2} = 600\text{m} \times \tan\frac{90°}{2} = 600\text{m}$

新道路の半径 $R_\circ = \frac{TL}{\tan\beta/2} = \frac{600\text{m}}{\tan 60°/2} = \frac{600\text{m}}{\tan 30°} = \frac{600}{1/\sqrt{3}} = 1039.2\text{m}$

新道路の曲線長 $CL = R_\circ\beta = R_\circ\beta°\frac{\pi}{180°} = 1039.2\text{m} \times 60° \times \frac{3.14}{180°} = \underline{1087.7\text{m}}$

解答 ▶ 4

第27日 用地測量（面積計算）

目標時間30分

問1

解答と解説はP.192

次の文は，用地測量について述べたものである。 ア ～ オ に入る語句として適当なものはどれか。

a．境界測量は，現地において境界点を測量し，その ア を求める。

b．境界確認は，現地において イ ごとに土地の境界（境界点）を確認する。

c．復元測量は，境界確認に先立ち，地積測量図などに基づき ウ の位置を確認し，亡失などがある場合は復元するべき位置に仮杭を設置する。

d． エ 測量は，現地において隣接する エ の距離を測定し，境界点の精度を確認する。

e．面積計算は，取得用地及び残地の面積を オ により算出する。

	ア	イ	ウ	エ	オ
1．	座標値	一筆	境界杭	境界点間	座標法
2．	標高	街区	境界杭	基準点	座標法
3．	座標値	一筆	基準点	境界点間	三斜法
4．	座標値	街区	基準点	境界点間	座標法
5．	標高	一筆	境界杭	基準点	三斜法

解答欄

問2

解答と解説はP.193

境界点A，B，C及びDを結ぶ直線で囲まれた四角形の土地の測量を行い，表に示す平面直角座標系上の座標値を得た。この土地の面積はいくらか。

なお，関数の数値が必要な場合は，巻末の関数表を使用すること。

表

境界点	X座標（m）	Y座標（m）
A	＋25.000	＋25.000
B	－40.000	＋12.000
C	－28.000	－25.000
D	＋5.000	－40.000

1．2,303m^2

2．2,403m^2

3．2,503m^2

4．2,603m^2

5．2,703m^2

解答欄

□問3

ある三角形の土地の面積を算出するため，公共測量で設置された4級基準点から，トータルステーションを使用して測量を実施した。表は，4級基準点から三角形の頂点にあたる地点A，B，Cを測定した結果を示している。この土地の面積はいくらか。

なお，関数の数値が必要な場合は，巻末の関数表を使用すること。

表

地点	方向角	平面距離
A	0° 00′ 00″	32.000m
B	60° 00′ 00″	40.000m
C	330° 00′ 00″	24.000m

1．173m²
2．195m²
3．213m²
4．240m²
5．266m²

第27日 用地測量（面積計算） 解答と解説

問1 用地測量の細分

1．用地測量とは，土地及び境界等について調査し，用地取得等に必要な資料及び図面を作成する作業をいう。用地測量は，次に掲げる測量等に細分する（準則第390, 391条）。

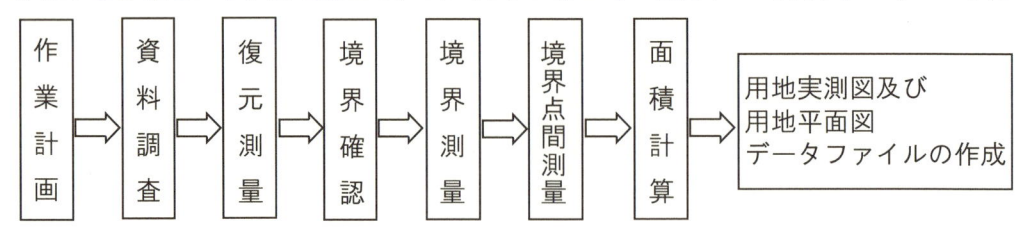

作業計画 → 資料調査 → 復元測量 → 境界確認 → 境界測量 → 境界点間測量 → 面積計算 → 用地実測図及び用地平面図データファイルの作成

図1　用地測量の細分

a．**境界測量**とは，現地において境界点を測定し，その座標値を求める作業をいう。境界測量は，近傍の4級基準点以上の基準点に基づき，放射法等により行う（準則第403, 404条）。

b．**境界確認**とは，現地において一筆ごとに土地の境界（境界点）を確認する作業をいう。境界確認は，復元測量の結果，公図等転写図，土地調査表等に基づき，現地において関係者立会いの上，境界点を確認し，標杭を設置する（準則第401, 402条）。

c．**復元測量**とは，境界確認に先立ち，地積測量図等に基づき境界杭の位置を確認し，亡失等のある場合は復元するべき位置に仮杭（復元杭）を設置する作業を いう（準則第399条）。

d．**境界点間測量**とは，隣接する境界点間の距離を，TS等を用いて測定し精度を確認する作業をいう（準則第408条）。

e．**面積計算**とは，境界測量の成果に基づき，各筆等の取得用地及び残地の面積を算出し面積計算書を作成する作業をいう。面積計算は，原則として座標法により行う（準則第410, 411条）。

　　ア には座標値，イ には一筆，ウ には境界杭，エ には境界点間，オ には座標法が入る。

解答　1

問2　座標法による面積計算

1. 多角形の各測点のx座標に，その前後の測点のy座標の差を掛けたもの$x_n(y_{n+1}-y_{n-1})$を加えると，多角形の2倍の面積（**倍面積**）が求まる。多角形のn個の頂点の座標を一般に(x_i, y_i)とすると，n多角形の囲む面積Sは，次のとおり。

$$2S=\sum x_n(y_{n+1}-y_{n-1})$$
$$2S=x_1(y_2-y_4)+x_2(y_3-y_1)+x_3(y_4-y_2)+x_4(y_1-y_3)$$
$$=\sum\{その測線のX座標(次のY座標-前のY座標)\}$$

……式（7・7）

表1　面積計算表

境界点	X(m)	Y(m)	$(y_{i+1}-y_{i-1})$	$x_i(y_{i+1}-y_{i-1})$
A	+25.0	+25.0	+52.0	+1 300.0
B	-40.0	+12.0	-50.0	+2 000.0
C	-28.0	-25.0	-52.0	+1 456.0
D	+5.0	-40.0	+50.0	+ 250.0
倍面積　m²				2S=5 006.0
面　積　m²				S=2 503.0

2. **別解**　式（7・7）を展開して行列式の形に表すと，

$$2S=(x_1y_2-y_1x_2)+(x_2y_3-y_2x_3)+(x_3y_4-y_3x_4)+(x_4y_1-y_4x_1)$$

$$x_1y_2-y_1x_2=\begin{vmatrix}x_1 & y_1\\ x_2 & y_2\end{vmatrix}　より，$$

$$2S=\left(\begin{vmatrix}x_1 & y_1\\ x_2 & y_2\end{vmatrix}+\begin{vmatrix}x_2 & y_2\\ x_3 & y_3\end{vmatrix}+\cdots\cdots+\begin{vmatrix}x_n & y_n\\ x_1 & y_1\end{vmatrix}\right)$$

……式（7・8）

$$=\left(\begin{vmatrix}25.0 & 25.0\\ -40.0 & 12.0\end{vmatrix}+\begin{vmatrix}-40.0 & 12.0\\ -28.0 & -25.0\end{vmatrix}+\begin{vmatrix}-28.0 & -25.0\\ 5.0 & -40.0\end{vmatrix}+\begin{vmatrix}5.0 & -40.0\\ 25.0 & 25.0\end{vmatrix}\right)$$

$$=25.0\times 12.0-25.0\times(-40.0)+(-40.0)\times(-25.0)-12.0\times(-28.0)$$
$$+(-28.0)\times(-40.0)-(-25.0)\times 5.0+5.0\times 25.0-(-40.0)\times 25.0$$

$$=\underline{5\,006}\text{m}^2$$

∴　$S=\underline{2\,503}\text{m}^2$

なお，計算は 問3 の解答2のたすき掛けで求める。

解答　3

問3 座標計算及び面積計算

1. 4級基準点O点を座標 (0, 0) として, A (x_1, y_1), B (x_2, y_2), C (x_3, y_3) の座標を求める。なお, 方向角は, 平面直角座標のX軸から右回りに測った角をいう。

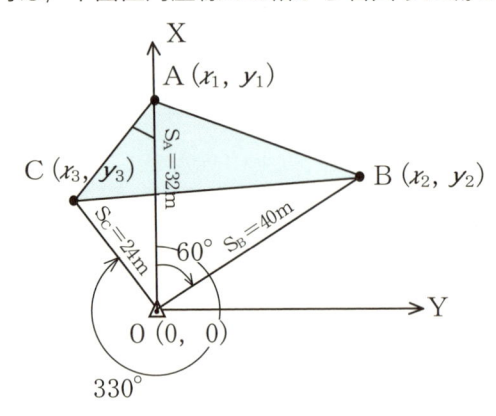

図2　△ABCの面積

O点の座標 (0, 0)

A点の座標 (32, 0)

B点の座標, $x_2 = 40\cos60° = 20$, $y_2 = 40\sin60° = 34.641$　故に (20, 34.641) となる。

C点の座標, $x_3 = 24\cos330° = 24\cos30° = 20.78$, $y_3 = 24\sin330° = -24\sin30° = -12$, 故に (20.78, -12) となる。

表2　面積計算表

境界点	X	Y	$y_{i+1} - y_{i-1}$	$x_i(y_{i+1} - y_{i-1})$
4級基準点	0	0		
A	32.000	0	46.641	1,492.512
B	20.000	34.641	-12.000	-240.000
C	20.785	-12.000	-34.641	-720.013
			倍面積 (m²)	2S = 532.500
			面　積 (m²)	S = 266.250

2. 計算は, 整数値でまるめて次のようにたすき掛けで求める。

境界点	X	Y
A	32	0
B	20	35
C	21	-12
A	32	0

$32 \times 35 - 0 \times 20 = 1120$

$20 \times (-12) - 35 \times 21 = -975$

$21 \times 0 - (-12) \times 32 = 384$

$2S = 529$

$S = 265 \text{m}^2$

3. 別解 行列式で求めると，次のとおり。

$$2S = \begin{vmatrix} 32 & 0 \\ 20 & 34.641 \end{vmatrix} + \begin{vmatrix} 20.000 & 34.641 \\ 20.785 & -12.000 \end{vmatrix} + \begin{vmatrix} 20.785 & -12.000 \\ 32.000 & 0 \end{vmatrix}$$

$$= 32.000 \times 34.641 - 0 + 20.000 \times (-12.000) - 34.641 \times 20.785 + 0 - (-12.000 \times 32.000)$$

$$= 1,108.512 - 240.000 - 720.013 + 384.000$$

$$= 532.499 \mathrm{m}^2$$

∴ $S = 266.250 \mathrm{m}^2$

（注）　試験では電卓が使用できないので，整数値の概略計算でよい。

解答 ▶ 5

類似問題

境界点A，B，C，Dを結ぶ直線で囲まれた四角形の土地の測量を行い，表に示す平面直角座標系の座標値を得た。この土地の面積はいくらか。

なお，関数の数値が必要な場合は，巻末の関数表を使用すること。

表

境界点	X座標(m)	Y座標(m)
A	－15.000	－15.000
B	＋35.000	＋15.000
C	＋52.000	＋40.000
D	－8.000	＋20.000

1．1 250m², 2．1 350m², 3．2 500m², 4．2 700m², 5．2 750m²

解答　2

表3　面積計算表

境界点	X座標(m)	Y座標(m)
A	－15.000	－15.000
B	＋35.000	＋15.000
C	＋52.000	＋40.000
D	－8.000	＋20.000
A	－15.000	－15.000

$-15 \times 15 - (-15 \times 35) = 300$

$35 \times 40 - (15 \times 52) = 620$

$52 \times 20 - 40 \times (-8) = 1\,360$

$-8 \times (-15) - 20 \times (-15) = 420$

合計 $2S = 2\,700$

$S = 1\,350 \mathrm{m}^2$

第28日 河川測量の作業内容

目標時間30分

問1

解答と解説はP.198

次の文は，公共測量における河川測量について述べたものである。間違っているものはどれか。

1. 河心線の接線に対して直角方向の両岸の堤防法肩又は法面に距離標を設置した。
2. 定期縦断測量において，平地においては3級水準測量を行い，山地においては4級水準測量を行った。
3. 定期横断測量において，水際杭を境として陸部は横断測量，水部は深浅測量を行った。
4. 水位標から離れた堤防上の地盤の安定した場所に水準基標を設置した。
5. 深浅測量において，測深位置（船位）をトータルステーションを用いて測定した。

解答欄

問2

解答と解説はP.199

ある河川において，水位観測のための水位標を設置するため，水位標の近傍に仮設点が必要となった。図に示すとおり，BM1，中間点1及び水位標の近傍に在る仮設点Aとの間で直接水準測量を行い，表に示す観測記録を得た。高さの基準をこの河川固有の基準面としたとき，仮設点Aの高さはいくらか。

ただし，観測に誤差はないものとし，この河川固有の基準面の標高は，東京湾平均海面（T.P.）に対して1.300m低いものとする。

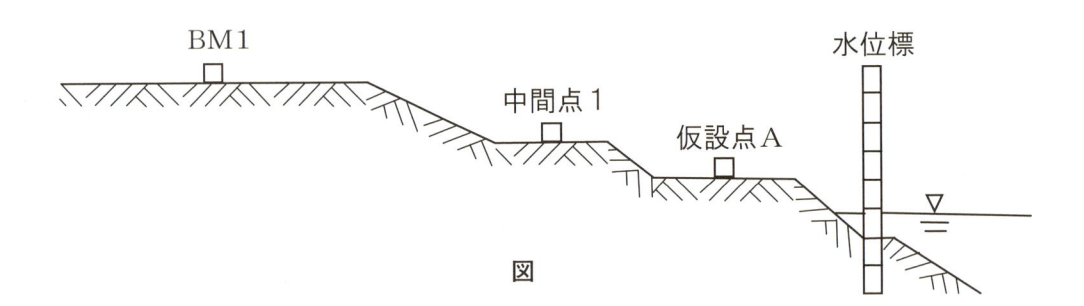

図

測点	距離	後視	前視	標高
BM1	42m	0.238m		6.526（T.P.）
中間点1	25m	0.523m	2.369m	
仮設点A			2.583m	

表

1. 1.035m, 2. 2.335m, 3. 3.635m, 4. 4.191m, 5. 5.226m

解答欄

問3

表は，ある河川の横断測量を行った結果の一部である。図は横断面図で，この横断面における左岸及び右岸の距離標の標高は20.7mである。また，各測点間の勾配は一定である。この横断面の河床部における平均河床高の標高をm単位で小数第1位まで求めたい。

なお，河床部とは，左岸堤防表法尻から右岸堤防表法尻までの区間とする。

表 横断測量結果

測点	距離 (m)	左岸距離標からの比高 (m)	測点の説明
1	0.0	0.0	左岸距離標上面の高さ
	0.0	−0.2	左岸距離標地盤の高さ
2	1.0	−0.2	左岸堤防表法肩
3	3.0	−4.7	左岸堤防表法尻
4	6.0	−6.2	水面
5	8.0	−6.7	
6	10.0	−6.2	水面
7	13.0	−4.7	右岸堤防表法尻
8	15.0	−0.2	右岸堤防表法肩
9	16.0	−0.2	右岸距離標地盤の高さ
	16.0	0.0	右岸距離標上面の高さ

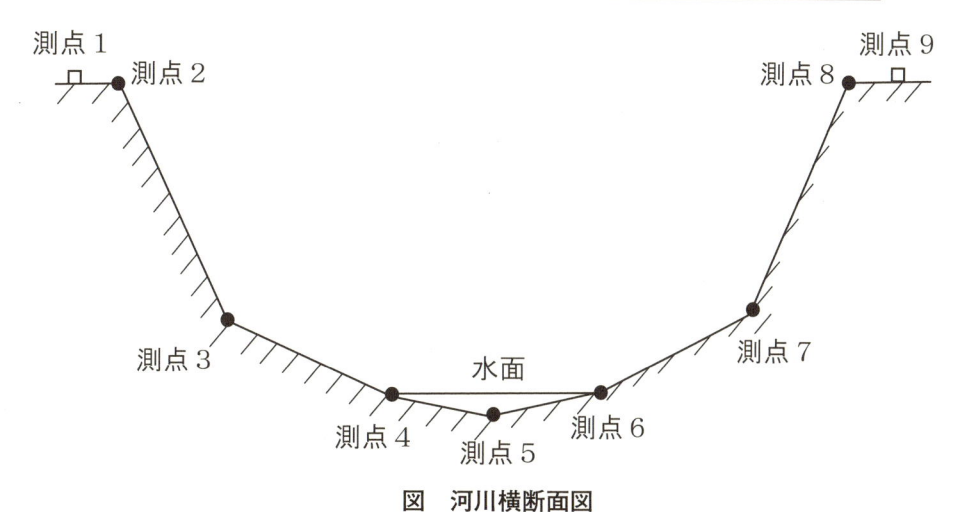

図 河川横断面図

1. 14.3m
1. 14.5m
1. 14.9m
1. 15.4m
1. 15.8m

第28日 河川測量の作業内容　解答と解説

問1　河川測量の細分

1. **河川測量**とは，河川，海岸等の調査及び河川の維持管理等に用いる測量をいう。河川測量は，次に掲げる測量等に細分する（準則第370，371条）。

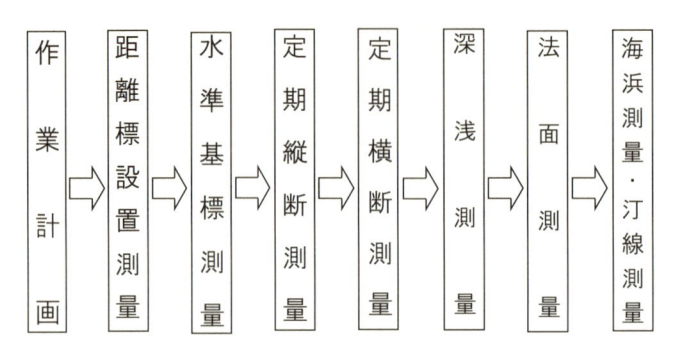

作業計画 ⇒ 距離標設置測量 ⇒ 水準基標測量 ⇒ 定期縦断測量 ⇒ 定期横断測量 ⇒ 深浅測量 ⇒ 法面測量 ⇒ 海浜測量・汀線測量

図1　河川測量の細分

距離標設置測量とは，河心線の接線に対して直角方向の両岸の堤防法肩又は法面等に距離標を設置する作業をいう（準則第373条）。

2. **定期縦断測量**とは，定期的に距離標等の縦断測量を実施して縦断面図データファイルを作成する作業をいう。定期縦断測量は，観測の基準とする点は水準基標とし，平地においては3級水準測量により行い，山地においては4級水準測量により行う（準則第377，378条）。

3. **定期横断測量**は，水際杭を境にして，陸部と水部に分け，陸部については横断測量，水部については深浅測量を準用する（準則第380条）。

4. **水準基標測量**とは，定期縦断測量の基準となる水準基標の標高を定める作業をいう。水準基標は，水位標に近接した位置に設置し，設置間隔は5kmから20kmまでを標準とする（準則第376条）。

5. 深浅測量において，水深の測定は音響測深機で，測深位置又は船位の測定は，ワイヤーロープ，TS等又はGNSS測量機を用いて行う（準則第382条）。

解答　4

問2 河川固有の基準面

1. **水準基標**は，河川測量において高さの基準となる。水準基標の標高は，東京湾平均海面（Tokyo Peil，T.P.）を基準とするが，河川固有の基準面がある場合は，その値を用いる。本例の場合，河川固有の基準面は，東京湾平均海面より1.300m低い（T.P.−1.300m）。

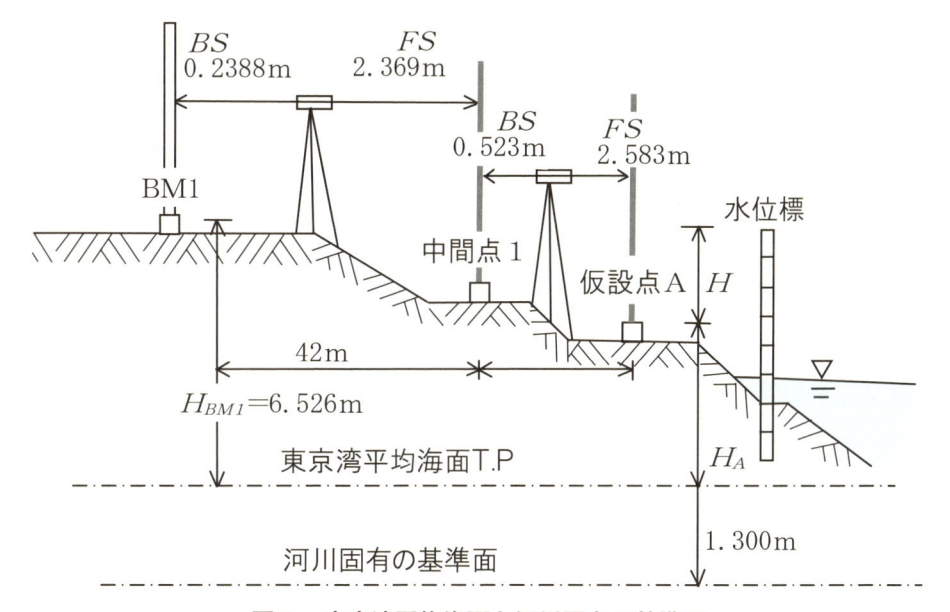

図2 東京湾平均海面と河川固有の基準面

表1 河川固有の基準面〔m〕

河川名	基準面	東京中等潮位との関係
利根川	YP	−0.840 2
荒川，中川，多摩川	AP	−1.134 4
淀川	OP	−1.300 0

2. BM1と仮設点Aとの比高Hは

   比高H = Σ(BS) − Σ(FS)

   = (0.238−0.523) − (2.369−2.583) = −4.191m

   仮設点Aの標高 $H_A = H_{BM1} + H$ = 6.526m − 4.191m = 2.335m

   河川固有の基準面は，2.335m + 1.300m = <u>3.635m</u>となる。

解答 ▶ 3

問3　横断測量（平均河床高）

1．図3は，左岸（上流から下流を見て左岸）の距離標を基準に各測点の比高，追加距離を示したものである。平均河床高は次式で求められる。

$$\text{平均河床高} = \text{基準面水位高} - \frac{\text{河積}}{\text{基準水面幅}} \quad \cdots\cdots 式（7\cdot 9）$$

　但し，基準面水位高：左右堤防表法尻（No.3とNo.7）を結ぶ水面の標高

　　　　河積：河床部の河川横断面の面積

　　　　基準水面幅：基準面水位における河川幅

基準面水位高＝距離標の標高＋距離標との比高＝20.7m－4.7m＝16.0m

流積 A を，A_1，A_2，A_3，A_4 に区分して求めると

$A_1 = (1.5 \times 3.0)/2 = 2.25 \text{m}^2$

$A_2 = (1.5 + 2.0) \times 2.0/2 = 3.50 \text{m}^2$

$A_3 = (2.0 + 1.5) \times 2.0/2 = 3.50 \text{m}^2$

$A_4 = (1.5 + 3.0)/2 = 2.25 \text{m}^2$

∴　$A = A_1 + A_2 + A_3 + A_4 = 11.5 \text{m}^2$

基準水面幅＝13.0m－3.0m＝10.0m

故に，平均河床幅は，

$$\text{平均河床幅} = 16.0\text{m} - \frac{11.5\text{m}^2}{10\text{m}} = \underline{14.9\text{m}}$$

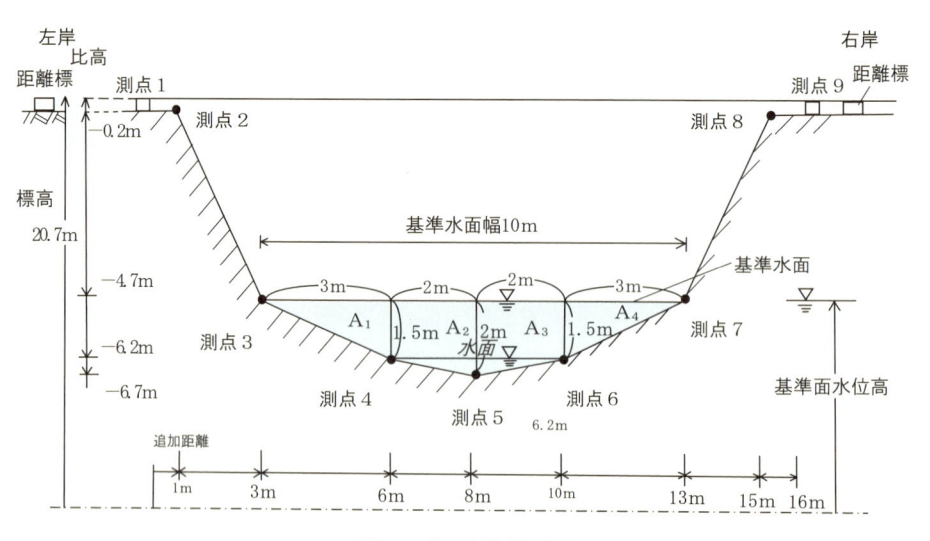

図3　河川横断面図

類似問題

次の文は，公共測量における河川測量の距離標設置測量について述べたものである。 ア ～ エ に入る語句の組合せとして最も適当なものはどれか。

距離標の設置間隔は，河川の河口又は幹川への合流点に設けた起点から，河心に沿って ア を標準とする。距離標は，図上で設定した距離標の座標値に基づいて，近傍の イ 基準点等からトータルステーションによる ウ のほか，キネマティック法，RTK法又はネットワーク型RTK法により設置する。ネットワーク型RTK法による観測は，間接観測法又は エ を用いる。

	ア	イ	ウ	エ
1.	500m	3級	放射法	単点観測法
2.	200m	2級	2級基準点測量	単点観測法
3.	200m	2級	2級基準点測量	単独測位法
4.	200m	3級	放射法	単点観測法
5.	500m	2級	2級基準点測量	単独測位法

解答 4

距離標設置測量とは，河心線の接線に対して直角方向の両岸の堤防法肩又は法面等に距離標を設置する作業をいう（準則第373条）。

距離標設置間隔は，河川の河口又は幹川への合流点に設けた起点から，河心に沿って200mを標準とする。距離標は，座標値に基づいて近傍の3級基準点等から放射法等により設置する。ネットワーク型RTK法による観測は，間接観測法又は単点観測法を用いる（準則第374条）。

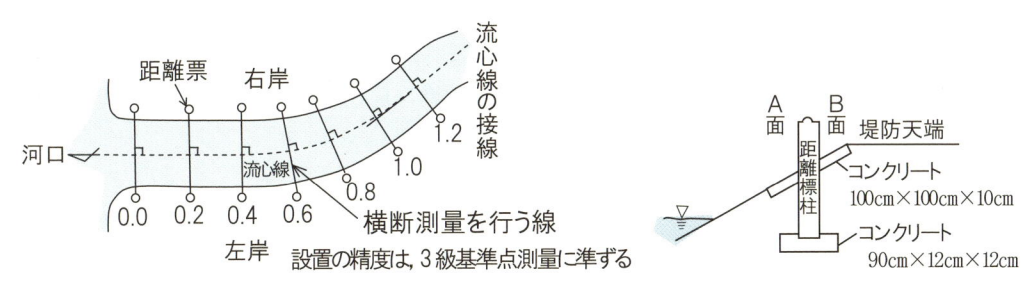

ア に200m， イ に3級， ウ に放射法， エ に単点観測法が入る。

図4　距離標の設置　　　図5　距離標

付録1．測量用語

ア行

アナログデータ：0と1の離散的な数値（デジタル）ではなく，波形により連続的に表示したデータ。衛星の搬送波は，アナログデータである。↔デジタルデータ。

緯距：測線ABのX軸方向の成分。測線の長さℓ，X軸からの方向角θのとき，経距$L=\ell\cos\theta$。

位相構造化：コンピュータが認識できるように，図形間の位置関係（トポロジー）を表すデータ構造を構築することをいう。ベクタデータが持つ図形の位置関係を，点（ノード），線（チェイン），面（ポリゴン）で表し，ノード位相構造，チェイン位相構造，ポリゴン位相構造を構築することをいう。

1対回：セオドライトの望遠鏡の正位（r）と反位（ℓ）で1回ずつ測定すること。

一般図：対象地域の状況（位置情報，地理情報）を全般的に表現して多目的に利用するように作成された地形図。

引照点：IP杭，役杭及び主要中心杭などの損傷，亡失に備え，復元できるように設ける控え杭。

永久標識：三角点標石，図根点標石，方位標石，水準点標石，磁気点標石，基線尺検定標石，基線標石等を標示する恒久的な標石。

衛星測位：人工衛星からの位置情報（時刻を含む）の信号の取得，移動径路の情報の取得により，測点の位置を決定することをいう。

衛星測位システム：人工衛星を利用して現在位置を計測するシステム。代表的なものとしてGPSがある。

エポック：Epoch。干渉測位法において，データを記録した時刻又は記録するデータ間隔（15～30秒程度）をいう。

円形水準器：気泡を中央にもってくることにより，接平面を水平とするもの。

鉛直角観測：鉛直線方向，真上から目標に対する視準線のなす角度（Z）。一方，水平線からの視準線のなす角度を高低角（α）という。$Z+\alpha=90°$

鉛直軸誤差：セオドライトの鉛直軸と鉛直線の方向が一致していないため，水平角の測定に生じる誤差。

オーバーラップ：空中写真測量において，連続して撮影する写真のコース方向の重複度（p）をいう。なお，コースとコースの重複度はサイドラップ（q）という。

オリジナルデータ：航空レーザ測量から得られた三次元計測データに調整用基準点を用いて，点検調整を行った標高データをいう。

オンザフライ法（OTF）：On the Fly。2周波の搬送波を用いて任意の場所で，短時間で整数値バイアスを解く方法。RTK法で用いられる。

カ行

外心誤差：視準線（望遠鏡）が回転軸の中心からずれているため，水平角の測定に生じる誤差。

ガウス・クリューゲル図法：横メルカトル図法で，かつ正角図法をいう。

河川測量：河川に関する計画・調査・設計・管理のための測量。

画素（ピクセル）：画面・画像表示の最小単位（受光素子，CCD）。モノクロ画像の場合は輝度（物体の明るさ）を，カラー画像の場合は色と輝度の情報をもつ。画面をX，Y方向の基盤の目に区切り，一つひとつのピクセルを取り扱う。例えば，解像度が640×480ドットでは1画面307 200ピクセルで，各ドット（点）が階調をもつときピクセルとドットは同じ意味である。

干渉測位法：GNSS衛星の電波を固定局（基準となる点）と移動局（観測点）で受信し，電波の到達時刻の差から基線ベクトルを求める相対測位法。スタティック法，キネ

マティック法がある。

観測差：方向法観測の各対回中の同一視準点に対する較差の最大と最小の差。

観測図：平均図（基準点網の平均計算を行うための設計図）のとおりの計算を行うために必要な観測値の取得法を図示した図。

観測方程式：観測された値によって未知数間の関係を表した条件式。

緩和曲線：直線から円曲線へ接続する場合，半径無限大から徐々に減少させ円曲線の半径となる曲線。クロソイド曲線など。

基準点：測量の基準となる座標が与えられている点。三角点（1等〜4等），公共基準点（1級〜4級），水準点（1〜2等，1級〜4級），電子基準点など。

基準点成果表：国土地理院が設置した基準点（三角点・水準点・多角点・電子基準点）の測量成果・記録を表にしたもの。これに基づき，公共測量を実施する。

基準点測量：既知点に基づき，未知点の位置又は標高を定める作業をいう。基準点は，測量の基準とするために設置された測量標で位置に関する数値的な成果をもつ。

既成図数値化：既に作成された地形図等の数値化を行い，数値地形図データを作成する作業をいう。

基線解析：干渉測位法において，受信したデータを基に基線の長さと方向を決定することをいう。

基線ベクトル：固定局の座標を基準に，移動局（観測点）までのベクトル（ΔX, ΔY, ΔZ）をいう。移動局のベクトルは，固定局のベクトルに基線ベクトルを加える。なお，ベクトルは距離と方向をもち，GNSS測量では基線ベクトルという。

既知点：座標値又は標高の分かっている点。

軌道情報：GNSS衛星の飛行経路を示す時間と位置の情報で，航空メッセージ（L_1帯）に含まれている。

キネマティック法：Kinematic Positioning。固定局（既知点）からの補正観測情報を携帯電話や無線を利用して移動局に送信し，移動局（測点）の位置をリアルタイムで測定する方法（RTK法，ネットワーク型RTK法）。

基盤地図情報：電子地図上における基準点，海岸線，行政区界などの電磁的方式により記録された地図情報。

基本測量：すべての測量の基礎となる測量で，国土地理院が実施する測量。

球差・気差・両差：鉛直角や距離の観測において，地球の曲率によって生じる誤差を球差，光の屈折によって生じる誤差を気差，球差と気差を合せたものを両差という。

球面距離：GRS80楕円体表面上の距離。

球面座標系：地球自転軸と赤道の交点及びグリニッジ天文台の子午線を基準とする地球表面を表す座標。

境界測量：用地測量において，現地で境界点を測定し，その座標値を求める測量。

共線条件式：空中写真測量において，写真上の像点とこれに対応する地上の点及び投影中心点の3点は一直線上にある。

距離標：河川の河口から上流に向かって両岸に設けられる距離を示す杭。

距離標設置測量：河川測量において，河心線の接線に対して直角方向の両岸の堤防法肩又は法面等に距離標を設置する測量。

杭打ち調整法：レベルの望遠鏡水準器軸と視準線（軸）を平行にする調整法。

偶然誤差（不定誤差）：測定値から系統的誤差を除去しても，存在する誤差で，種々雑多な原因による誤差。

グラウンドデータ：航空レーザ測量において，オリジナルデータから地表面の遮へい物を除いた地表面の標高データ。このデータにより格子状のグリッドデータ，等高線データを作成する。

クリアリングハウス：GISを構築するシステムで，分散している地理情報の所在をインターネット上で検索できるシステム。空間データ（測量成果）を検索するための仕組み。

グリッドデータ：航空レーザ測量においてグ

ラウンドデータから格子状の標高データを作成したもの。

経距：測線ABのY軸方向の成分。測線の長さℓ，X軸からの方向角θのとき，経距$D=\ell \sin\theta$。

軽重率（重量）：測定値の信用の度合いを数値で示したもの。

系統的誤差（定誤差）：測定の結果に対し，ある定まった様相で影響を与える誤差で，観測方法や計算で除去できるもの。

結合多角方式：多角測量において，複数の路線で構成された基準点網（結合多角網）。既知点3点以上により，新点の平均座標と平均標高を求める。

結合トラバース：多角測量において，路線の中にどこにも交点（路線と路線が結合する点）を持たない単路線方式をいう。

現地測量：現地においてTS等又はGNSS測量機を用いて，地形・地物等を測定し，数値地形図データを作成する測量。

公共基準点：地方公共団体が設置した基準点。1〜4級基準点，1〜4級水準点及び簡易水準点をいう。

公共測量：基本測量以外の測量で，費用の全部又は一部を国又は公共団体が負担し又は補助して実施する測量。↔基本測量。

航空レーザ測量：航空機に搭載したレーザ測距儀から地上に向けてレーザ光（電磁波を増幅してつくられた人工の光）を照射し，地上からの反射波と時間差により地上までの距離を求める。GNSSとIMU（慣性計測装置）から航空機の位置情報を知り，標高を求める測量。

較差：方向法観測において，同一視準点の1対回に対する正・反の秒数の差（$r-\ell$）。

高低角：水平線方向から視準線のなす角。

交点：路線と路線が結合する点。交点からは辺が3辺以上出ている。

高度定数：鉛直角観測において，望遠鏡正位γと反位ℓの読みの和は360°であるが，その差（零点誤差）Kをいう。鉛直角観測の良否の判断に用いる。

$\gamma + \ell = 360° + K$

高度定数の較差：2方向以上の鉛直角の高度定数の最大と最小の差。観測の良否の判定に用いる。

光波測距儀：光波の速度を基準にして，その到達時間を測ることにより直接距離を測定する測距儀。

国土基本図：国土地理院が測量し作成する基本図のうち，1/2 500，1/5 000の大縮尺図。

誤差：誤差=観測値ℓ－真値X。真値は一般に不明なことが多い。↔残差

国家基準点：基本測量によって設置された基準点で，全ての測量の基準となる点。一等〜四等三角点など。

固定局・移動局：GNSS測量において，基準となるGNSS測量機を整置する観測点（固定局）及び移動する観測点（移動局）をいう。

コンペンセータ：オートレベルにおいて，自動的に視準線が水平となる自動補正装置。

サ行

最確値：真値が不明な場合，測定値の平均値を最も確からしい値（真値の代用）とする。

サイクルスリップ：Cycle Slip。干渉測位において観測中に衛星電波受信に瞬断が起き，データにずれ（誤差）が生じること。

最小二乗法：ある値を決定するため，最小限必要な個数以上の観測値から最も確からしい値を求める計算方法。

作業規程の準則：測量法に基づいて国土交通大臣が定める全ての公共測量の規範となるルール。

座標系変換：GNSS測量で得られるWGS-84系から平面直角座標に変換すること。WGS-84系→ITRF94座標系→球面座標系→平面座標系へ変換される。なお，標高はジオイド高，楕円体高から決定する。

残差：残差=測定値ℓ－最確値M。測定値の誤差をいう。

ジオイド：標高を求めるときの基準面。標高はジオイド（平均海面）からの高さをいう。

GNSS衛星から直接に標高を求めることはできない。標高Hは，GRS80楕円体面上からの高さ楕円体高hから，ジオイド高Nを差し引いて求める。

ジオイド測量：標高Hが既知の水準点でGNSS観測を行い，楕円体高h及びジオイド高Nから標高を求める測量。

標高H＝楕円体高h－ジオイド高N

ジオイド高：準拠楕円体からジオイドまでの高さ。高さ0mの水準面。ジオイドからの高さを標高という。GNSS観測で得られる楕円体高と測地座標の標高では，高さの定義が違う。

ジオイド高N＝楕円体高h－標高H

視差（パララックス）：観測点が変わることによって生じる物体の偏位。セオドライトの視度調節が不良な場合，写真測量の縦横の位置のずれ等。

視準距離：レベルと標尺の間の距離。視準距離を等しくすることにより，視準軸誤差，球差・気差による誤差を消去できる。

視準軸誤差：セオドライトの視準軸と望遠鏡の視準線が一致していないため，水平角の測定に生じる誤差。

刺針：同時調整（空中三角測量）及び数値図化において基準点等の写真座標を測定するため，基準点等の位置を現地において空中写真上に表示する作業をいう。

視通（しつう）：観測点と目標点との見通し。

実測図：測量機器を使用して，地形・地物を測定して作成された地形図。↔編集図

自動（オート）レベル：円形水準器の気泡を中央にもってくれば，自動補正装置（コンペンセータ）と制動装置（ダンパ）によって自動的に視準線が水平となる構造のレベル。

写真地図：中心投影である空中写真を地図と同じ正射投影に変換した写真画像。

写真判読：空中写真に写し込まれた地上の情報を，その色調や形状，陰影などを手がかりに判定する技術。

修正測量：地形測量において，旧数値地形図データを更新する測量をいう。

自由度：未知量を求めるための独立なデータの数。観測総数nから1を引いたもの。

縮尺係数：線拡大率m。球面距離Sと平面距離sの比（s/S）。s＝mS。測定値は球面距離であり，これを平面直角座標では平面距離で表す。

主題図：道路状況，土地利用状況など特定の目的（テーマ）のために作成された地形図。

準拠楕円体：測量計算に用いる地球の大きさ，形状をいう。現在，GRS80楕円体（世界測地系）を採用している。

条件方程式：観測値とその他の値の間に存在する理論的な関係式。

深浅測量：河川測量において，河川・貯水池・湖沼又は海岸において，水底部の地形を明らかにするため，水深・測深位置又は船位，水位・潮位を測定し，横断面図データファイルを作成する測量。

真値（X）：測定値には必ず誤差が含まれる。測定方法とは無関係な，ある定まった値をいう。真値が未知の場合，真値の代わりに最確値を用いる。

誤差（残差）＝測定値－真値（最確値）

新点：測量の基準とするために新たに設置する基準点。永久標識を埋設する。

真北：ある位置を通る子午線の指す北の方向。コンパスが指す北は磁北。

真北方向角：ある地点での真北を，その地点の平面座標系の北の方向（子午線，X軸）を基準にして表した角度。X軸から右回りの方向を（＋），左回りを（－）とする。

水準環（水準網）：既知水準点間を結ぶ水準路線に対し，既知水準点を環状に閉合するものをいう。新設水準路線によって形成され，その内部に水準路線のないものを単位水準環という。水準路線の閉合差，水準環の環閉合差は許容範囲内とする。

水準基標：河川測量において，河川水系全体の高さの基準となる標高を示す杭。

水準路線：水準測量において，2点以上の既知点を結合する路線をいう。

付録1．測量用語　205

水平軸誤差：水平軸が鉛直軸に直交していないため，水平角の測定に生じる誤差。

数値図化：解析図化機等を用いて，地形・地物の位置・形状を表す座標値，その属性を測定し磁気媒体に記録すること。

数値地形測量：地上の地形・地物をデジタルデータ（コンピュータで扱える数値地形図データ）により測定・取得し，数値地形図を作製する測量。

数値地形図データ：地形・地物等に係る地図情報の位置・形状を表す座標データ及び内容を表す属性データ等を計算処理可能な形態で表現したもの。

数値地形モデル（DTM）：空中写真測量から得られる地表面の地形データ。

数値標高モデル（DEM）：航空レーザ測量において，対象区域を等間隔の格子（グリッド）に分割し，各格子点の平面位置・標高（x, y, z）を表したデータのうち，地表データをいう。

スキャナ：画像データを光学的に読み込み，デジタルデータに変換する画像入力装置。

図式：地表の状態をどのような様式で地図に表現するかを具体的に決めた約束ごと。

スタジア測量：望遠鏡十字線の上下の2本のスタジアヘア間のきょう長ℓから距離Sを求める測量。
$$S = K\ell + C \quad (K=100,\ C=0)$$

スタティック法：Static Positioning. GNSS衛星の電波を同時に未知点と既知点で観測し，数値バイアスを定め基線ベクトルを求めるもので，長時間（60分以上）かかるが精度は最もよい。

ステレオモデル：空中写真の重複部を用いて，図化機で再現した被写体の形状と類似した立体的な模像（モデル）。

正位（r）：鉛直目盛盤が望遠鏡の左側にある状態の観測。

正射投影：視点を無限大において，平面に直角に交わるように対象物を写した投影法。

整数値バイアス：干渉測位方式では搬送波の位相を1サイクルの波の数（整数値バイアス）Nと1波以内の端数の位相φで表す。測定するのはφであり，整数値バイアスNは不明である。初期化によって整数値バイアスを確定してから観測する。

正標高：ジオイド面（重力ポテンシャル面）は，地球の引力と遠心力により，極に近づくにつれ狭くなる（重力＝引力－遠心力）。この楕円補正した高さを正標高といい，測量成果2000で用いられる。⇔楕円補正

セオドライト：水平角と鉛直角の測定機能をもち，鉛直軸・水平軸・視準軸，水平目盛盤・高度目盛盤及び上盤水準器から成る。

世界測地系：GRS80楕円体と座標の中心を地球の重心と一致させ，短軸（Z軸）を地球の自転軸とする地心直交座標を合せもつ座標系（ITRF94座標系）。地理学的経緯度を表す。

セッション：GNSS観測（干渉測位法）において，一連の観測をいう。複数回の観測で，各セッションの多角網に区分された重複辺に共通する基線ベクトルの較差により精度を確認する。

節点：TS等を用いる基準点測量で点間の視通がない場合に，経由点として設置する点（仮設点）。

線形決定：路線選定の結果に基づき，地形図上の交点IPの位置を座標として定め，線形図データファイルを作成する作業。

選点：平均計画図に基づき，新点の位置を選定し，選点図及び平均図を作成する作業。

選点図：基準点測量等の作業計画において，平均計画図に基づいて，地形図上に新点の位置を決定・作成したもの。

相互標定：空中写真測量において，3次元空間における投影中心，地上，写真像点が同一平面上にある共線条件式を用いて，写真座標からモデル座標への変換をする操作をいう。

測地学的測量：測量区域が広く，地球の曲率を考えて実施する測量。地球表面を平面とみなすとき，平面測量という。

測地基準系：地球上の位置を経度・緯度で表

す座標系及び地球の形状を表す楕円体の総称。

測地成果2000：世界測地系に基づく我国の測地基準点（電子基準点，三角点等）成果で，従来の日本測地系に基づく測地基準点と区別するために用いられる呼称。

測量計画機関：土地の測量に関する測量を計画する者（国，地方公共団体）。

測量作業機関：測量計画機関の指示又は委託を受けて測量作業を実施する者（測量業者）。

測量成果：基本測量・公共測量等の最終目的として得た結果をいう。測量成果を得る過程において得た作業記録を測量記録という。

測量標：三角点標石・水準点標石等の永久標識，測標，標杭等の一時標識，標旗・仮杭等の仮設標識をいう。基準点測量においては，新点の位置に永久標識を設ける。

タ行

対空標識：空中写真測量（空中三角測量及び数値図化）において，基準点の写真座標を測定するため，基準点等に設置する一時標識。

楕円体高：GRS80楕円体（準拠楕円体）面上からの高さ。ジオイドと準拠楕円体との間にはずれがある。GNSS測量において，標高Hは，楕円体高hからジオイド高Nを差し引いて求める。

楕円補正：地球の遠心力により水準面とジオイド面が完全に平行でないために必要な水準測量の補正。1・2級水準測量で実施。緯度によってその値は異なる。

多角測量：基準点測量，トラバース測量。与点より新点の水平位置を求めるため，測点間の角度と距離を順次測定して，その地点の座標値を求める測量。観測方法により結合多角方式，単路線方式がある。

単点観測法：ネットワーク型RTK法において，仮想点又は電子基準点を固定点とした放射法による観測をいう。

単独測位：受信機1台で衛星からの情報によりリアルタイムに位置決定を行う方式で，既知点の座標は必要としない。観測距離には大きな誤差が含まれている。

単路線方式：多角測量において，路線の中に，どこにも交点（路線と路線が結合する点）を持たない路線をいう。結合トラバース。

地心直交座標系：地球の重心を原点とするX，Y，Zの3次元座標。

地図情報レベル：数値地形図データの地図表現精度を表す。数値地形図の地図情報は，縮尺によらない測地座標を用いて記録されている。縮尺に代って用いられ，従来の縮尺との整合性を考慮して同じ縮尺の分母数で表す。1/2 500地形図の地理情報レベルは2 500である。

地図投影法：地図は，球体の地球表面を平面上に投影して作成する。球面から平面上への投影方法をいう。

地図編集：各種縮尺の地図や実測図，基図などの地図作成に必要な資料を編集し，必要に応じ現地調査を行い，目的の地図を編集して作成する作業。

地性線：地表の不規則な曲面をいくつかの平面の集合と考え，これらの平面が互いに交わる線。山りょう線，谷合線，傾斜変換線など。

中心線測量：路線測量等で，中心線形を現地に設置する作業で，線形を表す主要点及び中心点の座標を用いて測設する作業。

中心投影：光がレンズの中心を通りフィルム面に写される投影。対象物とレンズの中心とフィルム面が一直線にある関係をいう（共線条件）。

地理学的経緯度：回転楕円体としてGRS80楕円体，座標系として地心直交座標系のITRF94座標系に基づき，グリニッジ天文台を通る子午線を経度0度，赤道を緯度0度とする座標。

地理空間情報：コンピュータ上で位置・属性に関する情報をもったデータ。都市計画図・地形図などの地図データ，空中写真データ，道路・河川などの台帳データ，人

口などの統計データなど。

地理情報システム（GIS）：デジタルで記録された地理空間情報を電子地図（デジタルマップ）上で電子計算機により一括処理するシステム。

地理情報標準：GISの基盤となる空間データを，異なるシステム間で相互利用する際の互換性を確保するためにデータの設計・品質・記述方法，仕様の書き方を定めたもの。

チルチングレベル：鉛直軸とは無関係に望遠鏡（視準線）を微動調整できる構造のレベル。水準器の気泡を中央に導けば，視準線は水平となる。

デジタイザ：画像データをデジタル化（図面座標値）して入力する装置。

デジタル航空カメラ：従来の銀塩フィルムを使用するフィルム航空カメラに対して，撮影した画像をデジタル信号として記録するカメラ。レンズから入った光を電気信号に変換する映像素子（CCD）と画像取得用センサーを搭載する複数のレンズで，分割して撮影し，つなぎ合せて一枚の写真とする。パンクロ撮影と同時にカラー，近赤外を撮影するため，高画質でゆがみのない写真ができる。

デジタル写真測量：デジタルステレオ図化機を用いて，数値画像・画像データ処理を行う測量。数値画像はデジタルカメラによって直接取得，又は高精度カラースキャナで空中写真をデジタル化する。
階調数8～11ビット，1画素の大きさは10～15μmを標準とする。デジタルステレオ図化機は，デジタル写真を用いて，図化装置のモニターに立体表示させる。

デジタルステレオ図化機：デジタル写真を用いて，図化装置のモニターに立体表示させ図化する装置。

デジタルデータ：0又は1のいずれかの離散的な数値を用いて，これを組み立てる数値で示されるデータ。↔アナログデータ。

データコレクタ：電子手帳。データを自動的に記憶し，メモリーに保存するメモリーカード。

電子基準点：高精度の測地網の基準となる点で，GNSSの連続観測システムの新しい基準点。

電子国土ポータル：数値化されたサイバー上の電子地図（電子国土）にアクセスし，必要な地図情報を得るための「電子国土の入口」をいう。

電子地図：電子国土。地形・地物などの地図情報をデジタル化された数値データとして記録した地図。コンピュータで直接，表示・編集・加工することを前提とする。拡大・縮小が自由で立体表示も可能な数値地図。

電子平板：トータルステーションとの接続を想定して開発された，測量現場専用の小型コンピュータ。観測データをそのまま平板画面上へ描くことができ細部測量に活用される。

電子レベル：コンペンセータと電子画像処理機能を有し，電子レベル専用標尺を検出器で認識し，高さ及び距離を自動的に算出するレベル。

天頂角：天頂（鉛直線が天球と交わる点）から目標物までの角度。天頂が0°，地平線が90°である。

点の記：永久標識の所在地，地目，所有者，順路，スケッチ等を記載したもの。今後の測量に利用するための資料。

東京湾平均海面：明治6年～12年の6年間，東京湾霊岸島で観測された結果を基に定められた平均海面（ジオイド）の高さ。基本測量や公共測量の基準となる高さ。

等高線法：数値図化機により等高線を描画しながら一定の距離間隔（図上1mm）又は時間隔（0.3秒）でデータを取得する高さの表現方法。

同時調整（空中三角測量）：デジタルステレオ図化機を用いて，空中三角測量によりパスポイント，タイポイントの水平位置及び標高を決定する作業。

渡海（河）水準測量：水準路線中に川や谷が

あって，前視と後視の視準距離を等しくできない場合の観測方法。

トータルステーション（TS）：セオドライトと光波測距儀を一体化したもので，水平角・鉛直角及び距離を一度の視準で同時に測定できる。データコレクタを含む。

ドット（dpi）：画像や印刷の解像度を表す最小単位の点をいう。ディスプレイの場合は640×480ドット，プリンタの場合は1インチ当たりのドット数が解像度になる。

ナ行

ナビゲーション：経路誘導システム。

二重位相差：干渉測位において，波数の観測値に含まれる衛星時計と受信機時計の誤差の影響を除去するため，2個の衛星と2個の受信機間での観測値の差を求めることをいう。

ネットワーク型RTK法：配信事業者のデータを利用して，GNSS測量機1台でRTK（リアルタイムキネマティック）観測を行う方法。3～4級基準点測量に利用する。

ハ行

倍角：方向法観測において，同一視準点の1対回に対する正・反の秒数和（$r+\ell$）。

倍角差：水平角観測において，2対回以上の対回観測を行ったとき，同一視準点に対する倍角の最大と最小の差。

配信事業者：国土地理院の電子基準点網の観測データ配信を受けている者，又は3点以上の電子基準点を基に測量に利用できる形式でデータを配信している者。

パスポイント：連続する3枚の空中写真の重複部に上，中，下の3点ずつ選んだ点で，コースとコースの重複部の1モデルに1点ずつ選んだタイポイントとで水平位置・標高を求めるための点をいう。

反位（ℓ）：鉛直目盛盤が望遠鏡の右側にある状態の観測。

反射プリズム：光波測距儀（主局）の光波を反射する従局に設置するプリズムをいう。

1素子反射プリズム，3素子反射プリズムなどがある。

搬送波：GNSS衛星から発信される通信用電波で，L_1帯（波長19cm），L_2帯（波長24cm）の2種類が使用されている。搬送波を変調してC/Aコード，Pコード，航法メッセージをのせて発信し，距離及び軌道情報を提供する。

標高：ある地点の東京湾平均海面（ジオイド）を基準とした高さ。

標準大気モデル：GNSS測量において，解析機の中にセットされている大気情報。GNSS観測時には気候観測を行わないため，誤差は残る。

標準偏差：平均二乗誤差。測定値の最確値からのバラツキ（誤差）の大きさを示す。標準偏差には，1観測（単位重量当たり）又は最確値（重量当たり）の標準偏差がある。

標定点：同時調整（空中三角測量）及び数値図化において，空中写真の標定に必要な基準点又は水準点をいう。

フィックス（FIX）解：基線ベクトルを求めるための波の数，数値バイアス（通信用電波である搬送波位相）を最小二乗法で求め確定したときの解をいう。

復旧測量：公共測量によって設置した基準点及び水準点の機能を維持・保全するための測量。

平均計算：基準点測量において，最終結果（最確値）を求める計算をいう。観測の良否は，観測値の標準偏差で判定する。厳密水平網平均計算，及び厳密高低網平均計算（1～2級基準点測量），簡易水平網計算，簡易高低網平均計算（3～4級基準点測量）など各等級区分により定められる。

平均計画図：地形図上で新点の概略位置を決定した図。

平均図：新点の位置を選定する選定図に基づき，設置する基準点網の平均計算を行うための設計図。測量計画機関の承認を得る必要がある。

閉合差：観測によって得られた値と，あらか

じめ与えられていた値（成果表）との差。
平面距離：球面距離を平面直角座標上に投影したときの距離。平面距離sは，球面距離Sに縮尺係数mを掛けて求める。$s=mS$
平面直角座標系：横メルカトル図法を日本に適用した平面座標。公共測量の測量成果は，ガウス・クリューゲルの投影法による平面直角座標で表す。準拠楕円体が世界測地系に変わった結果，各基準点の座標値（X・Y座標，真北方向角，縮尺係数）が変わった（測地成果2000という）。
ベクタデータ：図形をX・Yの座標値として表すデータ。図形要素をすべて起点と終点の座標値とその方向性をもった点の並びとする。デジタイザーはこの方式である。この幾何要素の図形間の位置関係を表したものが位相（トポロジー）情報。
辺：基準点測量において，点と隣接する点を繋ぐ測線。
偏角測設法：円曲線の設置法の一つで，セオドライトで偏角を，巻尺で弧長を測って曲線を測設する方法。
編集図：既成図を基図として，編集により作成された地図。
偏心計算：観測器械あるいは測標の中心と標石の中心を通る鉛直線のズレをいい，これを補正することを偏心計算という。
方位：ある地点での子午線の北の方向。
方位角：観測点における真北方向（子午線）を基準として，右回りに測った角。
方向角：座標原点における子午線と平行な線X軸を基準として，右回りに測った角。
方向法観測：1点の周りに観測する角が複数ある場合，望遠鏡正位・反位で必要対回数でそれぞれの角を求める観測方法。
放射法：細部測量において，方向線とその距離により地物の位置を求める方法。
放送暦：衛星の楕円運動を決めるために必要なパラメータ（軌道情報）。

マ行

マルチパス（多重経路）：Multil Path. GNSS衛星の電波が地物からの反射波により直接波に生じる誤差の原因となるもの。
メタデータ：各測量分野の空間データ（測量成果）について，その内容を説明したデータ。空間データのカタログ情報。誰でも閲覧できるようにクリアリングハウスに登録される。
目盛誤差：目盛板の目盛間隔が均質でないために，観測値に生じる誤差。
メルカトル図法：投影面を円筒とし，地軸と円筒軸を一致させた正軸円筒図法に等角条件を加えた図法。
モザイク：隣接する正射投影画像をデジタル処理により結合させ，モザイク画像を作成する作業をいう。

ヤ行

用地測量：土地及び境界等について調査し，用地取得等に必要な資料及び図面を作成する測量。
横メルカトル図法：ガウス・クリューゲル図法。メルカトル図法を90°回転させたもので，地軸と円筒軸を直交させた円筒面内に投影した図法。

ラ行

ラジアン単位：半径Rに対する弧の中心角を1ラジアンという。角度を長さの比で表す。
ラスタデータ：画面全体に細かいメッシュ（格子）をかけ，その格子の一つひとつに白（0）か黒（1）かの階調（コントラスト）を持ったデータ。スキャナは，この方式で画素という概念に基づく。
レイヤ管理：地図情報データ（位置情報と属性データ）のうち，地形・地物・注記及び自然・社会・経済の地理情報等の項目別の属性データをレイヤという。位置情報にレイヤを重ね合せ，地理情報を管理する。
路線：既知点から交点，交点から次の交点，交点から既知点間の辺を順番に繋いでで

きる測線。
- **路線測量**：道路・鉄道等の線状築造物の計画・設計及び実施のための測量。
- **路線長**：既知点から交点まで，交点から次の交点まで，交点から既知点までの辺長の合計。
- **路線の辺数**：既知点から交点，交点から次の交点まで，交点から既知点までの路線の中の辺数。

アルファベット

- **CCD**：Charge Coupled Devices，電荷結合素子。光を電気信号に変換する半導体。
- **GIS**：Geographic Information System。地理情報システム。デジタルで記録された地理空間情報を電子地図上で電子計算機により一括処理するシステム。
- **GNSS測量**：Global Navigation Satellite Systems。汎地球測位システム。人工衛星からの信号を用いて位置を決定する衛星測位システムの総称。GPS測量が代表的である。
- **GNSS測量機**：GPS測量機又はGPS及びGLONASS対応の測量機をいう。
- **GNSS/IMU装置**：空中写真の露出位置を解析するため，航空機搭載のGNSS測量機及び空中写真の傾きを検出するための3軸のジャイロ及び加速度計で構成されるIMU（慣性計測装置）等のシステム。
- **GPS**：Global Positioning System。GNSS測量のうち，GPS衛星，制御局（DoD），利用者（GPS測量）の3つの分野から構成される汎地球測位システム。電波の送信点と受信点間の伝播時間から2点間の距離を求める。
- **GRS80楕円体**：Geodetic Reference System 1980。国際測地協会が1979年に採択した地球の形状・重力定数・角速度等の地球の物理学的な定数が定められたもの。地球と最も近似している楕円体。
- **ITRF94座標系**：International Terrestrial Reference Frame。国際地球基準座標系。地球中心を原点とし，地球回転軸をZ軸，グリニッジ天文台を通る子午線と赤道面の交点と地球の重心を結んだ軸をX軸，X軸とZ軸に直交する軸をY軸とする3次元直交座標系。
- **JPGIS**：Japan Profile for Geographic Information Standards。地理情報標準プロファイル。日本国内における地理情報分野に係るルールを規定したもので，国際規格（ISO 191），日本工業規格（JIS X 71）に準拠し，実用上に必要な内容を抽出・体系化した規格。
- **L_1帯**：GNSS衛星から発信される波長19cm，1575.42MHzの周波数をもつ搬送波。
- **L_2帯**：GNSS衛星から発信される波長24cm，1227.6MHzの周波数をもつ搬送波。
- **PCV**：Phase Center Variation。受信用のアンテナ中心位相。
- **PCV補正**：Phase Center Variation。電波の入射方向によってアンテナの位相中心が変動するのを補正する。
- **RTK**：Real Time Kinematic。リアルタイムキネマティック。固定局側での衛星からの受信情報を移動局側に無線で送り，移動点側でリアルタイムに基線ベクトルを求める観測方法。
- **T.P.**：Tokyo Peil，東京湾平均海面。
- **TS点**：基準点にTS等又はGNSS測量機を整置して細部測量を行うことが困難な場合に設ける補助基準点。
- **TS等**：トータルステーション，セオドライト，測距儀等をいう。
- **TS等観測**：トータルステーション（TS），セオドライト，測距儀等の測量機器をTS等といい，これらを用いて，水平角・鉛直角・距離等を観測する作業をいう。
- **UTM図法**：Universal Transverse Mercator's Projection，ユニバーサル横メルカトル図法。地球全体を6°の経度帯（Zone）に分けた座標系ごとにガウス・クリューゲル図法で投影した図法。

付録2．測量のための数学公式

1．数と式の計算

(1) 計算公式

① 指数法則

　　m, nは正の整数，$a \neq 0$, $b \neq 0$
　　$a^m a^n = a^{m+n}$　　$a^{\frac{m}{n}} = \sqrt[n]{a^m}$　$(a>0)$
　　$(a^m)^n = a^{mn}$　　$a^0 = 1$
　　$(ab)^n = a^n b^n$

$$a^m \div a^n = \begin{cases} a^{m-n} & (m>n) \\ 1 & (m=n) \\ a^{m-n} = a^{-(n-m)} \\ \dfrac{1}{a^{n-m}} & (m<n) \end{cases}$$

（例）大きい数や0に近い数を整数部分が1桁の数 a と整数 n を使って表す。
　　　$2\,830\,000 = 2.83 \times 10^6$
　　　$0.000\,283 = 2.83 \times 10^{-4}$

（例）標準温度 $t_0 = 15℃$，線膨張係数 $α = 1.2 \times 10^{-5}/℃$ の鋼巻尺で，外気温 $t = 25℃$，測定長200mのとき，温度補正 C_t はいくらか。

　　$C_t = αL\ (t - t_0)$
　　　　$= 1.2 \times 10^{-5}/℃ \times 200m\,(25℃ - 15℃)$
　　　　$= 2.4m \times 10^{-5} \times 10^2 \times 10$
　　　　$= 2.4m \times 10^{-5+2+1} = 2.4m \times 10^{-2}$
　　　　$= 0.024m$

---

② 等式の基本性質
　　$A=B$, $B=C$のとき　$A=C$
　　$A=B$のとき　　　　$A \pm C = B \pm C$
　　　　　　　　　　　　$AC = BC$
　　　　　　　　　　　　$\dfrac{A}{C} = \dfrac{B}{C}$　$(C \neq 0)$
　　$A=B$, $C=D$ $(\neq 0)$ のとき
　　　　　　　　　　　　$A \pm C = B \pm D$
　　　　　　　　　　　　$AC = BD$
　　　　　　　　　　　　$\dfrac{A}{C} = \dfrac{B}{D}$

③ 恒等式
　　等式の両辺が式として等しい
　　$(a+b)(c+d) = ac + ad + bc + bd$

$(a+b)(a-b) = a^2 - b^2$
$(a \pm b)^2 = a^2 \pm 2ab + b^2$
$(ax+b)(cx+d) = acx^2 + (ad+bc)x + bd$
$a^2 + b^2 = (a+b)^2 - 2ab$
$4ab = (a+b)^2 - (a-b)^2$
$(a+b+c)^2 = a^2 + b^2 + c^2 + 2bc + 2ca + 2ab$
$a^3 \pm b^3 = (a \pm b)(a^2 \mp ab + b^2)$

(2) 分数式の性質

$\dfrac{mA}{mB} = \dfrac{A}{B}$

$\dfrac{B}{A} + \dfrac{C}{A} = \dfrac{B+C}{A}$　（加法）

$\dfrac{B}{A} - \dfrac{C}{A} = \dfrac{B-C}{A}$　（減法）

$\dfrac{A}{B} \times \dfrac{C}{D} = \dfrac{AC}{BD}$　（乗法）

$\dfrac{A}{B} \div \dfrac{C}{D} = \dfrac{A}{B} \times \dfrac{D}{C} = \dfrac{AD}{BC}$　（除法）

(3) 平方根の性質

　　2乗して a になる数
　　$\sqrt{a^2} = a$

（例）
$\sqrt{0.5} = \sqrt{50 \times 10^{-2}} = 10^{-1}\sqrt{50}$
　　　　（関数表より $\sqrt{50} = 7.07\,107$）
　　$= 7.071\,07 \times 10^{-1} = 0.707\,107$
$\sqrt{0.25} = \sqrt{25 \times 10^{-2}}$
　　　　$= 10^{-1}\sqrt{25} = 0.5$

$a>0$, $b>0$のとき，
　　$\sqrt{a}\sqrt{b} = \sqrt{ab}$　　$\dfrac{\sqrt{a}}{\sqrt{b}} = \sqrt{\dfrac{a}{b}}$

$k>0$, $a>0$のとき　$\sqrt{k^2 a} = k\sqrt{a}$

絶対値 $\begin{cases} a \geq 0ならば & \sqrt{a^2} = |a| = a \\ a < 0ならば & \sqrt{a^2} = |a| = -a \end{cases}$

(4) 比例式の性質

$\dfrac{a}{b} = \dfrac{c}{d}$,　$a:b = c:d$ならば

① $ad = bc$　（内項の積＝外項の積）

② $\dfrac{a}{c} = \dfrac{b}{d}$,　$\dfrac{d}{b} = \dfrac{c}{a}$　（交換の理）

③ $\dfrac{a \pm b}{b} = \dfrac{c \pm d}{d}$ （合比・除比の理）

④ $\dfrac{a+b}{a-b} = \dfrac{c+d}{c-d}$ （合除比の理）

(例) $a:b = 4:3$, $b:c = 5:7$のとき
$a:b:c$ は，
$a:b\ =\ 4:3$
$b:c =\ \ \ \ 5:7$
$\overline{a:b:c = 20:15:21}$

(例) 直接水準測量では，軽重率は測定距離に反比例する。路線長が4km，3km，6kmのとき，軽重率Pは
$P_1 : P_2 : P_3 = \dfrac{1}{4} : \dfrac{1}{3} : \dfrac{1}{6}$
$= 3 : 4 : 2$
（最小公倍数12を掛ける）

(5) 整式の除法

① 除法の基本 $A(x) \div B(x)$の商を$Q(x)$，余りを$R(x)$とすると
$$A(x) = B(x)Q(x) + R(x)$$

② 因数定理
$P(x)$が$x-a$で割り切れる $\Leftrightarrow$ $P(a) = 0$

2．方程式・不等式

(1) 方程式の解法

① 等式の基本性質：
$a=b$ ならば，$a+c=b+c$　$a-c=b-c$
$ma=mb$　特に，$m \neq 0$のとき $\dfrac{a}{m} = \dfrac{b}{m}$

② 1次方程式： $ax=b$の解
$a \neq 0$のとき　$x = \dfrac{b}{a}$
$a=0$で $\begin{cases} b=0 \text{のとき　全体集合} \\ b \neq 0 \text{のとき　解はない} \end{cases}$

③ 連立2元1次方程式

2直線の交点の座標値 (x, y)。元は未知数 (x, y) の数，次はx, yの次数（1次）。

$\left. \begin{array}{l} a_1 x + b_1 y = c_1 \\ a_2 x + b_2 y = c_2 \end{array} \right\} \Leftrightarrow$

$x = \dfrac{c_1 b_2 - b_1 c_2}{a_1 b_2 - a_2 b_1} \quad y = \dfrac{a_1 c_2 - a_2 c_1}{a_1 b_2 - a_2 b_1}$

(2) 不等式の基本性質

① $a < b$, $b < c$ ならば，$a < c$

② $a < b$ ならば，$a+c < b+c$, $a-c < b-c$
$m > 0$のとき，$ma < mb$
$m < 0$のとき，$ma > mb$

③ $a < b$, $c < d$ のとき
$\qquad a+c < b+d$, $a-d < b-c$
$0 < a < b$, $0 < c < d$のとき
$\qquad ac < bd$, $\dfrac{a}{d} < \dfrac{b}{c}$

(3) 不等式の解法

① 1次不等式：$ax > b$の解
$a > 0$ならば，$x > \dfrac{b}{a}$
$a < 0$ならば，$x < \dfrac{b}{a}$

② 2次不等式：
$a(x-\alpha)(x-\beta) \gtreqless 0$ の形に整理する。
$(x-\alpha)(x-\beta) > 0 \Leftrightarrow x < \alpha, \beta < x$
$(x-\alpha)(x-\beta) < 0 \Leftrightarrow \alpha < x < \beta$
（但し，α, βは実数，$\alpha < \beta$）

3．三角比・三角関数

(1) 三角比・逆三角関数

① 定義　$P(x, y)$, $OP=r$, OPがx軸となす角がθのとき，三角形の辺の比は，次のとおり。
$\sin \theta = \dfrac{y}{r}$
$\cos \theta = \dfrac{x}{r}$
$\tan \theta = \dfrac{y}{x}$

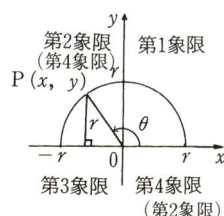

第2象限（第4象限）　第1象限
第3象限　第4象限（第2象限）

（注）（　）は測量で扱う象限（時計回り）

② 逆三角関数
2辺の比より，θを求める。
$\theta = \sin^{-1} \dfrac{y}{r}$ （アークサイン）
$\theta = \cos^{-1} \dfrac{x}{r}$ （アークコサイン）
$\theta = \tan^{-1} \dfrac{y}{x}$ （アークタンジェント）

(例) AB＝3.56m, OB＝5.62m のとき，高低角θはいくらか。

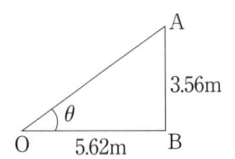

$\theta = \tan^{-1}\dfrac{3.56}{5.62} = \tan^{-1} 0.633$

関数表（P223）より，$\theta ≒ 32°$

(注) 測量では南北（子午線）方向をx軸，東西方向をy軸とする。数字と座標軸が異なる。

(注) 角はx軸を基準に，数学では反時計回りを正，測量では時計回りを正とする。象限も時計回りにとる。

③ 三角比の主な値

	0°	30°	45°	60°	90°	120°	150°
$\sin\theta$	0	$\dfrac{1}{2}$	$\dfrac{1}{\sqrt{2}}$	$\dfrac{\sqrt{3}}{2}$	1	$\dfrac{\sqrt{3}}{2}$	$\dfrac{1}{2}$
$\cos\theta$	1	$\dfrac{\sqrt{3}}{2}$	$\dfrac{1}{\sqrt{2}}$	$\dfrac{1}{2}$	0	$-\dfrac{1}{2}$	$-\dfrac{\sqrt{3}}{2}$
$\tan\theta$	0	$\dfrac{1}{\sqrt{3}}$	1	$\sqrt{3}$	∞	$-\sqrt{3}$	$-\dfrac{1}{\sqrt{3}}$

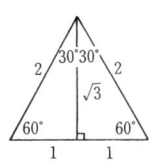

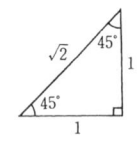

④ 三角比の相互関係：
$\tan\theta = \dfrac{\sin\theta}{\cos\theta}$
$\sin^2\theta + \cos^2\theta = 1$
$1 + \tan^2\theta = \dfrac{1}{\cos^2\theta}$

(2) 三角形と三角比
① 正弦定理：$\dfrac{a}{\sin A} = \dfrac{b}{\sin B} = \dfrac{c}{\sin C} = 2R$
（Rは外接円の半径）
② 余弦定理：$a^2 = b^2 + c^2 - 2bc\cos A$
$\cos A = \dfrac{b^2 + c^2 - a^2}{2bc}$

③ 面積：
・2辺とそのはさむ角：$S = \dfrac{1}{2}bc\sin A$
・ヘロンの公式：$S = \sqrt{s(s-a)(s-b)(s-c)}$
但し，（$2s = a+b+c$）

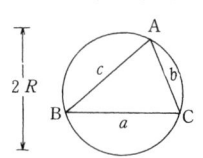

(例) 3辺の長さが25cm，17cm，12cmの三角形の面積は，
$2s = a+b+c = 54$, $s = 27$
$S = \sqrt{27(27-25)(27-17)(27-12)}$
$= 90\mathrm{cm}^2$

(3) 三角関数（還元公式）
① $-\theta$とθの関係（還元公式）
$\sin(-\theta) = -\sin\theta$
$\cos(-\theta) = \cos\theta$
$\tan(-\theta) = -\tan\theta$

② $90°\pm\theta$の公式（還元公式）
$\sin(90°\pm\theta) = \cos\theta$
$\cos(90°\pm\theta) = \mp\sin\theta$
$\tan(90°\pm\theta) = \mp\cot\theta$

③ $\pi\pm\theta$の公式（$\pi = 180°$）（還元公式）
$\sin(180°\pm\theta) = \mp\sin\theta$
$\cos(180°\pm\theta) = -\cos\theta$
$\tan(180°\pm\theta) = \pm\tan\theta$

④ $2n\pi+\theta$の公式（還元公式）
動径OPのなす角θ（rad）
$2n\pi+\theta$ $(0 \leq \theta \leq 2\pi)$
$(n = 0, \pm1, \pm2, \cdots)$

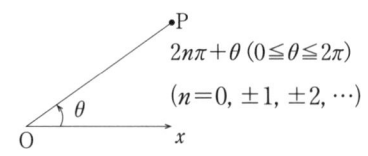

$\sin(2n\pi+\theta) = \sin\theta$
$\cos(2n\pi+\theta) = \cos\theta$
$\tan(2n\pi+\theta) = \tan\theta$

象限	1	2	(4)	3	4	(2)
$\sin\theta$	+	+	(−)	−	−	(+)
$\cos\theta$	+	−	(+)	−	+	(−)
$\tan\theta$	+	−	(−)	+	−	(−)

（ ）測量での象限

(注) 試験で配布される関数表（P223）は90°までである。還元公式によって90°以下にする。

（例）　$\sin 210° = \sin(180°+30°)$
$= -\sin 30° = -0.5$
$\cos 210° = \cos(180°+30°)$
$= -\cos 30° = -\sqrt{3}/2$
$\tan 210° = \tan(180°+30°)$
$= \tan 30° = 1/\sqrt{3}$
$\sin 150° = \sin(180°-30°)$
$= \sin 30° = 0.5$
$\cos 150° = \cos(180°-30°)$
$= -\cos 30° = -\sqrt{3}/2$

(4) 弧度法（ラジアン）

① 半径 R に等しい弧に対する中心角 θ は、円の大きさに関係なく常に一定である。この一定の角を1ラジアン（rad）とする。

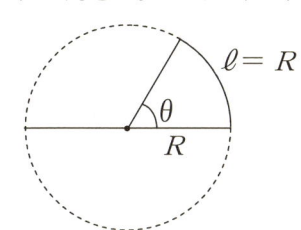

- 1ラジアン $= \dfrac{180°}{\pi} = 57°17'45''$
$= 206\,265'' = 2''\times 10^5 = \rho''$
（円の半径に等しい弧の中心角）
- π（rad）$= 180°$
- $1° = \dfrac{\pi}{180} = 0.01745$（rad）

② $\alpha°$ を θ（rad）で表すと
$180° : \pi = \alpha° : \theta$ より
$\alpha° = \dfrac{180°}{\pi}\theta, \quad \theta = \dfrac{\pi}{180°}\alpha°$

③ 弧度法に対して度（°）を単位として角を測る方法（$1° = 60'$, $1' = 60''$）を60進法（**度数法**）という。

（例）　$20° = \dfrac{\pi}{180°}\times 20° = 0.349$（rad）
$2\,\text{rad} = \dfrac{180°}{\pi}\times 2 = 114°35'30''$

④ 扇形の弧長と面積
弧長　$\ell = r\theta$
面積　$S = \dfrac{1}{2}r^2\theta$

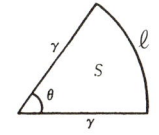

（例）　1 km先にある幅10 cmをはさむ角度はいくらか。

$\theta \fallingdotseq \sin\theta \fallingdotseq \tan\theta = \dfrac{0.1\,\text{m}}{1\,000\,\text{m}}$
$= 10^{-4}\,\text{rad} = 10^{-4}\times 2''\times 10^5 = 20''$
（1 radは、$\rho'' = 2''\times 10^5$秒と覚えておくこと。）

4．図形と方程式

(1) 図形の性質

① 平行線と角：平行な2直線 m, n が1直線 ℓ が交わるとき
　・同位角は等しい（$a = a'$）。
　・錯角は等しい（$a = c'$）。
2直線が1直線に交わるとき
　・同位角が等しければ、2直線は平行
　・錯角が等しければ、2直線は平行

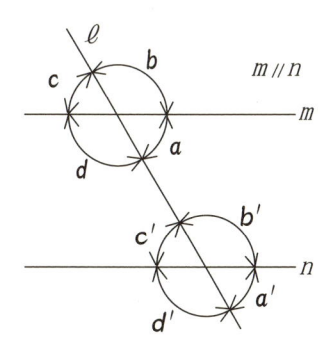

② 多角形の角（$\angle R = 90°$）
　・n 角形の内角の和は、$(2n-4)\angle R$
　・外角の和は、辺数に関係なく $4\angle R$

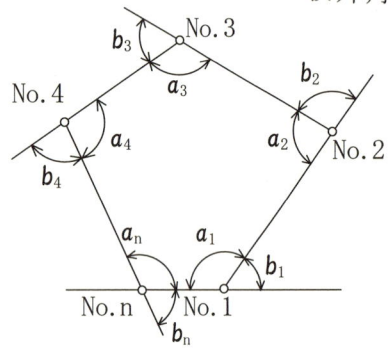

a：内角
b：外角

(例) 8角形の内角の和が1 079°52′のとき、その誤差は
誤差＝1 079°52′－(2×8－4)×90°＝8′

③ 直角三角形（∠c＝90°）：
$c^2 = a^2 + b^2$（ピタゴラスの定理）

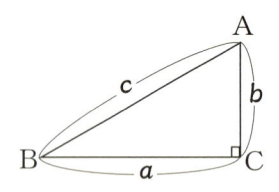

④ 三角形の合同条件：
・対応する3組の辺が等しい。
・2組の辺ときょう角が等しい。
・1辺と両端角が等しい。

⑤ 三角形の相似条件：
・3組の辺の比が等しい。
・2組の辺の比ときょう角が等しい。
・2組の角が等しい。

(例) △OAB∽△Oabのとき
相似比＝$\dfrac{ab}{AB}=\dfrac{f}{H}$

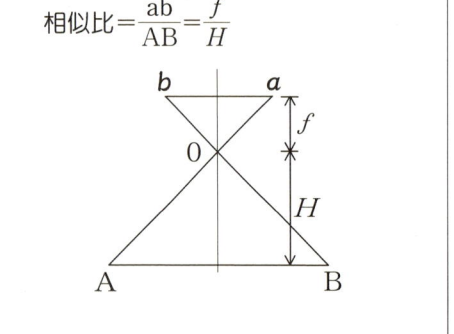

⑥ 平行四辺形：
・対角は等しい。
 （∠A＝∠C，∠B＝∠D）
・対辺は等しい。（AD＝BC，AB＝CD）
・対角線は互に他を2等分する。
 （AO＝OC，BO＝OD）

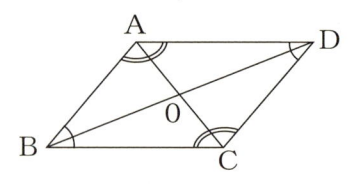

(2) 点・距離
O(0, 0)，A(x_1, y_1)，B(x_2, y_2)のとき

距離 AB＝$\sqrt{(x_2-x_1)^2+(y_2-y_1)^2}$

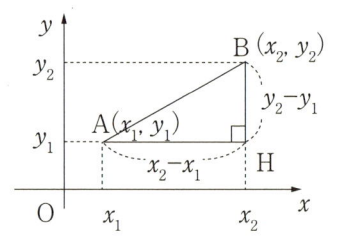

(例) 線分ABの長さを求めよ。
A(80.24m, 21.72m)，
B(172.36m, 257.02m)
AB＝$\sqrt{(172.36-80.24)^2-(257.02-21.72)^2}$
　　＝252.69m

5．ベクトル

ベクトル$\vec{a}$を一つの平面で考えるとき、平面ベクトルといい、空間で考えるとき、空間ベクトルという。

(1) ベクトルの和・差：
平行四辺形を作って作図する。
$\overrightarrow{OB}=\overrightarrow{OA}+\overrightarrow{AB}=\vec{a}+\vec{b}$（加法）
$\overrightarrow{BA}=\overrightarrow{OA}-\overrightarrow{OB}=\vec{a}-\vec{b}$（減法）
$\overrightarrow{BA}=-\overrightarrow{AB}$（逆ベクトル）

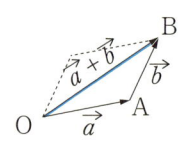

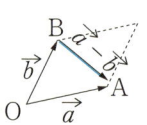

(注)
- $\vec{a}+\vec{b}$ は，$\vec{a}$ の終点を $\vec{b}$ の始点として，$\vec{a}$，$\vec{b}$ をつぎたすとき，$\vec{a}$ の始点から $\vec{b}$ の終点へ向かうベクトル。
- $\vec{a}-\vec{b}$ は，$\vec{a}$, $\vec{b}$ の始点を一致させるとき，$\vec{b}$ の終点から $\vec{a}$ の終点に向かうベクトル。

(2) 定数倍：伸長・縮小（実数との積）
$\vec{a}=\overrightarrow{OA}$，$k\vec{a}=\overrightarrow{OP}$ ならば，$\overrightarrow{OP}=|k|\overrightarrow{OA}$
（向きが $k>0$ なら一致，$k<0$ なら逆）

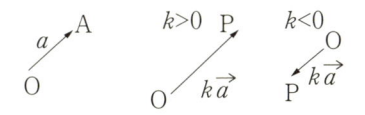

(3) ベクトルの演算
① 交換法則：$\vec{a}+\vec{b}=\vec{b}+\vec{a}$
② 結合法則：$(\vec{a}+\vec{b})+\vec{c}=\vec{a}+(\vec{b}+\vec{c})$
③ $\vec{0}$ の性質：$\vec{a}+\vec{0}=\vec{0}+\vec{a}=\vec{a}$
④ 逆ベクトル：$\vec{a}+(-\vec{a})=(-\vec{a})+\vec{a}=\vec{0}$
⑤ h, k は実数 $h(k\vec{a})=(hk)\vec{a}$
$(h+k)\vec{a}=h\vec{a}+k\vec{a}$
$h(\vec{a}+\vec{b})=h\vec{a}+h\vec{b}$

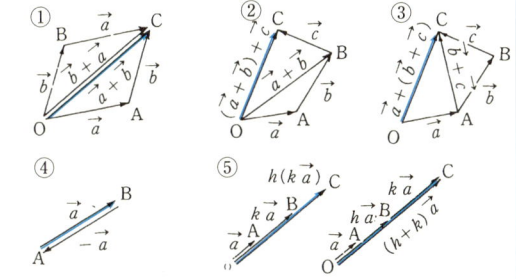

(4) ベクトルの成分（平面ベクトル）
① ベクトルの成分と大きさ
$\vec{a}=(x,y)$ のとき，
$|\vec{a}|=\sqrt{x^2+y^2}$
② ベクトルの相等
$\vec{a}=(x_1,y_1)$, $\vec{b}=(x_2,y_2)$ のとき
$\vec{a}=\vec{b} \Leftrightarrow x_1=x_2,\ y_1=y_2$
③ ベクトルの成分による計算
$\vec{a}=(x_1,y_1)$, $\vec{b}=(x_2,y_2)$, k：実数
$\vec{a}\pm\vec{b}=(x_1\pm x_2, y_1\pm y_2)$
$k\vec{a}=(kx_1, ky_1)$

④ ベクトルの成分
$\overrightarrow{OA}+\overrightarrow{AB}=\overrightarrow{OB}$ より
$\overrightarrow{AB}=\overrightarrow{OB}-\overrightarrow{OA}$
$\overrightarrow{AB}=(x_2-x_1, y_2-y_1)$

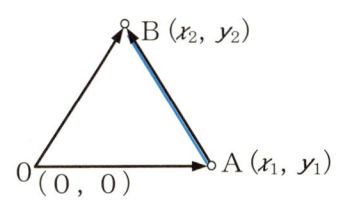

(例) 2つのベクトル $\vec{a},\vec{b}$ のなす角60°，大きさ $|\vec{a}|=3$, $|\vec{b}|=5$ のとき，$\vec{c}$ の大きさと，$\vec{c}$, $\vec{b}$ のなす角 α はいくらか。

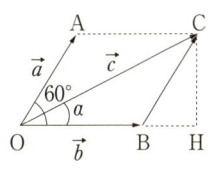

余弦定理より
$|\vec{c}|=\sqrt{|\vec{a}|^2+|\vec{b}|^2-2|\vec{a}||\vec{b}|\cos 120°}$
$=7$
$CH=3\sin 60°=1.5\sqrt{3}$
$BH=3\cos 60°=1.5$
$\alpha=\tan^{-1}\dfrac{CH}{OH}=\tan^{-1} 0.400 ≒ 22°$
関数表より $0.40403=\tan 22°$

⑤ 空間ベクトル
A点，B点の空間ベクトルの成分を
A (x_1, y_1, z_1), B (x_2, y_2, z_2) のとき
$\overrightarrow{OA}+\overrightarrow{AB}=\overrightarrow{OB}$ より
$\overrightarrow{AB}=\overrightarrow{OB}-\overrightarrow{OA}$
$=(x_2, y_2, z_2)-(x_1, y_1, z_1)$
$=(x_2-x_1, y_2-y_1, z_2-z_1)$

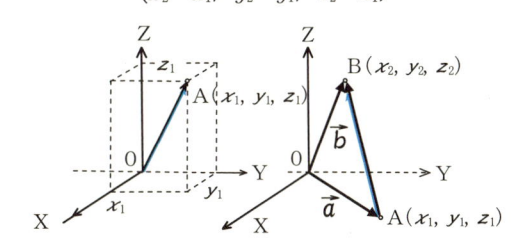

6．行列と行列式

数字や文字を長方形上に並べたものを行列（マトリックス）という。行列はそれ自体（　）でくくったもので演算のルールをもたない。なお，1行又は1列しかない行列を行ベクトル，列ベクトルという。

成分の横の並びを行，縦の並びを列という。i 行，j 列の成分を (i, j) で表す。

(1) 行列

① 行列の加法，減法，実数倍

$$\begin{pmatrix} a & b \\ c & d \end{pmatrix} \pm \begin{pmatrix} p & q \\ r & s \end{pmatrix} = \begin{pmatrix} a \pm p & b \pm q \\ c \pm r & d \pm s \end{pmatrix}$$

$$k \begin{pmatrix} a & b \\ c & d \end{pmatrix} = \begin{pmatrix} ka & kb \\ kc & kd \end{pmatrix}$$

② 行列と列ベクトルの積

$$\begin{pmatrix} a & b \\ c & d \end{pmatrix} \begin{pmatrix} p \\ q \end{pmatrix} = \begin{pmatrix} ap & bq \\ cp & dq \end{pmatrix}$$

③ 行列と行列の積

$$\begin{pmatrix} a & b \\ c & d \end{pmatrix} \begin{pmatrix} p & q \\ r & s \end{pmatrix} = \begin{pmatrix} ap+br & aq+bs \\ cp+dr & cq+ds \end{pmatrix}$$

④ 逆行列

$A = \begin{pmatrix} a & b \\ c & d \end{pmatrix}$　$\Delta = ad - bc \neq 0$ のとき

逆行列 $A^{-1} = \dfrac{1}{\Delta} \begin{pmatrix} -d & b \\ c & -a \end{pmatrix}$

（例）$3x + 7y = 1$，$x + 2y = 0$ の解 x, y はいくらか。

$$\begin{pmatrix} 3 & 7 \\ 1 & 2 \end{pmatrix} \begin{pmatrix} x \\ y \end{pmatrix} = \begin{pmatrix} 1 \\ 0 \end{pmatrix}$$

$A = \begin{pmatrix} 3 & 7 \\ 1 & 2 \end{pmatrix}$, $A^{-1} = \begin{pmatrix} -2 & 7 \\ 1 & -3 \end{pmatrix}$

$$\begin{pmatrix} x \\ y \end{pmatrix} = A^{-1} \begin{pmatrix} 1 \\ 0 \end{pmatrix} = \begin{pmatrix} -2 & 7 \\ 1 & -3 \end{pmatrix} \begin{pmatrix} 1 \\ 0 \end{pmatrix} = \begin{pmatrix} -2 \\ 1 \end{pmatrix}$$

∴ $x = -2, y = 1$

---

(2) 行列式

3次の行列 $\begin{pmatrix} a & b & c \\ d & e & f \\ g & h & i \end{pmatrix}$ を $\begin{vmatrix} a & b & c \\ d & e & f \\ g & h & i \end{vmatrix}$

と表したものを3次の行列式という。
i 行，j 列の要素を (i, j) で表す

行列式の計算は次のとおり。

① $(1, 1)$ 要素＋，$(1, 2)$ 要素－，……
$(2, 1)$ 要素－，$(2, 2)$ 要素＋，……
と交互に＋，－を付ける。

② (i, j) 要素の属する行と列を取り除いた小型の行列式と，その (i, j) 要素の積をつくる。

③ その代数和をつくる。

2次行列式

$$\begin{vmatrix} a^{(+)} & b^{(-)} \\ c^{(-)} & d^{(+)} \end{vmatrix} = ad - bc$$

3次行列式

(i, j) 要素の属する行と列を取り除いた小型の行列式をつくる。

$$\begin{vmatrix} a & b & c \\ d & e & f \\ g & h & i \end{vmatrix} = a \begin{vmatrix} e & f \\ h & i \end{vmatrix} - b \begin{vmatrix} d & f \\ g & i \end{vmatrix} + c \begin{vmatrix} d & e \\ g & k \end{vmatrix}$$

$= a(ei - fh) - b(di - gf) + c(dk - eg)$

行列式の性質は次のとおり

① 行と列を入れ替えても行列式の値は変わらない。

② どれか2つの行又は列を入れ替えると逆符号の値となる。

③ どれか2つの行又は列が同じ要素から成っている場合，その行列式の値は0である。

④ どれか1つの行又は列の要素が，すべて K 倍のとき，K は行列式の外に出せる（$K \neq 0$，K は実数）。

（例）$\begin{vmatrix} 4 & -1 & 5 \\ -3 & 4 & 0 \\ 1 & 3 & 6 \end{vmatrix} = 4 \begin{vmatrix} 4 & 0 \\ 3 & 6 \end{vmatrix} - (-1) \begin{vmatrix} -3 & 0 \\ 1 & 6 \end{vmatrix}$

$\qquad + 5 \begin{vmatrix} -3 & 4 \\ 1 & 3 \end{vmatrix}$

$= 4(24 - 0) + 1(-18 + 0) + 5(-9 - 4)$
$= 13$

7．確率・統計

(1) 二項定理（展開式）

二項定理 $(a+b)^n = \sum_{r=0}^{n} {}_nC_r a^{n-1}b^r$ の展開式の各項の係数 ${}_nC_r (r=0, 1, 2, \cdots\cdots n)$ を二項係数という。

$$(1+x)^n = 1 + nx + \frac{n(n-1)}{1\cdot 2}x^2 + \cdots\cdots$$
$$+ \frac{n(n-1)(n-2)\cdots(n-r+1)}{1\cdot 2\cdot 3\cdots\cdots r}x^r$$

（但し，$-1 < x < 1$）

① $n=2$ のとき，
$$(1+x)^2 = 1 + 2x + \frac{2(2-1)}{1\cdot 2}x^2$$
$$= 1 + 2x + x^2$$

② $n=-1$ のとき，
$$(1+x)^{-1} = 1 - x + \frac{-1(-1-1)}{1\cdot 2}x^2 - \cdots$$
$$= 1 - x + x^2 - \cdots\cdots$$

③ $n=\frac{1}{2}$ のとき，
$$(1\pm x)^{\frac{1}{2}} = 1 \pm \frac{1}{2}x - \frac{1}{8}x^2 \pm \frac{1}{16}x^3 - \cdots$$

④ $n=-\frac{1}{2}$ のとき，
$$(1\pm x)^{-\frac{1}{2}} = 1 \mp \frac{1}{2}x - \frac{3}{8}x^2 \mp \frac{5}{16}x^3 \mp \cdots$$

（例） 傾斜補正 C_g を求めよ。

$$L = \sqrt{L_0^2 - H^2}$$
$$= L_0\left(1 - \frac{H^2}{L_0^2}\right)^{\frac{1}{2}}$$
$$= L_0\left(1 - \frac{H^2}{2L_0^2} - \frac{H^4}{8L_0^4}\cdots\cdots\right)$$
$$\fallingdotseq L_0 - \frac{H^2}{2L_0}$$
$$\therefore C_g = L_0 - L = \frac{H^2}{2L_0}$$

---

(2) 度数分布

測定値の精密さを分散，標準偏差で表す。
測定値 $\ell_1, \ell_2, \cdots\cdots\ell_n$ のとき

① 最確値 $M = \dfrac{\ell_1+\ell_2+\cdots+\ell_n}{n}$

② 残差 $v = \ell_1 - M$

③ 分散 $V = \dfrac{\Sigma v^2}{n} = \dfrac{[vv]}{n}$
$$= \frac{\sum_{i=1}^{n}(\ell_i - M)^2}{n}$$

④ 1観測 $(\ell_1, \ell_2\cdots\ell_n)$ の標準偏差 m
$$m = \sqrt{\frac{[vv]}{n-1}} = \sqrt{\frac{\sum_{i=1}^{n}(\ell_i - M)^2}{n-1}}$$

$n-1$：自由度

⑤ 最確値 M の標準偏差 m_0

最確値 $M = \dfrac{1}{n}\ell_1 + \dfrac{1}{n}\ell_2 + \cdots + \dfrac{1}{n}\ell_n$，

$\ell_1, \ell_2, \cdots \ell_n$ は同精度とすれば
誤差の伝播により
$$m_0 = \sqrt{m_1^2 + m_2^2 + \cdots + m_n^2}$$
$$m_0^2 = m^2\left(\frac{1}{n^2} + \frac{1}{n^2} + \cdots + \frac{1}{n^2}\right) = \frac{m^2}{n}$$
$$\therefore m_0 = \sqrt{\frac{m}{n}} = \sqrt{\frac{[vv]}{n(n-1)}}$$
$$= \sqrt{\frac{\sum_{i=1}^{n}(\ell_i - M)^2}{n(n-1)}}$$

8．微分法

関数 $F(x)$ の導関数を $F'(x) = \dfrac{dF(x)}{dx}$ で表す。

$$\boxed{F'(x) = f(x)} \begin{array}{c}\text{—(積分)→}\\ \text{←(微分)—}\end{array} \boxed{F(x) = \int f(x)dx}$$

微分は，関数 $F(x)$ の変化率を見る（微視的）。積分は，その結果を見る（巨視的）。

(1) 微分の公式

① $y = u \pm v$ のとき，
$$\frac{dy}{dx} = \frac{du}{dx} \pm \frac{dv}{dx} = u' \pm v'$$

② $y = u\cdot v$ のとき，
$$\frac{dy}{dx} = \frac{du}{dx}v + u\frac{dv}{dx} = u'v \pm uv'$$

③ $y = \dfrac{u}{v}$ のとき，
$$\frac{dy}{dx} = \frac{\dfrac{du}{dx}v - u\dfrac{dv}{dx}}{v^2} = \frac{u'v - uv'}{v^2}$$

④ 合成関数：$z = g(y)$，$y = f(x)$ のとき，
$$\frac{dz}{dx} = \frac{dz}{dy}\cdot\frac{dy}{dx}$$

(例) $y=(2x+5)^5$
$z=2x+5$ とおくと, $y=z^5$
$\dfrac{dz}{dx}=2,\ \dfrac{dy}{dz}=5z^4$
$\dfrac{dy}{dx}=\dfrac{dz}{dx}\cdot\dfrac{dy}{dz}=2\cdot 5z^4$
$=10(2x+5)$

(2) マクローリンの展開式（近似式）

① $(1+x)^k=1+kx+\dfrac{k(k-1)}{1\cdot 2}x^2+\dfrac{k(k-1)(k-2)}{1\cdot 2\cdot 3}x^3+\cdots\cdots$

② $\dfrac{1}{1\pm x}=1\mp x+x^2\mp x^3+\cdots\cdots$

③ $\dfrac{1}{(1\pm x)^2}=1\mp 2x+3x^2\mp 4x^3+\cdots\cdots$

④ $(1\pm x)^{\frac{1}{2}}=1\pm\dfrac{1}{2}x-\dfrac{1}{8}x^2\pm\dfrac{1}{16}x^3-\cdots\cdots$

⑤ $\sin x=x-\dfrac{x^3}{3!}+\dfrac{x^5}{5!}-\cdots\cdots$

⑥ $\cos x=1-\dfrac{x^2}{2!}+\dfrac{x^4}{4!}-\cdots\cdots$

⑦ $\tan x=x+\dfrac{x^3}{3}+\dfrac{2}{15}x^5+\cdots\cdots$

(例) 半径 R の弧長 c と弦長 ℓ の差は,

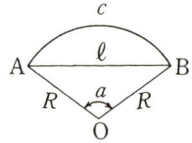

$\ell=2R\sin\dfrac{\alpha}{2}$

$\sin\dfrac{\alpha}{2}=\dfrac{\alpha}{2}-\dfrac{1}{3!}\left(\dfrac{\alpha}{2}\right)^3+\dfrac{1}{5!}\left(\dfrac{\alpha}{2}\right)^5+\cdots$

$c=R\alpha$ から $\alpha=\dfrac{c}{R}$

$\sin\dfrac{\alpha}{2}=\dfrac{c}{2R}-\dfrac{1}{6}\left(\dfrac{c}{2R}\right)^3+\cdots\cdots$

$\therefore \ell=2R\left(\dfrac{c}{2R}-\dfrac{1}{6}\cdot\dfrac{c^3}{8R^3}+\cdots\right)$

$\fallingdotseq c-\dfrac{c^3}{24R^2}$

$c-\ell=\dfrac{c^3}{24R^3}$

(例) x が微小のとき，次のとおり。
$\sin x\fallingdotseq x$
$\cos x\fallingdotseq 1$
$\tan x\fallingdotseq x$

9. 積分法

(1) 不定積分

$\displaystyle\int x^n dx=\dfrac{x^{n+1}}{n+1}+c$

$\displaystyle\int (ax+b)^n dx=\dfrac{1}{a}\cdot\dfrac{(ax+b)^{n+1}}{n+1}+c$

(2) 定積分

① $F'(x)=f(x)$ とすれば

$\displaystyle\int_a^b f(x)dx=\Big[F(x)\Big]_a^b=F(b)-F(a)$

$\displaystyle\int_a^b x^r dx=\left[\dfrac{1}{r+1}x^{r+1}\right]_a^b$

② $x=g(t),\ a=g(\alpha),\ b=g(\beta)$ のとき

$\displaystyle\int_a^b f(x)dx=\int_\alpha^\beta f(g(t))g'(t)dt$

(例) $\displaystyle\int_1^4 (x-2)(2x-1)dx$
$=\displaystyle\int_1^4 (2x^2-5x+2)dx$
$=2\displaystyle\int_1^4 x^2 dx-5\int_1^4 x dx+2\int_1^4 dx$
$=2\left[\dfrac{1}{3}x^3\right]_1^4-5\left[\dfrac{1}{2}x^2\right]_1^4+2\Big[x\Big]_1^4$
$=\dfrac{2}{3}(4^3-1^3)-\dfrac{5}{2}(4^2-1^2)+2(4-1)$
$=10.5$

(例) $\displaystyle\int_0^1 x(1-x)^5 dx$

$1-x=t$ とおくと, $x=1-t,\ \dfrac{dx}{dt}=-1$

$t=1$ のとき $x=0,\ t=0$ のとき $x=1$

$\displaystyle\int_0^1 x(1-x)^5 dx=\int_0^1 (1-t)t^5(-1)dt$
$=\displaystyle\int_1^0 (t^6-t^5)dt=\left[\dfrac{1}{7}t^7-\dfrac{1}{6}t^6\right]_1^0=\dfrac{1}{42}$

ギリシャ文字

大文字 [立体]	大文字 [イタリック]	小文字	読み方	大文字 [立体]	大文字 [イタリック]	小文字	読み方
A	A	α	アルファ	N	N	ν	ニュー
B	B	β	ベータ	Ξ	Ξ	ξ	クシー グザイ
Γ	Γ	γ	ガンマ	O	O	o	オミクロン
Δ	Δ	δ	デルタ	Π	Π	$\pi\varpi$	ピー パイ
E	E	$\varepsilon\epsilon$	エプシロン イプシロン	P	P	ρ	ロー
Z	Z	ζ	ゼータ	Σ	Σ	$\sigma\varsigma$	シグマ
H	H	η	エータ イータ	T	T	τ	タウ
Θ	Θ	$\theta\vartheta$	シータ テータ	Υ	Υ	υ	ウプシロン
I	I	ι	イオタ	Φ	Φ	$\phi\varphi$	フィー ファイ
K	K	κ	カッパ	X	X	χ	キー カイ
Λ	Λ	λ	ラムダ	Ψ	Ψ	$\psi\phi$	プシー プサイ
M	M	μ	ミュー	Ω	Ω	ω	オメガ

接頭語

10^0	1	10^0	1
10^1	da(デカ)	10^{-1}	d(デシ)
10^2	h(ヘクト)	10^{-2}	c(センチ)
10^3	k(キロ)	10^{-3}	m(ミリ)
10^6	M(メガ)	10^{-6}	μ(マイクロ)
10^9	G(ギガ)	10^{-9}	n(ナノ)
10^{12}	T(テラ)	10^{-12}	p(ピコ)

関数表の使用方法

1. 測量士補試験では，電卓の使用は不可である。日頃から手計算に慣れておくとともに，試験時に配布される関数表の使用方法をマスターしておく必要がある。
2. 計算問題では，「関数の数値が必要な場合は，巻末の関数表を使用すること」と指示される。この関数表には，1～100までの平方根と，0°～90°までの三角関数の値が記載されている。使用方法は次のとおり。

① 平方根について

$\sqrt{5} = 2.23607$

次の場合，10^n指数関数に換算して，100以下の数とする（但し，nは偶数にする）。

$\sqrt{500} = \sqrt{5 \times 10^2} = 10\sqrt{5} = 10 \times 2.23607 = 22.3607$

$\sqrt{0.5} = \sqrt{50 \times 10^{-2}} = 10^{-1}\sqrt{50} = 10^{-1} \times 7.07107 = 0.707107$

関 数 表

平 方 根

	√		√
1	1.00000	51	7.14143
2	1.41421	52	7.21110
3	1.73205	53	7.28011
4	2.00000	54	7.34847
5	2.23607	55	7.41620
6	2.44949	56	7.48331
7	2.64575	57	7.54983
8	2.82843	58	7.61577
9	3.00000	59	7.68115
10	3.16228	60	7.74597
11	3.31662	61	7.81025
12	3.46410	62	7.87401
35	5.91608	85	9.21954
36	6.00000	86	9.27362
37	6.08276	87	9.32738
38	6.16441	88	9.38083
39	6.24500	89	9.43398
40	6.32456	90	9.48683
41	6.40312	91	9.53939
42	6.48074	92	9.59166
43	6.55744	93	9.64365
44	6.63325	94	9.69536
45	6.70820	95	9.74679
46	6.78233	96	9.79796
47	6.85565	97	9.84886
48	6.92820	98	9.89949
49	7.00000	99	9.94987
50	7.07107	100	10.00000

三角関数

度	sin	cos	tan	度	sin	cos	tan
0	0.00000	1.00000	0.00000				
1	0.01745	0.99985	0.01746	46	0.71934	0.69466	1.03553
2	0.03490	0.99939	0.03492	47	0.73135	0.68200	1.07237
3	0.05234	0.99863	0.05241	48	0.74314	0.66913	1.11061
4	0.06976	0.99756	0.06993	49	0.75471	0.65606	1.15037
5	0.08716	0.99619	0.08749	50	0.76604	0.64279	1.19175
6	0.10453	0.99452	0.10510	51	0.77715	0.62932	1.23490
7	0.12187	0.99255	0.12278	52	0.78801	0.61566	1.27994
8	0.13917	0.99027	0.14054	53	0.79864	0.60182	1.32704
9	0.15643	0.98769	0.15838	54	0.80902	0.58779	1.37638
10	0.17365	0.98481	0.17633	55	0.81915	0.57358	1.42815
11	0.19081	0.98163	0.19438	56	0.82904	0.55919	1.48256
34	0.55919	0.82904	0.67451	79	0.98163	0.19081	5.14455
35	0.57358	0.81915	0.70021	80	0.98481	0.17365	5.67128
36	0.58779	0.80902	0.72654	81	0.98769	0.15643	6.31375
37	0.60182	0.79864	0.75355	82	0.99027	0.13917	7.11537
38	0.61566	0.78801	0.78129	83	0.99255	0.12187	8.14435
39	0.62932	0.77715	0.80978	84	0.99452	0.10453	9.51436
40	0.64279	0.76604	0.83910	85	0.99619	0.08716	11.43005
41	0.65606	0.75471	0.86929	86	0.99756	0.06976	14.30067
42	0.66913	0.74314	0.90040	87	0.99863	0.05234	19.08114
43	0.68200	0.73135	0.93252	88	0.99939	0.03490	28.63625
44	0.69466	0.71934	0.96569	89	0.99985	0.01745	57.28996
45	0.70711	0.70711	1.00000	90	1.00000	0.00000	*****

② 三角関数について

$\sin 35° = 0.57358$, $\cos 35° = 0.81915$

次の場合は，還元公式（p216参照）により90°以下の値とする。

$\sin 125° = \sin(90° + 35°) = \cos 35° = 0.81915$

$\cos 125° = \cos(90° + 35°) = -\sin 35° = -0.57358$

$\sin 215° = \sin(180° + 35°) = -\sin 35° = -0.57358$

$\cos 215° = \cos(180° + 35°) = -\cos 35° = -0.81915$

関 数 表

問題文中に数値が明記されている場合は，その値を使用すること（試験時配布）。

平 方 根

	$\sqrt{}$		$\sqrt{}$
1	1.00000	51	7.14143
2	1.41421	52	7.21110
3	1.73205	53	7.28011
4	2.00000	54	7.34847
5	2.23607	55	7.41620
6	2.44949	56	7.48331
7	2.64575	57	7.54983
8	2.82843	58	7.61577
9	3.00000	59	7.68115
10	3.16228	60	7.74597
11	3.31662	61	7.81025
12	3.46410	62	7.87401
13	3.60555	63	7.93725
14	3.74166	64	8.00000
15	3.87298	65	8.06226
16	4.00000	66	8.12404
17	4.12311	67	8.18535
18	4.24264	68	8.24621
19	4.35890	69	8.30662
20	4.47214	70	8.36660
21	4.58258	71	8.42615
22	4.69042	72	8.48528
23	4.79583	73	8.54400
24	4.89898	74	8.60233
25	5.00000	75	8.66025
26	5.09902	76	8.71780
27	5.19615	77	8.77496
28	5.29150	78	8.83176
29	5.38516	79	8.88819
30	5.47723	80	8.94427
31	5.56776	81	9.00000
32	5.65685	82	9.05539
33	5.74456	83	9.11043
34	5.83095	84	9.16515
35	5.91608	85	9.21954
36	6.00000	86	9.27362
37	6.08276	87	9.32738
38	6.16441	88	9.38083
39	6.24500	89	9.43398
40	6.32456	90	9.48683
41	6.40312	91	9.53939
42	6.48074	92	9.59166
43	6.55744	93	9.64365
44	6.63325	94	9.69536
45	6.70820	95	9.74679
46	6.78233	96	9.79796
47	6.85565	97	9.84886
48	6.92820	98	9.89949
49	7.00000	99	9.94987
50	7.07107	100	10.00000

三 角 関 数

度	sin	cos	tan	度	sin	cos	tan
0	0.00000	1.00000	0.00000				
1	0.01745	0.99985	0.01746	46	0.71934	0.69466	1.03553
2	0.03490	0.99939	0.03492	47	0.73135	0.68200	1.07237
3	0.05234	0.99863	0.05241	48	0.74314	0.66913	1.11061
4	0.06976	0.99756	0.06993	49	0.75471	0.65606	1.15037
5	0.08716	0.99619	0.08749	50	0.76604	0.64279	1.19175
6	0.10453	0.99452	0.10510	51	0.77715	0.62932	1.23490
7	0.12187	0.99255	0.12278	52	0.78801	0.61566	1.27994
8	0.13917	0.99027	0.14054	53	0.79864	0.60182	1.32704
9	0.15643	0.98769	0.15838	54	0.80902	0.58779	1.37638
10	0.17365	0.98481	0.17633	55	0.81915	0.57358	1.42815
11	0.19081	0.98163	0.19438	56	0.82904	0.55919	1.48256
12	0.20791	0.97815	0.21256	57	0.83867	0.54464	1.53986
13	0.22495	0.97437	0.23087	58	0.84805	0.52992	1.60033
14	0.24192	0.97030	0.24933	59	0.85717	0.51504	1.66428
15	0.25882	0.96593	0.26795	60	0.86603	0.50000	1.73205
16	0.27564	0.96126	0.28675	61	0.87462	0.48481	1.80405
17	0.29237	0.95630	0.30573	62	0.88295	0.46947	1.88073
18	0.30902	0.95106	0.32492	63	0.89101	0.45399	1.96261
19	0.32557	0.94552	0.34433	64	0.89879	0.43837	2.05030
20	0.34202	0.93969	0.36397	65	0.90631	0.42262	2.14451
21	0.35837	0.93358	0.38386	66	0.91355	0.40674	2.24604
22	0.37461	0.92718	0.40403	67	0.92050	0.39073	2.35585
23	0.39073	0.92050	0.42447	68	0.92718	0.37461	2.47509
24	0.40674	0.91355	0.44523	69	0.93358	0.35837	2.60509
25	0.42262	0.90631	0.46631	70	0.93969	0.34202	2.74748
26	0.43837	0.89879	0.48773	71	0.94552	0.32557	2.90421
27	0.45399	0.89101	0.50953	72	0.95106	0.30902	3.07768
28	0.46947	0.88295	0.53171	73	0.95630	0.29237	3.27085
29	0.48481	0.87462	0.55431	74	0.96126	0.27564	3.48741
30	0.50000	0.86603	0.57735	75	0.96593	0.25882	3.73205
31	0.51504	0.85717	0.60086	76	0.97030	0.24192	4.01078
32	0.52992	0.84805	0.62487	77	0.97437	0.22495	4.33148
33	0.54464	0.83867	0.64941	78	0.97815	0.20791	4.70463
34	0.55919	0.82904	0.67451	79	0.98163	0.19081	5.14455
35	0.57358	0.81915	0.70021	80	0.98481	0.17365	5.67128
36	0.58779	0.80902	0.72654	81	0.98769	0.15643	6.31375
37	0.60182	0.79864	0.75355	82	0.99027	0.13917	7.11537
38	0.61566	0.78801	0.78129	83	0.99255	0.12187	8.14435
39	0.62932	0.77715	0.80978	84	0.99452	0.10453	9.51436
40	0.64279	0.76604	0.83910	85	0.99619	0.08716	11.43005
41	0.65606	0.75471	0.86929	86	0.99756	0.06976	14.30067
42	0.66913	0.74314	0.90040	87	0.99863	0.05234	19.08114
43	0.68200	0.73135	0.93252	88	0.99939	0.03490	28.63625
44	0.69466	0.71934	0.96569	89	0.99985	0.01745	57.28996
45	0.70711	0.70711	1.00000	90	1.00000	0.00000	*****

〈著者略歴〉
國澤正和
1969年　立命館大学理工学部土木工学科卒業
　　　　大阪市立都島工業高等学校（都市工学科）教諭を経て，2008年大阪市立泉尾工業高等学校長を退職。
現職　　大坂産業大学講師
主な著書　はじめて学ぶ　測量士補受験テキストＱ＆Ａ（弘文社）
　　　　　直前突破　測量士補問題集（弘文社）
　　　　　全訂版　これだけはマスター　ザ・測量士補（弘文社・共著）
　　　　　全訂版　合格用テキスト測量士補受験の基礎（弘文社・共著）

───── 協力（資料提供等）─────
株式会社トプコン
株式会社ニコン・トリンブル
福井コンピュータ株式会社

測量士補合格診断テスト

編　著	國澤正和
印刷・製本	亜細亜印刷株式会社

発 行 所	株式会社 弘文社	〒546-0012 大阪市東住吉区中野2丁目1番27号 ☎ (06) 6797-7441 FAX (06) 6702-4732 振替口座　00940-2-43630 東住吉郵便局私書箱1号
代 表 者	岡﨑　達	

ご注意
（1）本書は内容について万全を期して作成いたしましたが，万一ご不審な点や誤り，記載もれなどお気づきのことがありましたら，当社編集部まで書面にてお問い合わせください。その際は，具体的なお問い合わせ内容と，ご氏名，ご住所，お電話番号を明記の上，FAX，電子メール(henshu1@kobunsha.org)または郵送にてお送りください。
（2）本書の内容に関して適用した結果の影響については，上項にかかわらず責任を負いかねる場合がありますので予めご了承ください。
（3）落丁・乱丁本はお取り替えいたします。